“十四五”普通高等教育本科部委级规划教材

TANZHONGHE JISHU GAILUN

碳中和技术概论

李强林　廖益均　主　编
雷　燕　张碧家　陈明军　副主编

中国纺织出版社有限公司

内 容 提 要

《碳中和技术概论》立足国家“双碳”目标，是基于案例化、科普化、问题导向编写而成的通识教材，主要阐述了能源、工业、交通、建筑等领域减碳技术的发展现状与应用案例。本书还包括二氧化碳捕集、封存与资源化利用技术，工业固体废物循环利用，生态系统碳汇技术，以及碳排放监测与核算等内容。

本书图文并茂、内容丰富、实践案例典型，具有较高的学习和研究价值，不仅适合作为高等院校理工科专业的通识教材，也可作为“双碳”技术人员的参考书籍。

图书在版编目（CIP）数据

碳中和技术概论 / 李强林，廖益均主编；雷燕，张碧家，陈明军副主编. -- 北京：中国纺织出版社有限公司，2024. 8

“十四五”普通高等教育本科部委级规划教材

ISBN 978-7-5229-1324-7

Ⅰ. ①碳… Ⅱ. ①李… ②廖… ③雷… ④张… ⑤陈… Ⅲ. ①二氧化碳－节能减排－高等学校－教材 Ⅳ. ①X511

中国国家版本馆 CIP 数据核字（2024）第 024987 号

责任编辑：李春奕　　责任校对：高　涵　　责任印制：王艳丽

中国纺织出版社有限公司出版发行
地址：北京市朝阳区百子湾东里 A407 号楼　邮政编码：100124
销售电话：010—67004422　传真：010—87155801
http://www.c-textilep.com
中国纺织出版社天猫旗舰店
官方微博 http://weibo. com/2119887771
三河市宏盛印务有限公司印刷　各地新华书店经销
2024 年 8 月第 1 版第 1 次印刷
开本：787×1092　1/16　印张：14
字数：312 千字　定价：59. 80 元

编委会

主　编

李强林　廖益均

副主编

雷　燕　张碧家　陈明军

编委会成员（按照姓氏笔画排序）

丁义超　于立国　王丽婷　王思宇　白　杨　任亚琦
刘　娅　孙　静　杨国东　肖秀婵　吴晓莉　邱　诚
邱春丽　陈　颖　秦　淼　倪家明　黄方千　梁庆玲
董　彦　熊凌翌　冀广鹏

序

近年来，全球温室气体排放量快速增长，气候变化对人类社会和生态环境带来的巨大风险日益凸显，全球极端天气越来越频繁，对于实现可持续发展、减缓气候变化的需求更加迫切。在这样的背景下，碳中和技术成为全球研究的焦点，也是当今世界科技发展进步的重要方向之一。为了提高碳中和技术的科学性与严谨性，编委会经过多年来在节能减排和清洁生产方面的大量研究工作和教育教学经验的积累，精心策划并组织了《碳中和技术概论》的编写，以期为读者呈现一个全面、系统、前沿的碳中和技术蓝图。

编委会的专家团队一直都致力于推动节能减排和碳中和技术的研究与应用。专家们在能源、交通、建筑、工业等多个领域进行了深入研究，积累了丰富的理论知识和实践经验，并在学术会议、讲座论坛等场合分享了自己的研究成果与心得体会，所做的努力旨在启迪人们对于碳中和技术的认识，引领行业的快速发展，推动可持续发展与绿色低碳转型。

本书的编写是基于对碳中和技术的全面理解和深入思考，对碳中和技术的基本概念、原理、技术路线等进行全面、系统的剖析与论述。通过对碳中和技术的全景地图绘制，力求为读者呈现一个具有科学性、操作性和前瞻性的碳中和技术蓝图，为人们探索碳中和路径、加快推进绿色低碳转型提供科学指南和实践经验。

本书详细介绍了碳中和技术在能源、交通、建筑、工业等领域的具体应用，关注了碳中和技术的社会经济效益和生态环境效益，并对碳中和技术的风险与挑战进行了深入分析。通过对碳中和技术在全球范围内的案例研究，本书通过碳中和技术的实践案例、问题导读和拓展阅读等方式，为读者提供了一个系统化、学术化的参考。

同时，本书在论述碳中和技术的过程中，注重理论与实践相结合的原则，既有广泛的理论阐述，又有丰富的实践案例，力求使读者在系统学习的基础上更好地理解和应用碳中和技术。而作为对未来碳中和技术发展的前瞻，本书还对碳中和技术的创新与前沿领域进行了展望，为读者呈现了一个技术革新与创新的未来图景。

本书第 1 章由李强林、张碧家、陈明军编写，第 2 章由秦淼、王丽婷编写，第 3 章由雷燕、于立国、丁义超编写，第 4 章由白杨、陈明军和黄方千编写，第 5 章由邱诚、张碧家编写，第 6 章由肖秀婵、邱春丽和杨国东编写，第 7 章由廖益均、冀广鹏、吴晓莉编写，第 8 章由陈颖、孙静、梁庆玲编写，第 9 章由任亚琦、刘娅编写，第 10 章由倪家明、王思宇、熊凌翌编写，第 11 章由董彦、雷燕、孙静编写。本书由李强林、廖益均统稿，雷燕、王丽婷、张碧家、陈明军进行了书稿校对，王丽婷、雷燕、梁庆玲、吴晓莉参与绘图与校对；插图绘制由杨焰、张宇凡、于继秀、郑博仁、代文龙完成。

最后，感谢编委会在撰写本书过程中的责任心和辛勤付出，同时也感谢各位专家学者对本书的悉心指导与支持。本书旨在为广大读者解读碳中和技术的全貌与前景，引导人们正确认识和应用碳中和技术，在实现可持续发展与减缓气候变化的过程中积极参与和贡献自己的力量。希望本书能够成为广大专业人士、科研学者和政策制定者的重要参考，也期待它能够为推动人类社会向更加绿色、低碳、可持续发展贡献力量！

编者

2024 年 5 月　成都

教学内容及课时安排

章/课时	课程性质/课时	节	课程内容
第 1 章 (4 课时)	气候变化与“双碳”的关系 (4 课时)	·	气候变化与“双碳”的机遇和挑战
		1.1	气候变化
		1.2	碳达峰与碳中和的认识
		1.3	实现碳达峰和碳中和面临的挑战
		1.4	国外碳中和的法律政策
		1.5	实现碳中和的主要制度
		1.6	碳中和实施的路径
第 2 章 (2 学时)	能源技术 (5 课时)	·	零碳电力技术
		2.1	发电节能提效技术
		2.2	可再生能源发电技术
		2.3	核能发电技术
		2.4	储能技术
		2.5	输配电技术
第 3 章 (3 学时)		·	新能源与碳中和技术
		3.1	能源概况
		3.2	太阳能
		3.3	生物质能
		3.4	风能
		3.5	其他新能源
第 4 章 (3 学时)	碳封存技术 (3 课时)	·	二氧化碳捕集与封存技术
		4.1	二氧化碳的液体吸收技术
		4.2	二氧化碳的固体吸附技术
		4.3	二氧化碳的气体膜分离技术
		4.4	二氧化碳的压缩和运输技术
		4.5	二氧化碳的封存技术
第 5 章 (2 学时)	资源化利用技术 (4 课时)	·	二氧化碳资源化技术
		5.1	二氧化碳资源化利用
		5.2	二氧化碳物理利用
		5.3	二氧化碳化学利用
		5.4	二氧化碳生物利用
第 6 章 (2 学时)		·	工业固体废物循环利用
		6.1	金属材料的循环再生
		6.2	建筑材料的循环再生
		6.3	高分子材料的循环再生

续表

章/课时	课程性质/课时	节	课程内容
第 7 章 （3 学时）	碳汇技术 （3 课时）	·	生态系统碳汇技术
		7.1	生态系统
		7.2	生态系统碳汇
		7.3	陆地生态系统增汇技术
		7.4	海洋生态系统增汇技术
		7.5	提升生态系统碳汇功能的途径
第 8 章 （3 学时）	碳中和技术 （9 课时）	·	工业领域碳中和技术
		8.1	钢铁行业碳中和技术
		8.2	化工行业碳中和技术
		8.3	石化行业碳中和技术
		8.4	水泥行业碳中和技术
		8.5	有色金属冶炼行业碳中和技术
第 9 章 （2 学时）		·	交通运输领域碳中和技术
		9.1	交通运输发展概述
		9.2	提升能效——现有技术的升级
		9.3	交通运输使用更清洁的燃料
		9.4	绿色能源替代含碳燃料
第 10 章 （4 学时）		·	建筑领域碳中和技术
		10.1	建筑绿化系统碳负排技术
		10.2	低碳绿色建筑材料减排技术
		10.3	装配式建筑碳零排技术
		10.4	建筑能源系统碳零排技术
第 11 章 （4 学时）	碳监测与碳核算技术 （4 课时）	·	碳中和决策支撑技术
		11.1	碳排放监测技术
		11.2	碳排放核算
		11.3	碳中和模型与应用
		11.4	可再生能源发电学习曲线

注 各院校可根据自身的教学特点和教学计划对课程时数进行调整。

目录

第 1 章
气候变化与“双碳”的机遇和挑战

【教学目标】

知识目标 了解气候变化特征、温室气体变化规律、气候变化的影响因素及其对人类发展的影响，以及碳达峰、碳中和的概念、意义和挑战。

方法目标 学习实现碳达峰、碳中和的基本路径。

价值目标 了解极端天气对人类的影响，树立“天人合一、人与自然和谐共处”才能可持续发展的理念。

1.1 气候变化

实践案例

楼兰古国消失之谜

楼兰古国在现今的新疆维吾尔自治区境内，位于罗布泊西部。据史书记载，楼兰古国面积大约为 12 万 km^2，鼎盛时期有 1500 多户人家，44000 多人口。楼兰古国是一个小国，但其地理位置极为重要，它是丝绸之路上的重要节点，东西方贸易往来都要经过楼兰，丝绸之路上繁荣的商业也使楼兰成为一个富庶繁荣的城邦，并留下过极为灿烂的文明。可就是这样一个繁荣国家竟然在公元 4 世纪时神秘消失了。现今只留下了一片废墟遗迹，人们对于楼兰的记忆大都藏在“不破楼兰终不还”这句诗词之中了。

1980 年在孔雀河下游的铁板河的古墓中出土有一具女性干尸，经碳 14 鉴定，便是著名的距今 3800 年的“楼兰美女”，她身裹一块羊皮和毛织的毯子，脚穿一双翻皮毛制的鞋子，头戴毡帽，帽上还插了两枝雁翎。她是谁？为什么会在这荒无人烟的地方？这成了考古界的谜。

关于楼兰古国消失的原因有几种说法：

一是可能是环境破坏、水源消失，城邦被沙漠掩埋。楼兰古国地处沙漠地带，没有防治沙漠的办法，植被不被保护，无法保护水源，河床不断萎缩，因缺水人们只好迁徙，流沙逐渐吞噬了楼兰人曾经的家园，让它们都沉睡到了地下。

二是可能经历了毁灭性的瘟疫。楼兰古国当时的医疗水平不高，经历瘟疫之后人去楼空，逐渐变成了一座空城。随后流沙让人们的家园变为了废墟。

三是可能遭受了异族的侵略战争。楼兰古国地理位置极为重要，周围更是强敌环绕。楼兰城邦小，人口也少，实力自然薄弱，诸多强大国家侵略楼兰而让楼兰彻底毁灭。

但是这些猜测至今没有文献和考古遗物可以直接证明。恶劣气候变化可能使楼兰古国遭受灭顶之灾。

问题导读

(1) 楼兰古国的神秘消失与碳达峰、碳中和有什么关系?

(2) 沙漠化现象是否依然是我国必须面对的重大问题?

(3) 恶劣气候变化真的可能是楼兰古国亡国的原因吗?

(4) 繁荣的楼兰古国的人们如何做才能不会灭亡，不会让家园变为废墟?

地球的天气和气候是两个不同的概念。天气是指短时间内大气状态的变化，包括温度、湿度、风速、风向、降水等；而气候则是指长期的天气平均状态，包括温度、降水、风速等的平均值和变化范围。本节主要介绍气候变化的概念、全球气候变化的特征、造成气候变化的因素和应对气候变化的方法等内容。

1.1.1 气候变化的概念

气候变化（Climate Change）是指气候平均状态在统计学意义上的巨大改变或者持续较长一段时间（典型的为30年或更长）的气候变动。气候变化不但包括平均值的变化，也包括变率的变化。变率，在气象上是指一定时段内（一般取月、季或年）个别气象要素值历年的变化程度。自然变率，是指在没有任何人类活动影响下发生的气候波动，即内部变率与气候系统对外部自然因素的综合反应，如火山爆发、太阳活动的变化，以及在更长时间尺度上地球轨道和板块构造的变化等。

在联合国政府间气候变化专门委员会（IPCC）中，气候变化是指气候随时间的任何变化，无论其原因是自然变率，还是人类活动的结果。而在《联合国气候变化框架公约》中，气候变化是指“经过相当一段时间的观察，在自然气候变化之外由人类活动直接或间接地改变全球大气组成所导致的气候改变”。

气候变化的平均值增加，表明热天气和极热天气都增加，而冷天气减少，如图1-1

（a）所示。气候变化的离差值越大，表明气候变化的幅度越大，气候状态越不稳定，如图 1-1（b）所示。

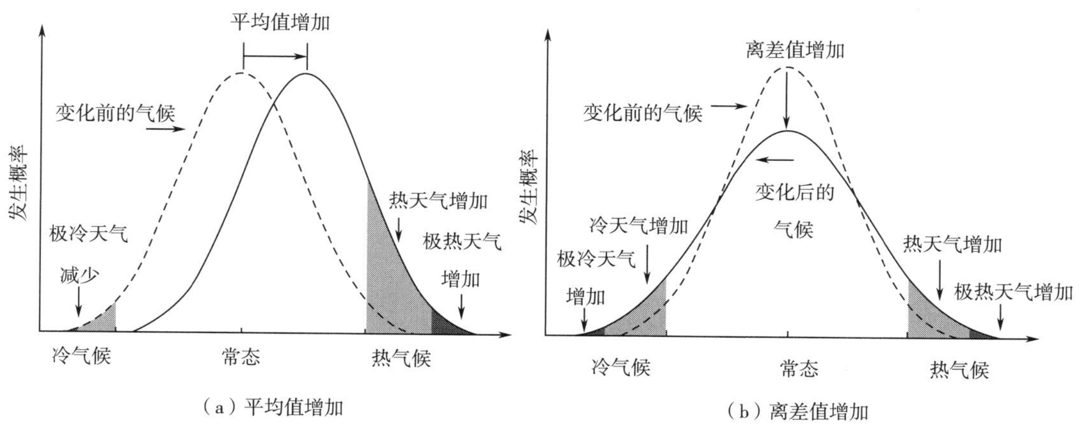

（a）平均值增加

（b）离差值增加

图 1-1 气候变化的平均值增加和离差值增加

注：离差值（Deviation）指一个观测值与特定的参照点（如平均数、中位数等）之间的差距，亦称“离均差”。

1.1.2 全球气候变化的特征

1.1.2.1 极端天气气候事件增多

极端天气气候事件是指一定地区在一定时间内出现的历史上罕见的气象事件，其发生概率通常小于 5%或 10%。极端天气气候事件总体可以分为极端高温、极端低温、极端干旱、极端降水、极端沙尘暴、极端台风和极端冰雹等几类，一般特点是发生概率小、社会影响大。近年极端天气出现的频率与强度都增加。2021 年 5 月甘肃马拉松事件（暴雨雪极端降温天气），2021 年 7 月郑州暴雨事件，2019 年以来山西多次发生特大洪涝灾害事件，2022 年 6 月至 8 月我国多个省份遭遇灾害性高温天气，这些气候事件都在向世人告知，忽视气候变化会造成灾难性的后果。极端天气通常就是灾害性天气。

（1）什么是灾害性天气？

灾害性天气（Damaging Weather）是对人民生命财产有严重威胁，对工农业和交通运输造成重大损失的天气。如大风、暴雨、冰雹、龙卷风、寒潮、霜冻和大雾等。

（2）什么是高温灾害？

高温灾害主要是指气温达到 35℃以上，动植物不能适应这种环境而引发各种事故的灾害现象。把日最高气温达到或超过 35℃时称为高温，连续数天（3 天以上）的高温天气过程称为高温热浪或高温酷暑。

（3）什么是厄尔尼诺现象？

厄尔尼诺现象是指赤道东太平洋海水温度大范围、长时间、不间断的异常增温现象（高于 0.5℃以上）。厄尔尼诺现象可以发生在一年中的任何月份，大面积的海水温度增高，造成东太平洋上空水蒸气量加大，西向信风减弱，改变了大气环流的常态，从而引起全球气候反常，引发暴风雨、洪水、干旱、高温、寒冬及泥石流等多种自然灾害，给人类的社会生活和世界经济的发展带来严重的危害。1997~1998 年，太平洋赤道附近海水温度比平常年份高出 3.3℃，是 20 世纪以来的最高纪录，从而也引起了最为严重的全球气候反常现象。这次厄尔尼诺现象来势快、规模大、强度强，造成了东南亚、澳大利亚、中美洲、南美洲北部以及非洲等世界许多地区的严重干旱。

气候变化导致极端天气增多，还可以通过 1980~1999 年和 2000~2019 年两段时间内的全球极端天气事件对比发现。与 1980~1999 年相比，2000~2019 年的全球极端天气事件明显增多，其中极端气温和洪灾的增加最为显著，其次为山火和暴风雨，如表 1-1 所示。

表 1-1　1980~1999 年和 2000~2019 年两段时间全球极端天气事件数量对比

极端天气事件/次	1998~1999 年	2000~2019 年	极端天气增加的倍数
极端气温（高温或低温）	130	432	2.32
洪灾	1389	3254	1.34
暴风雨	1457	2043	0.40
山火	163	238	0.46
总数	3139	5967	0.90

根据联合国国际减灾战略秘书处发布的报告《2000~2019 年灾害的人力成本：过去 20 年的概况》（*Human cost of disasters: An overview of the last 20 years, 2000~2019*），2000~2019 年全球因极端天气事件导致的直接死亡人数超过 47 万人，经济损失更是超过 2 万亿美元，如表 1-2 所示。

表 1-2　2000~2019 年全球因极端天气事件导致的直接死亡人数和经济损失

极端天气事件	直接死亡人数/万人	直接经济损失/亿美元
极端气温（高温或低温）	16.5923	—
洪灾	10.4614	6510
暴风雨	19.9718	13900
山火	—	930
总计	47.0255	21340

1.1.2.2　大气中二氧化碳的含量在逐年增加

气候学者认为，人类排放的二氧化碳（CO_2）产生了温室效应，是导致气候变化的元凶。根据中国青海瓦里关全球大气本底站和美国夏威夷 MLO 站观测的大气中 CO_2月平均浓度的变化发现，CO_2变化总体为上升趋势，冬季的 CO_2浓度高于夏季。1990~2020 年 30 年期间 CO_2浓度变化了 66 ppm，年平均月增加 2 ppm。

1.1.2.3　夏季变长，冬季变短

夏季向两头延伸，进入夏季的时间变早，夏季结束时间变晚，因此冬季时间受到

挤压。当连续 5 天的滑动平均气温稳定低于 10℃时，冬天拉开序幕。近 68 年的气象数据显示，除华南的无冬区和西藏、贵州、四川极个别地区外，我国超六成地区冬季缩短明显。省级及省会级城市中，天津变短最多，平均十年减少 5 天半；昆明次之，缩短近 5 天；上海第三，减少了 4 天半。

当连续 5 天的滑动平均气温稳定高于 22℃时，夏季宣告到来。在我国，半数以上地区夏季明显“增长”，其中云南普洱最夸张，平均每十年变长 10 天。省级及省会级城市中，上海、杭州、北京夏天变长得最多，十年平均增长 4 天半；贵阳是极少数夏天缩短的城市，十年平均缩短 2 天半。

1.1.3 造成气候变化的因素

引起气候系统变化的原因可分为自然因素和人为因素两大类。自然因素包括太阳活动的变化、火山活动，以及气候系统内部变率等；人为因素包括人类使用化石燃料、开荒毁林、开采矿山和工业生产等引起的大气温室气体浓度的增加、大气中气溶胶浓度的变化、土地利用和陆面覆盖的变化等。

人类活动对气候的影响：近百年来世界气候变化的主要影响因子，按其重要程度排序为 CO_2浓度变化、城市化、海温变化、森林破坏、气溶胶（雾霾）、荒漠化及人为加热。由此可见，大气中 CO_2含量的增多（碳排放）已被认为是近代气候变化的首要原因。

（1）什么是碳排放，什么是碳排放量?

碳排放一般指温室气体排放。温室气体排放，造成温室效应，使全球气温上升。碳排放量是指在生产、运输、使用及回收某产品时所产生的温室气体排放量。

（2）温室气体包括哪些气体?

大气中主要的温室气体是水汽（H_2O），水汽所产生的温室效应大约占整体温室效应的 60%~70%；其次是 CO_2，大约占 26%；其他还有臭氧、氧化亚氮（N_2O）、氟利昂和甲烷（CH_4）等是地球大气中主要的温室气体。《京都议定书》中规定控制的 6 种温室气体为：CO_2、CH_4、N_2O、氢氟碳化合物（HFCs）、全氟碳化合物（PFCs）和六氟化硫（SF_6）。

1.1.4 气候变化的应对方法

人类应对气候变化的途径主要是两类，一是减缓，二是适应。

减缓气候变化是指通过经济、技术、生物等各种政策、措施和手段，控制温室气体的排放，增加固碳量。控制温室气体排放的途径主要是改变能源结构，控制化石燃料使用量，增加核能和可再生能源的使用比例；提高发电和其他能源转换效率；提高工业生产部门的能源使用效率，降低单位产品能耗；提高建筑物采暖等民用能源效率；提高交通工具的能源利用效率等，由此来控制和减少 CO_2等温室气体的排放量。增加固碳量，固碳即碳封存，是指把燃烧或反应而排放气体中的 CO_2进行分离、回收、存储或利用，或者通过物理、化学以及生物方法固碳，固定后的碳较长时间不会再次变成温室气体而被排放到大气中，从而减缓全球变暖的趋势。

什么是固碳技术？固碳有哪些方法？

固碳，是以捕获二氧化碳并安全封存的方式来取代直接向大气中排放CO_2的过程，主要包括生物固碳、物理固碳。生物固碳，是指通过植树造林、森林管理、植被恢复等措施，利用植物光合作用吸收大气中的二氧化碳，并以有机碳的形式将其固定在植被和土壤中，提高生态系统的碳吸收和储存能力，从而减少温室气体在大气中浓度的过程、活动或机制。物理固碳是将CO_2长期储存在开采过的油气井、煤炭层和深海里。

适应气候变化是自然或人类系统在实际或预期的气候变化刺激下做出的一种调整反应，这种调整能够使气候变化的不利影响得到减缓或能够充分利用气候变化带来的各种有利条件。适应气候变化有多种方式，包括制度措施、技术措施、工程措施等，如建设应对气候变化的基础设施、建立对极端天气和气候事件的监测预警系统、加强对气候灾害风险的管理等。在农业适应气候变化方面，为应对干旱，可发展新型抗旱品种、采取间作方式、保留作物残茬、治理杂草、发展灌溉和水培农业等；为应对洪涝，可采取圩田和改进的排水方法、开发和推广可替代作物、调整种植和收割时间等；为应对热浪，可发展新型附热品种、改变耕种时间、对作物虫害进行监控等。

1.2 碳达峰与碳中和的认识

实践案例

巴黎协定——应对气候变化的公约

《巴黎协定》(*The Paris Agreement*)，是由全世界178个缔约国（包括中国、美国、德国和俄罗斯等）共同签署的气候变化协定，是对2020年后全球应对气候变化的行动做出的统一安排。《巴黎协定》的长期目标是将全球平均气温较前工业化时期的上升幅度控制在2℃以内，并努力将温度上升幅度限制在1.5℃以内。

《巴黎协定》于2015年12月在第21届联合国气候变化大会上通过，于2016年11月4日起正式实施。《巴黎协定》是已经到期的《京都议定书》的后续。

问题导读

(1) 为什么全世界大多数国家都作为缔约国签署了《巴黎协定》?

(2)《巴黎协定》的长期目标是什么？如何实现这一目标？

碳达峰与碳中和简称“双碳”。本节主要介绍碳达峰与碳中和的概念、《巴黎协定》的意义、中国的“双碳”目标承诺、实现碳中和的阶段和原则。

1.2.1 碳达峰、碳中和的概念

碳达峰是指某个地区或行业年度 CO_2排放量达到历史最高值，是 CO_2排放量由增转降的历史拐点，标志着碳排放与经济发展实现脱钩，达峰目标包括达峰年份和峰值。

碳中和（Carbon Neutrality）是指国家、企业、产品、活动或个人在一定时间内直接或间接产生的 CO_2或其他温室气体排放总量，通过植树造林、节能减排等形式，以抵消自身产生的 CO_2或其他温室气体排放量，实现正负抵消，达到相对“碳中和”。净零排放（Net-zero Emission）：当一个组织在一年内所有温室气体排放量（以二氧化碳当量衡量，CO_2-e）与温室气体清除量达到平衡时，就是净零温室气体排放。

1.2.2 《巴黎协定》的意义

《巴黎协定》基于契约方共同政治意愿和互信，是最高政治承诺，是多边主义应对当今最重大的全球性气候问题提供公平有效的解决方案的顶层设计。

《巴黎协定》的意义有以下几点。首先，人类活动是引起气候变化的重要原因，气候变化对人类社会产生负面影响，而且这种影响在不断增强。如果任其发展，将会对人类和生态系统造成严重和不可逆转的影响。应对气候变化的国际合作符合全人类共同利益，也是人权保护的重要内容。其次，《巴黎协定》在签署首日得到 175 国的支持，表明各国在气候变化治理的国际合作方面达成了普遍的政治共识。各国在遏制全球变暖、减缓和适应全球气候变化、控制全球平均气温升幅等方面的目标是共同的。《巴黎协定》作为一份具有法律拘束力的国际条约，其意义在于把各国的政治共识通过法律的形式明确和固定下来，连同《联合国气候变化框架公约》一起构成后京都时代国际气候变化制度的法律基础。再次，灵活务实地创造了全球治理的新范例。《巴黎协定》另辟蹊径，通过国家自主决定贡献的方式实行“自下而上”的减排义务，巧妙地回避了各国减排义务分配上的难题，也将冲突化解为各国自身努力的目标。最后，《巴黎协定》的签署为国际碳市场注入强心剂。可以预见，未来国际碳市场必将迎来新的发展机遇。

1.2.3 中国碳达峰和碳中和的承诺

2020 年 9 月我国在第七十五届联合国大会上宣布，中国力争 2030 年前达到 CO_2排放峰值，努力争取 2060 年前实现碳中和目标。“双碳”目标倡导绿色、环保和低碳的生活方式。加快降低碳排放步伐，有利于引导绿色技术创新，提高产业和经济的全球竞争力。中国持续推进产业结构和能源结构调整，大力发展可再生能源，在沙漠、戈壁和荒漠地区加快规划建设大型风电光伏基地项目，努力兼顾经济发展和绿色转型同步进行。

1.2.4 中国提出碳达峰、碳中和的意义

（1）碳达峰、碳中和目标应对全球气候变化。碳达峰与碳中和密切相关，碳达峰是碳中和的基础和前提。大自然是人类赖以生存发展的基本条件，尊重自然、顺应自然、保护自然，是全面建设社会主义现代化国家的内在要求。我国应对全球气候变化所采取的措施包括：坚持走绿色低碳发展道路，加大温室气体排放的控制力度，努力实现碳中和，充分发挥市场机制作用，增强适应气候变化的能力等。

（2）碳达峰、碳中和是一场极其广泛深刻的绿色工业革命。碳达峰及经济发展与碳排放实现彻底脱钩，是第四次工业革命最显著的基本特征之一，即不同于前三次工业革命中经济增长、碳排放增长的基本特征，实质上是从黑色工业革命转向绿色工业革命，从不可持续的黑色发展到可持续的绿色发展。党的二十大报告指出要推进美丽中国建设，坚持山水林田湖草沙一体化保护和系统治理，统筹产业结构调整、污染治理、生态保护、气候变化应对，协同推进降碳、减污、扩绿、经济增长，推进生态优先、节约集约、绿色低碳发展。

（3）中国成为绿色工业革命的发动者、创新者。客观地讲，欧盟等发达国家在第四次工业革命中先行一步，中国则是后来者居上，要继续完成第一次、第二次、第三次工业革命的主要任务，即到2035年基本实现新型工业化、信息化、城镇化、农业农村现代化，建成现代化经济体系；与此同时，要率先创新绿色工业化、绿色现代化，即“广泛形成绿色生产生活方式，碳排放达峰后稳中有降，生态环境根本好转，美丽中国建设基本实现”。

（4）碳达峰、碳中和将促使能源格局彻底改变。中国积极稳妥推进碳达峰、碳中和，立足我国能源资源禀赋，坚持先立后破，有计划地分步骤实施碳达峰行动，深入推进能源革命，加强煤炭清洁高效利用，加快规划建设新型能源体系，太阳能、风能、生物质能、潮汐能、地热能和海洋能等可再生绿色能源行业将会迎来很大的发展。我国煤炭开采、石油能源发电等高碳排放行业将会逐渐被淘汰，积极参与应对气候变化的全球治理。

1.2.5 实现碳中和的三个阶段

碳达峰阶段：2020~2030年。主要目标为碳排放达峰。在2030年达峰目标的基本任务下，主要任务是降低能源消费强度，降低碳排放强度，控制煤炭消费，大规模发展清洁能源，继续推进电动汽车对传统燃油汽车的替代，倡导节能（提高工业和居民的能源使用效率）和引导消费者的行为。

快速降碳阶段：2030~2045年。主要目标为快速降低碳排放。这一阶段在大面积完成电动汽车对传统燃油汽车的替代，以及完成第一产业的减排改造，以碳捕集、利用与封存（CCUS）等技术为辅的过程中，将加大氢能研究与开发，积极开拓氢能在航运、航空领域的运用，大幅降低氢能成本，加大氢能发电、供热等应用。

深度脱碳阶段：2045~2060 年。主要目标为深度脱碳，参与碳汇，完成“碳中和”目标。深度脱碳到完成“碳中和”目标期间，工业、发电端、交通和居民侧的高效、清洁利用潜力基本开发完毕，此时应当考虑碳汇技术，以 CCUS、生物质能碳捕集与封存（BECCS）等兼顾经济发展与环境问题的负排放技术为主。

1.2.6 实现碳中和的原则

实现碳中和目标，应坚持“国家统筹、节约优先、双轮驱动、内外畅通、防范风险”的原则，坚持创新、协调、绿色、开放、共享的新发展理念。

（1）把握好降碳与发展的关系。经济社会发展离不开能源的支撑，大变局下提升我国能源安全保障能力至关重要；能源活动是影响气候变化的主要因素，“双碳”背景下谋划好能源发展目标、把握转型节奏至关重要；能源化工是国民经济的支柱产业，实现能源事业高质量发展、处理好“发展”与“减碳”的关系至关重要。

（2）把握好碳达峰与碳中和的节奏。我国从碳达峰到碳中和的碳排放强度起点高、实现时间紧。发达国家从碳达峰到碳中和一般需用 40 年以上甚至 70 年，而我国只有约 30 年时间。实现碳达峰与碳中和是一场广泛而深刻的经济社会系统性变革。

（3）把握好不同行业的降碳进程和路径。受产品性质差异、技术路线、用能方式和碳排基数等因素的影响，不同行业、不同领域在碳达峰、碳中和进程中发挥的作用也有所不同。我国要在总量达峰最优框架下测算出哪些行业、哪个领域能最先达峰，哪些行业、哪个领域的减排对社会的影响最大、成本最低，然后制定出最经济有效的降碳顺序和路径。具体措施：要推进减碳基础较好的电力、建筑等行业率先达峰，2030 年这两个行业的碳排量应比 2020 年明显降低，对碳减排做出正面的重要贡献。工业、交通领域也要在 2030 年前后达峰，其中工业领域要重点推动钢铁、水泥、冶金和炼油等高耗能、高排放行业率先达峰。

（4）把握好公平与效率的关系。效率是指在“碳达峰、碳中和”过程中实现碳排放（或碳减排）资源配置的最大产出，从指标的角度看，就是使有限的“碳排放”资源得到最大化的利用，实现单位碳排放产出水平的最大化。公平则是指“碳达峰、碳中和”过程中要兼顾到不同地区和群体之间发展水平的差异，不能让“碳达峰、碳中和”成为一种新的“价格剪刀差”，在碳排放资源配置过程中造成新的“不公平”，损害落后地区或企业的发展利益。

以实现“碳达峰、碳中和”的必选政策工具——碳排放权交易市场建设为例，碳排放权交易在理论上是一种公认的“效率优先”激励型政策工具，生产效率高的排放主体可以通过有效的碳市场获得更多排放配额和资源，进而提高整体的排放效率，即提高单位碳排放的产出水平。“效率优先”和“公平底线”这一两难选择的本质是对不同排放主体间“发展权”的平衡和维护，尽管两者之间必然存在一定的不可调和之处，但就发展而言，就必须都得兼顾。

1.3 实现碳达峰和碳中和面临的挑战

实践案例

美国波特兰市——创新规划之都

波特兰市是美国俄勒冈州最大的城市，2000 年被评为创新规划之都，2003 年被评为生态屋顶建设先锋城市，2005 年分别被评为美国十大宜居城市和全美第二宜居城市，2006 年被评为全美步行环境最好的城市之一。波特兰在生态城市建设方面有很多创新的做法值得借鉴。

在城市规划方面，波特兰大都会区在美国最早利用城市增长边界作为城市和郊区土地的分界线，控制城市的无限扩张。城市增长边界具有法律效力，在控制城市无序蔓延的同时提高城市土地利用效率和保护边界外的自然资源。波特兰大都会区的 GIS 规划支持系统是美国最先进和最复杂的规划信息系统，早在 1980 年就开始使用 GIS 模拟城市交通，并结合城市发展模型来预测未来交通发展。它不仅为大都会区的城市管理提供信息服务，并在城市的长期规划中为决策者和规划师们提供未来土地利用、人口、住宅和就业等变化的预测。

在土地利用政策方面，波特兰遵循精明增长原则，强调高密度混合的用地开发模式，提倡公交导向的用地开发。在 20 世纪 50 年代就通过建设市区有轨电车成功带动了老城区的繁荣，使市民对私家车的依赖降低了 35%。1988 年，波特兰成为第一个将联邦政府拨款用于 TOD（Transit-Oriented Development，以公共交通为导向的开发）建设的城市。波特兰的交通以紧密接驳的公交系统和慢行系统著称，以轻轨和公交为主，辅以示范性的街车和缆车系统。公交系统采用智能化管理方式，实时显示车辆运行时间，并使用智能手机进行公交计费。

在可再生能源利用和节能方面，波特兰市主要利用风能和太阳能发电，并主要通过发展绿色建筑来提高能源的使用效率。波特兰绿色建筑的市场价格比传统建筑高了 3%~5%，有许多非营利性机构无偿为绿色建筑提供技术支持、材料顾问和政策咨询。通过发展电动车及其相关产业，如电能储存等实现交通节能。

在废弃物利用方面，波特兰市在 2015 年将废物利用率提高到 75%，其固体垃圾至少分成四类回收：纸、玻璃、植物和厨余垃圾。

问题导读

（1）为什么一个城市实现碳中和面临非常大的挑战？

（2）一个城市实现碳中和有哪些途径？

我国实现碳达峰和碳中和面临排放总量大、减排时间紧、制约因素多、关键技术有待突破等方面的挑战。

1.3.1 我国排放总量大

《气候变化 2022：减缓气候变化》报告显示，2010~2019 年全球温室气体年平均排放量处于人类历史上的最高水平，2019 年的排放量达到 590 亿吨，这比 2010 年全球 525 亿吨的排放量跃升了 12%。目前我国是全球最大的碳排放国，近些年每年全国 CO_2 排放总量在 100 亿吨左右，占全球总量的 1/4 以上，居全球首位。

CO_2对温室效应的贡献达 60%，在大气中的含量最高，所以它成为削减与控制的重点。CH_4是仅次于 CO_2的第二大温室气体，约占全球温室气体排放量的 20%。

1.3.2 减排时间紧

2019 年中国碳排放量占世界总量的比重高达 28. 8%，美国的比重为 14. 5%，欧盟的比重为 9. 7%，中国相当于美国、欧盟合计比重（24. 2%）的 1. 2 倍。由于中国碳排放存量太高（2019 年能源碳排放量高达 98 亿吨碳当量），实现碳排放下降乃至零排放，总量基数大、技术难度高、所剩时间紧（仅有 30~40 年，发达国家用了 70 年左右），并没有现成的减排模式，只能创新减排模式。

1.3.3 制约因素多

（1）能源低碳转型需要较长时间逐步推进。工业革命以来，全球化石能源燃烧产生的 CO_2排放量占温室气体总排放量的 70%以上，碳排放最主要的来源是能源消费。我国煤炭消费占比较大（56. 8%），短期内仍是我国能源主要来源。加快推进能源供给体系低碳化，逐步有计划地减少传统化石能源的使用，逐步降低化石能源在能源消费中的占比，化石能源结构调整的基本思路是将化石能源结构逐步调整为“减煤炭、控油、增气”。电气化是能源消费侧低碳转型的关键，加大电能装备替代，加快推进城市交通领域电气化低碳出行。

（2）可再生能源产业起步较晚，体系不完善、技术有待突破。可再生能源是一种清洁能源，是指非化石能源，如太阳能、风能、海洋能、生物质能、地热能、核能和氢能等。可再生能源被认为是实现碳中和的重要路径之一。但是，我国可再生能源产业较其他国家起步晚，存在着体系不完善、技术较落后等诸多现实问题。中国应借鉴国际发展经验，制定适合本国国情的可再生能源发展道路，积极探索适合中国不同发展阶段的可再生能源政策和目标。

1.3.4 关键技术有待突破

（1）促进实现能源绿色低碳发展。能源是经济社会发展的重要物质基础，也是碳排放的最主要来源。要优化能源结构，构建清洁、低碳、安全、高效的能源体系，在保障供应的前提下，努力控制化石能源总量，推动煤炭消费尽早达峰；合理发展天然气，安全发展核电，大力发展水电、风电、太阳能、生物质能等非化石能源；深化电力体制改革，构建以新能源为主体的新型电力系统，积极发展“新能源+储能”、源网荷储一体化和多能互补，实现能源管理数字化、智能化。

（2）推进产业结构由高碳向低碳转型升级。从发达国家的发展经验来看，减碳曲线与一个国家的产业结构以及城市化水平密切相关。要深化供给侧结构性改革，推进存量优化和增量提质，推动钢铁、有色、建材、石化等行业碳达峰。工业既为人民群众的衣食住行用提供丰富的产品，也是碳排放的主要领域之一。大力推行绿色设计，完善绿色制造体系，建设绿色工厂和绿色工业园区，优化产能规模和布局；推动新一代信息技术与绿色低碳产业深度融合，引导钢铁、有色、建材等行业向轻型化、集约化、制品化转型，推动产业结构由高碳向低碳、由低端向高端转型升级。

（3）加快城乡建设和绿色低碳转型。将绿色低碳发展要求贯穿城乡规划建设管理各环节，推动城市组团式发展，增强城乡气候韧性，建设海绵城市。结合城市更新、新型城镇化建设和乡村振兴目标的实施，强化绿色设计和绿色施工管理，加快推广超低能耗、近零能耗建筑，推动超低能耗建筑、低碳建筑规模化发展，提高新建建筑节能水平。提升城镇建筑和基础设施运行管理智能化水平，推进热电联产集中供暖，因地制宜推行热泵、生物质能、地热能和太阳能等清洁低碳供暖。建设集光伏发电、储能、直流配电、柔性用电于一体的“光储直柔”建筑。

（4）加快交通运输绿色低碳转型。加快形成绿色低碳运输方式，积极扩大电力、氢能、天然气、先进生物液体燃料等新能源、清洁能源在交通运输领域的应用。大力推广新能源汽车，推广电力、氢燃料、液化天然气动力重型货运车辆，不断提升铁路系统电气化水平。将绿色低碳理念贯穿于交通基础设施规划、建设、运营和维护全过程。发展智能交通，构建便利高效、适度超前的充换电网络体系，加快交通运输电动化转型。

（5）巩固提升生态系统碳汇能力。推进山水林田湖草沙一体化保护和修复，优良的生态环境具有高质量的固碳能力，可将大气中自由运动的“动碳”转化为内嵌于生物圈、水圈和岩石圈的“静碳”，从而减轻大气温室效应。发展富碳农业，依据自然界植物生长规律，遵循生态环境学、能源经济学、土壤学和植物学等基本原理，运用系统工程和现代科技成果，将工业生产活动中产生的大自然不能自然消纳的巨量CO_2用于农作物生长，同时减少化肥、农药的使用，提高土壤有机质含量，提高农作物品质和产量。持续推进生态系统保护修复重大工程，着力提升生态系统质量和稳定性，为巩固和提升我国碳汇能力筑牢基础。以森林、草原、湿地和耕地等为重点，科学推进国土绿化、实施森林质量精准提升工程、加强草原生态保护修复、强化湿地和耕地保护，不断提升碳汇能力。加强与国际标准协调衔接，完善调查监测核算体系。

1.3.5　碳交易市场的体制机制都需要深刻变革

碳交易广义上是指按类别进行的温室气体排放权交易，使温室气体减排量成为可交易的无形商品，是一种以最具成本效益的方式减少碳排放的激励机制。2021 年 7 月 16 日，中国碳排放权交易市场正式启动，当年碳排放配额累计交易规模达到 1.79 亿吨，成为全球最大的温室气体排放量碳交易市场。然而，目前我国碳交易市场存在着相关法律和政策体系不完善和流动性严重不足等问题，要充分发挥法律法规在构建碳市场中的重要职能，借鉴国外碳交易市场体系，逐步建立健全碳交易市场。

（1）我国要实现碳中和目标面临哪些挑战?

中国作为全球最大的碳排放国之一，提出“双碳”目标具有深远的意义，但我国现阶段在碳排放量、气候和环境治理等方面仍存在一些短板和困境。①中国能源需求总量和 CO_2 排放量会继续增加，并且中国将会在人均 GDP 相对较低的情况下实现碳达峰。②相比于发达国家，中国以化石能源为主，在推进能源低碳转型过程中面临着更大的挑战，中国正在加速能源消费结构从化石能源向可再生能源的转变。③绿色低碳技术水平亟待提升，中国技术创新还处在起步阶段，一些技术的关键和核心元技术还受制于发达国家。④绿色低碳生活方式的形成还处于初级阶段，比如交通需求还呈现增长之势，存在公共交通规划与城市规划融合不够等问题。⑤国家关于“双碳”目标的政策体系和体制机制还不够完善。

（2）我国生物固碳和海洋固碳现状如何?

海洋和陆地生态系统是最重要的碳汇。森林年固碳量约占整个陆地生态系统的 2/3，是陆地生态系统的主体。国家林草局 2019 年出版的《中国森林资源普查报告》显示，我国森林碳汇一年 4.34 亿吨，即 12 亿吨 CO_2。而中国 2019 年全口径温室气体排放总量是 140 亿吨，其中化石能源 CO_2 排放 102 亿吨。海洋覆盖了地球表面的 70%以上，海洋已经吸收了工业革命以来约 30%人类排放的 CO_2。在碳汇时间尺度上，海洋碳汇储存周期可达千年之久，比陆地生态系统的碳汇储存周期长，并且海洋生态系统的碳固存效率远高于陆地生态系统。

1.4 国外碳中和的法律政策

实践案例

欧洲绿色协议——应对气候变化、推动可持续发展

2019 年 12 月，欧委会公布了应对气候变化、推动可持续发展的“欧洲绿色协议”，推动欧盟“绿色发展”。希望能够在 2050 年前实现欧洲地区的“碳中和”，通过利用清洁能源、发展循环经济、抑制气候变化、恢复生物多样性、减少污染等措施提高资源利用效率，实现经济可持续发展，到 2050 年，欧洲将成为全球首个“碳中和”地区，即 CO_2 净排放量降为零。欧盟为此制定了详细的路线图和政策框架。在产业政策层面，欧盟将发展重点聚焦在清洁能源、循环经济、数字科技等方面，政策措施覆盖工业、农业、交通、能源等几乎所有经济领域，以加快欧盟经济从传统模式向可持续发展模式转型。例如在交通运输方面，欧盟计划通过提升铁路和航运能力，大幅降低公路货运

的比例；同时加大与新能源汽车相关的基础设施建设，2025 年前在欧盟国家境内新增 100 万个充电站。欧盟委员会联合欧洲投资基金共同成立了总额为 7500 万欧元的“蓝色投资基金”，旨在通过扶持创新型企业成长，推动欧盟海洋经济的可持续发展。实现“欧洲绿色协议”目标具有巨大挑战。欧盟提出了“可持续欧洲投资计划”，未来欧盟长期预算中至少 25%专门用于气候行动。欧洲投资银行也启动了相应的新气候目标和能源贷款政策，到 2025 年将把与气候和可持续发展相关的投融资比例提升至 50%。欧盟还将通过税收、贸易、公共采购等内外政策，推动欧盟气候行动和经济转型顺利进行。

问题导读

（1）为什么“欧盟绿色协议”是全球一项非常有影响力的大事？

（2）推行“欧洲绿色协议”有哪些挑战，应对这些挑战计划采取哪些措施？

法律和政策是确立减排目标、减排路线的重要举措。本节主要介绍英国、德国、法国这些欧洲主要国家和美国、澳大利亚、日本的碳中和法律政策。

1.4.1 欧盟及欧洲主要国家碳中和的法律政策

欧盟及其成员国采取积极行动达成碳中和目标，提出了具体的减排目标，也出台了相对系统化的立法政策。

1.4.1.1 欧盟

欧盟在全球可持续发展潮流中一直是引领者，当前欧盟已将碳中和目标写入法律。2020 年 3 月，欧盟委员会发布《欧洲气候法》，从法律层面为欧洲所有政策设定了目标和努力方向，并建立法律框架帮助各国实现 2050 年气候中和目标，此目标具有法律约束力，所有欧盟机构和成员国将集体承诺在欧盟和国家层面采取必要措施以实现此目标。

1.4.1.2 欧洲主要国家

英国、德国、法国等欧洲主要国家已通过立法方式对温室气体排放进行限制。

英国作为世界上最早实现工业化的国家，早期其环境问题广受关注，曾出现了震惊世界的“伦敦烟雾事件”。为应对气候变化问题，2008 年英国国会通过了旨在减排温室气体的《气候变化法案》，提出设立个人排放信用电子账户以及排放信用额度，该法案使英国成为全球首个为温室气体减排设计出具有法律约束力措施体系的国家。

德国的碳中和法律体系具有系统性。21 世纪初，德国政府便出台了一系列国家长期减排目标、规划和行动计划，如 2008 年《德国适应气候变化战略》、2011 年《适应行动计划》及《气候保护规划 2050》等。在此基础之上，德国政府又通过了一系列法律法规，如《联邦气候立法》《可再生能源优先法》《可再生能源法》及《国家氢能战略》等，其中 2019 年 11 月 15 日通过的《气候保护法》首次以法律形式确定了德国中长期温室气体减排目标，包括到 2030 年时应实现温室气体排放总量较 1990 年至少减少 55%。

法国政府也为碳中和目标做出持续性努力。2015 年 8 月，法国政府通过《绿色增长能源转型法》，构建了法国国内绿色增长与能源转型的时间表，2015 年提出《国家低碳战略》，建立碳预算制度。2018 年法国调整了 2050 年温室气体排放减量目标，并将其改为碳中和目标。2020 年法国政府最终以法令形式正式通过《国家低碳战略》。近几年，法国政府陆续出台、实施了《多年能源规划》和《法国国家空气污染物减排规划纲要》。

1.4.2 美、澳、日碳中和的法律政策

美、澳、日等发达国家在面对碳中和目标时，往往采取保守策略。

长期以来，美国在碳中和目标上态度不明、表现反复无常，但最近美国新政府正在改变态度及做法，继先后退出《京都议定书》《巴黎协定》之后，2021 年 2 月拜登就任总统后，美国重新加入《巴黎协定》，加入碳减排行列，积极参与落实《巴黎协定》，承诺 2050 年实现碳中和。目前美国已有 6 个州通过立法设定了到 2045 年或 2050 年实现 100%清洁能源的目标。

澳大利亚政府对于气候减排并不十分上心，其气候政策也摇摆不定。在签订《京都议定书》时澳大利亚政府便持拒绝态度，直到 2007 年才签署。自 2018 年 8 月莫里森任职总理后，澳大利亚气候政策主要表现在：一是《能源保障计划》的废除，意味着澳大利亚寻求改革能源市场以减少温室气体排放的尝试以失败告终；二是 2019 年 2 月 25 日发布的《气候解决方案》，该方案计划投资 35 亿澳元来兑现澳大利亚在《巴黎协定》中做出的 2030 年温室气体减排承诺；三是实行倾向于传统能源产业的政策，在新能源产业上投入不足。澳大利亚政府对于国际气候治理责任存在逃避倾向，不愿为 2030 年之后的减排目标做更多承诺。

日本的碳中和行动和态度存在不确定性，承诺到 2050 年实现碳中和，在碳中和相关文件中对长期减排做出较为全面的技术部署，并强调技术创新。国际能源署数据表明，日本是 2017 年全球温室气体排放第六大贡献国，自 2011 年福岛灾难以来，日本在节能技术上有所努力，但仍对化石能源具有依赖性。为应对气候变化，日本政府于 2020 年 10 月 25 日公布《绿色增长战略》，确认了到 2050 年实现净零排放的目标，该目标旨在通过技术创新和绿色投资的方式加速向低碳社会转型。

1.5 实现碳中和的主要制度

实践案例

全国碳市场运行框架基本建立

2023 年 1 月，生态环境部发布的《全国碳排放权交易市场第一个履约周期报告》显示：全国碳市场第一个履约周期碳排放配额累计成交量 1.79 亿吨，累计成交额

76.61 亿元，市场运行平稳有序，交易价格稳中有升。全国碳市场运行框架基本建立，价格发现机制作用初步显现，企业减排意识和能力水平得到有效提高，实现了预期目标。

全国碳市场基本框架体系包括覆盖范围、配额管理、交易管理、MRV（监测 Monitoring、报告 Reporting、核查 Verification）体系、监管机制五个重点内容。其中，覆盖范围包括碳排放控制目标设定和具体行业覆盖范围；配额管理涉及配额分配方案和清缴履约；交易管理涉及交易规则和风险管理；MRV 涉及核算与报告和第三方核查；监管机制涉及监督管理和法律责任。碳市场是由政策设计出来的市场，一开始就非常强调政策和立法先行。

全国碳市场第一个履约周期从 2021 年 1 月 1 日开始至当年 12 月 31 日结束。该履约周期共纳入 2162 家发电行业重点排放单位，年覆盖温室气体排放量约 45 亿吨 CO_2，是全球覆盖排放量规模最大的碳市场。第一个履约周期在发电行业重点排放单位间开展碳排放配额现货交易，847 家重点排放单位存在配额缺口，缺口总量为 1.88 亿吨，累计约 3273 万吨国家核证自愿减排量（CCER）用于配额清缴抵消。总体看来，市场交易量与重点排放单位配额缺口较为接近，成交量基本能够满足重点排放单位的履约需求。

我国将持续推动全国碳市场建设，在发电行业配额现货市场运行良好的基础上，逐步将市场覆盖范围扩大到更多高排放行业，丰富交易品种和交易方式，有效发挥市场机制对控制温室气体排放、促进绿色低碳技术创新的重要作用。

问题导读

（1）全国碳市场基本框架体系包括哪几个重点内容？

（2）推动全国碳市场建设，将在哪些行业持续推进？

在保障实现碳中和目标的气候立法中，碳市场、碳技术、碳财税及补贴等经济手段是各国通用制度。

1.5.1 碳市场

从碳交易市场历史发展来看，碳交易机制最早由联合国提出，当前大体依照《京都议定书》所规定的框架来运行。当前存在的四大碳市场机制为全球碳交易市场的发展奠定了制度基础，分别是《京都议定书》框架下的国际排放贸易机制（IET）、联合履约机制（JI）和清洁发展机制（CDM）这三大机制，以及存在于《京都议定书》框架之外的自愿减排机制（VER）。

从国别来看，英国全国性碳交易立法值得研究，澳大利亚通过 2011 年《清洁能源法案》从碳税逐步过渡到国家性碳交易市场，构建了比较完整的碳市场执法监管体系，设立了碳排放信用机制和碳中和认证制度，为实现碳中和目标奠定了制度基础。自

2011 年开始，我国七个省市开展碳交易试点，全国碳排放权交易市场建设至今已积累近十年的发展经验，碳排放权市场交易机制进入培育和探索阶段。随着《碳排放权交易管理暂行条例》的生效，全国范围内统一的碳排放市场建设将提速，实现线上交易。

1.5.2 碳技术

联合国政府间气候变化专门委员会第五次评估报告曾指出，若无 CCUS 技术，绝大多数气候模式都不能实现减排目标。CCUS 技术是捕获 CO_2 排放，并将其储存在地下或进行工业应用的技术，被认为是最具潜力的前沿减排技术之一。

具体来看，一是碳捕集技术，可分为点源 CCUS 技术、BECCS 技术和直接空气碳捕获与封存（DACCS）技术。其中，CO_2 经由植被从大气中提取出来，通过燃烧生物质从燃烧产物中进行回收，这是 BECCS 技术；而 DACCS 技术是指直接从空气中捕获 CO_2。二是碳利用技术，指利用 CO_2 来创造具有经济价值的产品，广泛应用的是强化采油技术，碳利用技术需要与 DACCS 技术结合，以解决 CO_2 的再释放问题，达到碳中和。三是碳封存技术，指利用含水层封存 CO_2 并强化采油技术。尽管碳捕集与封存技术的发展史已达四五十年，但整个系统的大规模运行当前仍难以实现。

1.5.3 碳财税制度

碳财税制度涉及社会经济和人民生活等诸多方面，碳财税制度的全面施行或能倒逼行业绿色转型。碳税可简单理解为对 CO_2 排放所征收的税，如果某一国生产的产品不能达到进口国在节能和减排方面设定的标准，就将被征收特别关税。整体来看，碳税制度在世界大多数国家的行动中有所体现，可分为单一碳税制度（芬兰较为完备）、“碳税+碳交易”的复合型模式。此外，日本出台了折旧制度、补助金制度、特别会计制度等多项财税优惠措施，都很好地引导了企业开发节能技术、使用节能设备。当前，碳税制度正成为发达国家有关碳中和目标的规则博弈。

以欧盟为主的国家正着力设计碳税制度。2020 年初，欧盟《欧洲绿色协议》便提出要在欧盟区域内实施“碳关税”的新税收制度；2022 年 3 月，欧洲议会又通过了“碳边境调节机制”议案，该议案提出将从 2023 年开始对欧盟进口的部分商品征收碳税。

1.6 碳中和实施的路径

实践案例

上海世博园区——碳中和先进案例

上海市世博园区总用地面积为 528km^2，建筑开发量约 550 万 m^2，规划形成“五区一带”的功能结构，即文化博览区、城市最佳实践区、国际社区、会展及其商务区、后滩拓展区，以及滨江生态休闲景观带。2017年世博园区成为上海市第二批低碳发展实践区。世博园始终贯彻生态、环保、绿色世博的理念，特别注重降低CO_2排放，并采取了以下主要措施。第一，把世博会的选址和上海城市的旧区改造结合起来，选址原为上海污染比较严重的地区，原来有工厂、钢铁厂和居住区混杂，通过搬迁、世博园建设与旧区改造，直接降低了CO_2的排放，改善了生态环境。第二，规划中考虑了生态理念、低碳理念，包括步行适宜距离和节能、生态效应以及持续利用。第三，在世博会的建设当中大量采用了节能、绿色技术。比如，大规模的太阳能光伏发电达到了4.5MW；使用大规模的LED照明技术；在园区内全部使用氢能源汽车、纯电容汽车以及超级电容汽车，世博园区的公共交通实现了零排放。第四，在世博园区里进行了大规模的绿化建设，整个绿化建设的面积达到106万m^2。第五，上海世博会首创了城市最佳实践区的展示，通过国际遴选委员会选出最好、最新的节能减排生态建筑，并集中到世博园区进行实物展示。展示会极大地宣传和推动了我国在城市建设过程中大量使用绿色、环保、节能技术。

问题导读

（1）上海世博园区拥有哪些先进的碳中和理念与减碳技术？
（2）上海世博园区碳中和的实践效果如何？

碳中和目标在诸多行业都有体现，实现碳中和目标不仅涉及一个行业或部门，各领域的相互配合与协同才能形成良性互动，绝不可能仅靠单个领域来实现这一目标。碳中和实施的路径主要包括：绿色能源发电、工业减碳、绿色建筑、绿色交通运输、绿色农业与植树造林等。

1.6.1 绿色能源发电

世界能源格局正呈清洁化、低碳化发展。电力碳中和也是开展碳中和工作、实现碳中和目标的必由之路，而电力碳中和又是能源碳中和的基础。目前认为最有效且成本最低的电力碳中和方式是提高非化石能源在电力中的比重。而此种方式则对电网提出要求，其应具有灵活性以容纳非化石能源的不稳定性。

从非电能源方面来看，目前中国能源需求中非电能源占比过半，大部分非电能源的地位在短时间内无法被完全取代，仅有碳捕集和氢能对完成能源碳中和具有实际效能，而氢能在促进产业升级和技术进步上更具优势，或成为能源碳中和发展的主要方向。就我国而言，一方面碳中和目标对于未来能源及电力发展提出更高要求；另一方面清洁安全的能源电力也将反哺能源产业，使其在符合绿色原则的基础上良性发展。

1.6.2 工业减碳

工业是能源消耗和 CO_2 排放的主要领域，经济合作与发展组织的成员国 2019 年工业部门 CO_2 排放量占其排放总量的 29%，为响应碳中和目标要求，工业节能、减排、减碳是大势所趋。各国工业碳中和实践可归纳为两种方式：一种是采用温室气体减排的关键技术手段，把碳捕集与封存技术（CCS）安装在生物加工行业或生物燃料的发电厂，以创造负碳排放。英国于 2018 年启动欧洲第一个生物质能碳捕集与封存试点，但因技术成本高昂而未能广泛应用。另一种是发展循环经济，欧盟委员会为提升产品循环使用率，于 2020 年 3 月 11 日通过的新版《循环经济行动计划》，对包装、建筑材料和车辆等关键产品的塑料回收含量和废物减少措施制定强制性要求。当前，中国工业领域已从高速发展模式转向高质量发展模式，绿色低碳化正在成为工业转型发展的新特征。

1.6.3 绿色建筑

目前建筑行业的排放水平对各国实现碳中和目标同样构成挑战，绿色化改造建筑的回报具有长效性。世界各国大多采取构建“绿色建筑”来最大程度地利用建筑资源、保护环境。绿色建筑的推行方式大概有两种：

一是评价体系和节能标识。在评价体系方面，英国首次发布绿色建筑评估方法（BREEAM），目前完成 BREEAM 认证的建筑已超 27 万栋；新加坡也发布了 Green Mark 评价体系。在绿色能效标识方面，美国采用“能源之星”、德国采用“建筑物能源合格证明”，以标记能源效率及耗材等级。

二是建筑革新。欧盟委员会在 2020 年发布的“革新浪潮”倡议中提出，到 2030 年所有建筑将实现近零能耗；法国设立翻新工程补助金，计划促进七百万套高能耗住房转为低能耗建筑；英国推出“绿色账单”等计划，通过补贴、退税等形式促进公众为老旧建筑装配减排设施。

1.6.4 绿色交通运输

交通运输是实现碳排放目标的重要领域之一，不仅源于交通运输领域的碳排放更为复杂，也因为该领域产生的碳排放量不容小觑。发达国家在建筑等领域的碳排放已有所下降，但交通运输领域还没有大改变，减少交通运输业碳排放、布局新能源交通工具刻不容缓。各国交运行业为实现碳中和已有不少尝试，例如调整运输结构，发展交通运输系统数字化，以及乘用车碳排放量限制等。

在调整运输结构方面，各国积极推广碳中性交通工具及基础设施，并采取了正向激励政策以及负向约束政策，从正、反两方面激励和约束交通工具及其基础设施的转变。如德国提高电动车补贴，美国出台先进车辆贷款支持项目，挪威、奥地利对零排放汽车免征增值税，墨西哥、印度等发展中国家通过公布禁售燃油车时间表的方式负向约束交通运输碳排放。

在交通运输系统数字化方面，通过数字技术建立统一票务系统或者部署交通系统，例如欧盟计划大力投资 140 个关键运输项目，欧洲也正共建全球首个货运无人机网络和机场以降低碳排放量、节省运输时间和成本。

当前，我国人均汽车保有量还处于快速增长阶段，因此为达成碳中和愿景，我国有必要采取强有力的交通运输减排措施，依靠技术推动新能源汽车获得更高的市场份额，并借助政策驱动加速城市交通电动化进程，加快形成低碳绿色的交通运输方式。

1.6.5 绿色农业与植树造林

农业林业领域也是值得关注的碳排放源，农业生产的碳排放量占全球人为总排放的 19%，发展低碳农业是实现碳中和目标的关键。

当前，各国农业碳中和的主要途径是加强自然碳汇，通过增强 CO_2 等温室气体的吸收能力来完成增汇。例如新西兰、阿根廷以法律形式提出增加本国碳汇和碳封存能力的目标，英国发布的“25 年环境计划”和“林地创造资助计划”提出了关于增加林地面积的规划，秘鲁等南美国家签署的灾害反应网络协议要求增强雨林卫星监测以做好禁止砍伐、重新造林等工作，墨西哥以国家目标明确 2030 年前实现森林零砍伐的目标。

此外，农业碳中和的途径还有减少农产品浪费、提高粮食安全、减少废弃物等方式。例如，芬兰依据欧盟发布的《农场到餐桌战略》，制定本国节约粮食路线图；欧盟计划于 2024 年出台垃圾填埋法律，最大限度地减少生物降解废弃物。

虽然各国在农林业碳中和方面付诸了努力，但审慎观之，绝大部分国家在农业、废物处理领域的低碳化技术尚处于发展初期，其达成碳中和目标的有效性和可行性有待验证。

【课程习题】

1. 选择题

(1) 全球“环境变迁”最可能使（　　）。

A. 海平面上升，低地被淹没　　B. 火山、地震频发

C. 荒漠化日趋严重　　D. 臭氧层空洞扩大

(2)“双碳”是指（　　）。

A. 碳中和与碳交易　　B. 碳中和与碳市场

C. 碳达峰与碳中和　　D. 碳核算与碳市场

(3) 使“环境变迁”可能发生的根本原因是（　　）。

A. 冰川融化　　B. 全球变暖

C. 海水膨胀　　D. 地面沉降

(4) 由于《京都议定书》规定了减排目标，温室气体排放量具有了价值，并成为

一种商品。这种商品形成的市场称为（　　）。

A. 煤炭市场　　B. 碳市场

C. 石油市场　　D. 天然气市场

（5）下列不属于实现碳中和的技术路径的是（　　）。

A. 用绿色能源替换化石能源　　B. 使用电气化交通工具

C. 植树造林、生物固碳　　D. 建立碳交易市场

（6）下列不属于国际组织针对气候变化制定的公约的是（　　）。

A.《联合国气候变化框架公约》　　B.《京都议定书》

C.《巴黎协定》　　D.《巴黎和约》

2. 判断题

（1）只有从产品原材料、生产、运输、废弃、回收，即全生命周期的角度来减排 CO_2，才能真正达成 CO_2 的净零排放。（　　）

（2）新能源汽车在全生命周期内可以实现二氧化碳零排放。（　　）

（3）2020 年 9 月 22 日习近平主席第一次在联合国大会向世界宣布中国碳达峰、碳中和的目标。（　　）

（4）企业碳中和指的是企业组织边界内的温室气体排放实现中和。（　　）

（5）碳减排分为绝对减排和相对减排。（　　）

3. 填空题

（1）清洁能源包括（　　）、（　　）、（　　）、氢能、潮汐能、地热能、生物质能、核电等。

（2）（　　）是唯一一种可再生的碳源，它可转化为常规的固态、液态和气态燃料，是取之不尽、用之不竭的一种可再生能源。

（3）2020 年 9 月我国在第七十五届联合国大会上宣布，中国力争 2030 年前（　　）达到峰值，努力争取 2060 年前实现（　　）目标。

（4）实现碳中和，CCUS 表示二氧化碳的（　　）、（　　）、（　　）。

【拓展案例】

纽约康奈尔大学（Cornell University）——零碳校园

中德生态森林幼儿园——零碳校园

【课程作业】

减碳调查报告，减碳方案：

制订一个大学生寝室减碳方案，如表 1-3 所示，包括减碳项目、减碳路径、减碳数量计算方法、计划项目任务完成进度和目标。800~1200 字，图文并茂。

表 1-3　减碳方案示例

序号	减碳项目	减碳路径	节约数量	减碳质量/g	减碳计量
1	节约用电	人走灯灭	小时		-62.8/（g/h）
		电脑少待机	小时		-1.2/（g/h）
		手洗/少用洗衣机	小时		-0.88/（g/h）
2	减少/回收塑料	少使用塑料袋	个		-100/（g/个）
3	减少纸质浪费	少使用 A4 纸张	张		-5/（g/张）
4	回收利用	回收一次性筷子	双		-1.7/（g/双）
5	节约纺织品	每年少买衣服	件		-6400/（g/件）

第2章 零碳电力技术

【教学目标】

知识目标 了解传统发电节能提效技术、可再生能源及核能发电技术、储能技术。

方法目标 学习实现零碳电力的基本方法。

价值目标 分析能源消耗总量，进而引出能源领域减碳是我国实现碳中和的关键。

2.1 发电节能提效技术

实践案例

“碳中和”目标下，电力系统如何“脱碳”？

2019年中国电力碳排放达42.27亿吨，占全社会排放总量的43%；可再生能源发电、能源企业数字化转型，是实现可持续发展的重要动力。目前我国发电量主要以火力发电为主，占比高达70%左右，而新能源发电占到30%左右。其中，火力发电中大部分都是依靠煤炭和天然气，占了70%以上。而燃烧化石燃料时，会产生CO_2，这是一种持久的温室气体，会导致全球变暖和气候变化。

因此能源系统的结构转型是实现中国碳达峰、碳中和目标的关键环节。数据显示，能源燃烧是中国主要的CO_2排放源，占全部CO_2排放的88%左右，而煤炭则是CO_2排放量最多的能源。2018年，中国CO_2排放的能源来源中，绝大部分为化石能源，其中煤炭占79.89%，石油占14.32%。

业内专家认为，电能作为清洁、高效的二次能源，提升中国的电气化水平，支撑煤炭、石油、天然气等化石能源尽早达峰，是实现碳中和目标的必然路径。

目前，中国正在大力实施电能替代，加快以电代煤、以电代油。数据显示，到2050年，中国电力消费将达到15万亿kW·h，电能占终端能源的消费比重将提高至

50%左右。相关研究还显示，到2050年，电力在全球能源需求总量中的占比将从当前的20%增长至40%。

一方面，未来碳中和的世界将高度依靠电力供能；然而，另一方面，目前中国电力行业又是CO_2排放的主要来源。

对此，业内分析，能源转型的关键是电力转型，电力是未来能源系统碳减排的主力，将在能源深度碳减排中发挥关键作用。有专家认为：“能源系统如何转型关键要看电力系统如何转型。”

// 问题导读 //

（1）传统发电能源的利用与碳中和有什么关系？

（2）怎样延长化石能源的使用寿命？

（3）怎样提高电力能源的转换效率？

我国资源特征是“富煤、少气、缺油”，这就决定了中国能源结构长期以来以煤炭为主。近年来，我国火力发电占全国发电总量的比例为70%~75%，因此我国电力系统“脱碳”势在必行。电力系统“脱碳”包括燃煤热电联产技术、超超临界燃煤发电技术和燃煤耦合生物质发电技术等。

2.1.1 燃煤热电联产技术

燃煤热电联产技术是一种建立在煤炭资源的利用基础上，将供暖、供热及发电过程一体化的能源利用系统。该技术能够提高能源利用效率、节约基建投资，还具有便于综合利用、极大改善环境污染状况等优点。

仅从热源角度比较，热电联产比热电分产可以节约1/3左右的煤炭，综合效率可由50%提高到75%。截至2020年，我国燃煤热电联产机组容量接近5亿kW。

2.1.2 超超临界燃煤发电技术

超超临界燃煤发电是指燃煤电厂将蒸汽压力、温度提高到超临界参数以上（600℃、25~28 MPa），实现大幅度提高机组热效率、降低煤炭消耗量和污染物排放的技术。节煤炭是超超临界技术的最大优势，发电效率可达45%以上，且燃烧后排放的CO_2可减少约20%。

采用超超临界燃煤发电技术对于节约资源、保护环境、实现可持续发展具有重要意义。

2.1.3 燃煤耦合生物质发电技术

燃煤耦合生物质发电技术是指利用生物质燃料与煤炭进行混烧的发电方式，如

图 2-1所示。生物质燃料可替代部分煤炭，在减少煤炭用量的同时，拓宽了发电燃料的来源渠道，并且解决了污染危害、生物质资源露天堆积、焚烧浪费等问题，是燃煤电厂实现温室气体减排最经济的技术选择，也是未来电厂转型的新方向。

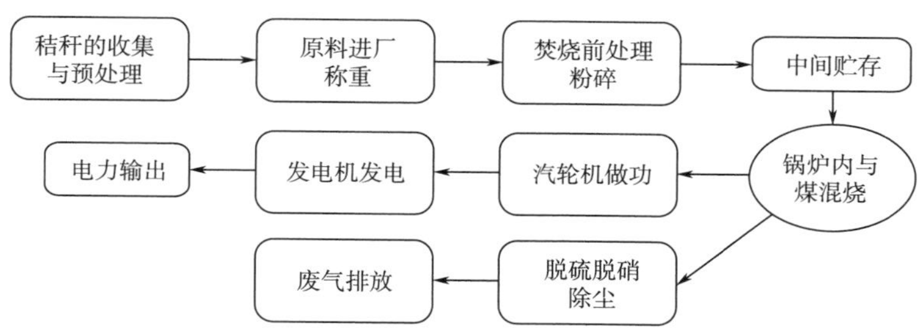

图 2-1　生物质燃料与煤炭混合燃烧发电示意图

2.2　可再生能源发电技术

实践案例

乌拉圭能源转型——如何实现 97%的电能来自可再生能源？

在 20 世纪末，乌拉圭的电力能源主要来自于水能发电，然而在 1997~2007 年，乌拉圭遭受了连续近 10 年的干旱。因水力发电产生的电力严重不足，所以乌拉圭的能源方式也向化石能源方向转变。但是化石能源的大量进口，使财政负担越来越重，并且过度依赖进口化石能源，也将使乌拉圭的经济在全球化石能源的影响下受到更大的风险波及。

2007 年，乌拉圭制定出《乌拉圭风能计划》（以下简称《计划》）的第一个 5 年计划。《计划》的启动资金，是从联合国全球环境基金中获得 100 万美元，再加上从国家预算中筹集 600 万美元，至此，乌拉圭的《计划》拉开改变的序幕。乌拉圭政府加强《计划》实施中的政府参与度和监管力度，扩大范围对风力发电工程实行竞争性招投标机制；设置固定电价，防止民营电力生产公司哄抬电价；国有电力公司则负责收购所有可再生能源的电力。面对风力发电这项新技术，乌拉圭国家电力公司首先新开发了一个风电示范场，用于该行业的专业技术人员学习；其次，乌拉圭共和国大学专门设立了有关可再生能源技术的专业，培养更多专业型人才和后备技术骨干；最后，抽调国家电力公司的技术人才，组成宣传培训分队，向民营开发商和投资者，进行专业风电技术知识讲解和风电开发风险的预判。

自《计划》实施以来，乌拉圭在风力发电技术上保持了两项世界纪录，并在国家清洁能源投资于国内生产总值中的占比中，位列全球第五，因此乌拉圭的人均风电装机容量也处在世界前列。

从乌拉圭全国发电能源结构占比来看，风力发电占到 17%。并且到 2020 年，乌拉圭 97%的电力能源，都是来自可再生能源。这无疑是一个能源转型的成功案例，对于风电刚刚起步的我们，乌拉圭更是值得学习经验和借鉴方法的国家。

问题导读

（1）乌拉圭作为一个发展中国家，是如何让自身的风力发电技术在全球具有竞争力的？
（2）风力发电的好处有哪些？

可再生能源是指多种用之不尽、取之不竭的能源，这种能源是可以再生的，是人类历史时期内都不会耗尽的能源，可以用来发电。可再生能源发电主要包括水力发电、太阳能发电、风力发电、生物质能发电、地热能发电和海洋能发电等技术。

2.2.1 水力发电技术

2.2.1.1 水力发电的概念

水力发电技术是开发河川或海洋的水能源，将水能转换为电能的工程技术。其原理是利用水体由上游高水位，经过水轮机流向下游低水位，以其重力做功，推动水轮发电机发电。水能是一种可再生能源，水力发电的过程不产生污染物，发电效率高，生产成本低廉，机组启停灵活。

水轮发电机组的构成及工作原理：

（1）水轮发电机组是实现水的位能转化为电能的能量转换装置，水轮机和发电机是水轮发电机组中最关键的两个部件，还包括调速器、励磁系统、冷却系统和电站控制设备。

（2）水轮发电机组的能量转换过程分为两个阶段：水轮机在水流的冲击作用下开始旋转，将水的位能转换为机械能；发电机将水轮机的机械能转换为电能。机械能转换为电能是水轮机带动同轴相连的水轮发电机旋转，在励磁电流的作用下，旋转的转子带动励磁磁场旋转，发电机的定子绕组切割励磁磁力线产生感应电动势，输出电能，实现能量的转换。

2.2.1.2 水电站的分类

①按照水源的性质：常规水电站和抽水蓄能电站。

②按照水电站集中水头的手段：堤坝式、引水式和混合式水电站。

③按照水电站利用水头的大小：高水头（70m 以上）、中水头（15~70m）、低水头（低于 15m）水电站。

④按照水电站装机容量的大小：大型水电站（30 万 kW 或以上）；中型水电站（5 万~30 万 kW）；和小型水电站（5 万 kW 以下）。

⑤按照水库的调节性能：具有调节水量能力的调节水库水电站、无水量调节能力的径流式水电站。

2.2.1.3 水力发电的应用

20 世纪 70 年代，我国建成第一座装机容量超过 1000MW 的刘家峡水电站，80 年代建设了葛洲坝水电站，之后建设了三峡水电站，中国水电建设规模从小到大地不断扩大发展。经过几十年的建设开发，我国的水电技术已达到国际水平。

（1）长江三峡枢纽工程。长江三峡水利枢纽工程，即三峡水电站，又称三峡工程，位于中国湖北省宜昌市，是世界上规模最大的水电站和清洁能源生产基地。大坝的坝顶总长 3035m，坝高 185m，总共安装了 32 台 70 万 kW 的水轮发电机组，有 2 台 5 万 kW 的电源机组，总装机容量 2250 万 kW，年平均发电量已经达到 1000 亿 kW。

（2）白鹤滩水电站。白鹤滩水电站位于四川省凉山州宁南县和云南省昭通市巧家县境内，是在金沙江下游干流河段进行梯级开发的第二个梯级电站，建成后成为世界第二大水电站，具有以发电为主，兼有防洪、拦沙、改善下游航运条件和发展库区通航等综合效益。目前白鹤滩水电站年平均发电量突破 600kW · h，相当于节约标准煤炭 1809 万吨，减排 $CO_2$4968 万吨。

2.2.2 太阳能发电技术

太阳能是太阳向宇宙空间发射的电磁辐射能。我国太阳能资源丰富，年辐射量为 928~2333kW · h/m^2，总体呈“高原大于平原、西部干燥区大于东部湿润区”的特点。

太阳能发电是指无须通过热过程直接将光能转变为电能的发电方式，主要分为太阳能光伏发电和太阳能光热发电。

（1）太阳能光伏发电：根据光生伏特效应，利用太阳能电池将太阳能直接转化为电能。光伏发电可分为并网光伏发电、离网光伏发电和分布式光伏发电。

（2）太阳能光热发电：其原理是利用大量反射镜面收集太阳热能，通过换热装置提供蒸汽，结合传统汽轮发电机的工艺，从而达到发电的目的。太阳能光热发电可分为塔式光热发电、碟式光热发电和槽式光热发电。

（3）太阳能发电应用。2022 年，我国太阳能发电累计装机容量 3.9 亿 kW，位居全球第一。腾格里沙漠光伏发电站位于宁夏中卫市腾格里沙漠，每年可向社会提供绿色电力 9 亿 kW · h，实现产值 3.5 亿元，节约标准煤炭 28 万吨，减少 CO_2排放 74 万吨，有效治沙 8 万余亩。该项目对于中卫市域内沙漠生态治理、旅游产业发展以及宁夏“西电东送”电源点建设具有积极的推动作用。熔盐塔式光热电站，位于甘肃省敦煌市，是全球最高、聚光面积最大的熔盐塔式光热电站。年发电量达 3.9 亿 kW · h，每年可减排 $CO_2$35 万吨，减排量及消耗过剩产能量的环保效益相当于造林 1 万亩。

2.2.3 风力发电技术

我国风能资源丰富，具有蕴藏量大、分布广泛、可再生、无污染等特点，可开发利用的风能储量约 10 亿 kW · h，陆地上风能储量约 2.5 亿 kW · h，海上可开发和利用的风能储量约 7.5 亿 kW·h。

风力发电原理是把风能转化为机械能，机械能再转化为电能进行输出。

风力发电机包括机舱、风轮叶片、轴心、发电机、低速轴、电子控制器、冷却元件、塔、风速计和风向标等元件，风力发电机组是用来实现风能与电能的能量转换。风力发电的关键问题是风力机和发电机的功率和速度控制。

风力发电机的分类为水平轴风力发电机、垂直轴风力发电机、达里厄型风力发电机、双馈异步风力发电机等。

海上风力发电利用海上风力资源发电，不占用土地、风速高、湍流强度小、风力机组发电量大、噪声和视觉的影响可以忽略。我国近海可开发和利用的风能资源约达 7.5 亿 kW·h。

达坂城风力发电站位于新疆乌鲁木齐，是我国最早建设的规模化电厂。年风能蕴藏量为 250 亿 kW·h，可利用总电能为 75 亿 kW·h，可装机容量为 2500MW。

2.2.4　生物质能发电技术

生物质能是绿色植物通过叶绿素将太阳能转化为化学能而贮存在生物质内部的能量。

生物质能发电技术是以生物质及其加工转化成的固体、液体、气体为燃料的热力发电技术，可显著减少 CO_2 和 SO_2 的排放。我国生物质能发电技术主要有：生物质直燃发电、生物质耦合发电和生物质气化间接发电技术。

（1）生物质直燃发电技术：以农林剩余生物质作为燃料，直接燃烧发电，如图2-2所示。我国生物质发电也具有一定的规模，主要集中在南方地区，许多糖厂利用甘蔗渣发电。生物质直燃发电技术是我国生物质利用的主要方式。

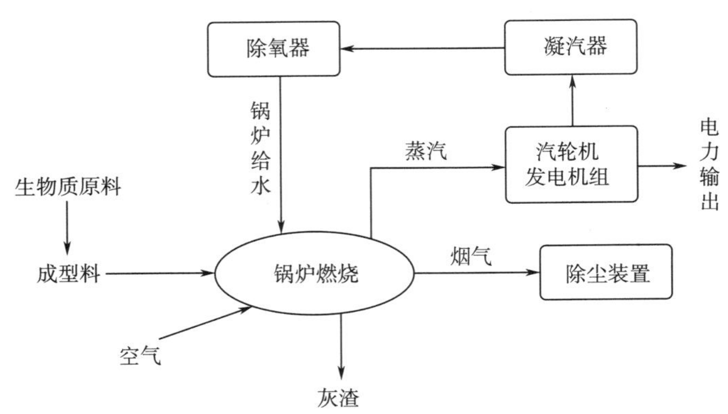

图 2-2　生物质直燃发电示意图

（2）生物质耦合发电技术：利用生物质燃料与煤炭进行混烧的发电方式。

（3）生物质气化间接发电技术：生物质燃料在合适的热力学条件下，在气化床中进行燃烧，分解为以 CO、H_2 及低分子烃类为主的可燃气体，然后进行燃烧发电，如

图 2-3所示。该技术的气化率为 70%以上，热效率可达到 85%。

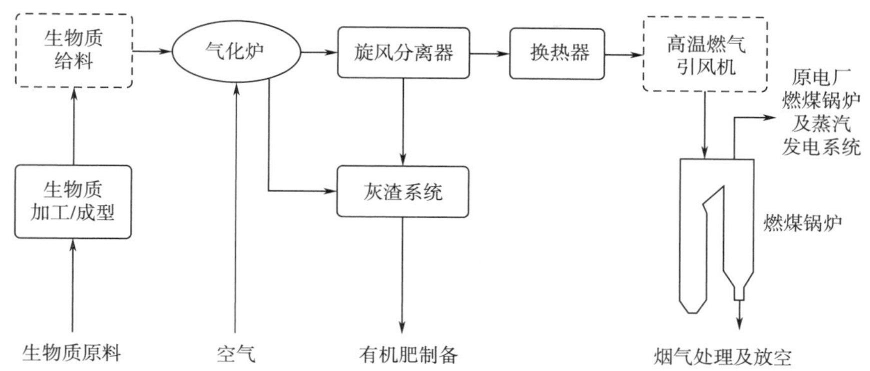

图 2-3　生物质气化间接发电示意图

生物质能发电技术集环保与可再生能源于一体，可有效解决秸秆焚烧造成的大气污染，减少温室气体的排放。目前我国生物质能发电机装机容量超过 3000 万 kW。

十里泉发电厂位于山东省枣庄市南郊，是典型的生物质直接混燃耦合发电厂。机组采用秸秆作为生物质燃料，按机组满负荷运转 6500h 计算，当消耗秸秆 9.36 万吨/年时，可节约原煤炭 7 万吨/年，分别减少 CO_2 排放 15 万吨/年、SO_2 排放 1500 吨/年。

2.2.5　地热能发电技术

地热能是来自地下的热能，即地球内部的热能。地球内部的粒子和射线的动能和辐射能，在同地球物质的碰撞过程中转变成了热能。其储量比目前人们所利用的总量多很多倍，而且集中分布在构造板块边缘一带，该区域也是火山和地震多发区。

（1）地热能发电原理：地热能发电是以地下热水和蒸汽为动力源的一种新型发电技术，地热能发电和火力发电的基本原理是一样的，都是将蒸汽的热能经过汽轮机转变为机械能，然后带动发电机发电。

（2）地热能发电技术的应用：我国高温地热资源主要集中在环太平洋地热带通过的台湾省，地中海-喜马拉雅地热带通过的西藏南部和云南、四川西部。

中国高温地热电站主要集中在西藏地区，总装机容量为 27.18MW，其中羊八井地热电站装机容量为 25.18MW。羊八井地热电站是中国自行设计建设的第一座用于商业应用的、装机容量最大的高温地热电站，位于我国西藏自治区拉萨市西北约 90km 的当雄县境内，年发电量约达 1 亿 kW · h，占拉萨电网总电量的 40%以上。

2.2.6　海洋能发电技术

海洋能源通常指海洋中所蕴藏的可再生的自然能源，主要分为潮汐能、波浪能、海流能（潮流能）、海水温差能和海水盐差能。海洋能蕴藏丰富、分布广、清洁无污染，但能量密度低、地域性强，开发利用的方式主要是发电，其中潮汐能发电和小型波浪能发电技术已经实用化。

（1）潮汐能发电：潮汐能发电的原理主要是利用海水涨潮和潮落形成的水的势能，带动水轮机旋转，使发电机组进行发电。中国是世界上建造潮汐电站最多的国家，江厦电站是中国最大的潮汐电站，是中国第一座双向潮汐发电站，也是全球第四大潮汐发电站。总装机容量为3000kW，可昼夜发电14~15h，每年可向电网提供电能1000万kW·h以上。

（2）波浪能发电：波浪是由于风和水的重力作用形成的起伏运动，它具有一定的动能和势能。波浪能发电是波浪能利用的主要方式。

（3）海水盐差能发电：河流的淡水与邻近的海水之间具有含盐量浓度差，盐差能是由江河淡水流入大海，与苦咸的海水交融在一起由渗透引起的渗透压能，把这种压力差转换为势能，然后用于发电。

2.3 核能发电技术

实践案例

核能——从杀人利器到光明使者

1945年8月6日，搭载“小男孩”的轰炸机从提尼安岛起飞，到达广岛上空约9000m的高度时，“小男孩”被投掷而下。它成为人类第一次在战争中使用的原子弹，内装有64kg的铀-235。它在广岛上空约550m处的地方起爆，虽然最终只有约1kg的铀-235进行了核裂变反应，却使日本6.6万人直接死于此次核爆，另有6.9万人受伤。

在第二次世界大战期间，美国向日本共投掷了两枚原子弹，除“小男孩”外，另外一枚的绰号为“胖子”。1945年8月9日，“伯克之车”（Bockscar）轰炸机在长崎上空投下了“胖子”，这次造成约3.5万人死亡，6万人受伤。

“小男孩”和“胖子”，第一次让人类意识到核能拥有如此巨大的威力。

1954年6月27日，苏联建成了世界上第一座核电站，它让普通民众知道，核能不仅能用于恐怖的核武器，还能用于发电，成为能源。

世界核能协会估算，2015~2030年全球新建核电站在160座左右，新增投资达1.5万亿美元，市场空间巨大。

问题导读

（1）核能会造成什么毁灭性影响？

（2）怎么利用好核能这把双刃剑？

核能作为战争武器，曾经是人类的敌人。如今，人们逐渐把核能用于发电，变成了人们的朋友。

核能是指在原子核裂变反应或聚变反应中释放的巨大能量，又称原子能。核能和可再生能源一样，在发电过程中不会产生温室气体。世界核能协会统计，截至 2021 年，全球 32 个国家在使用核能发电，总装机量约 3924 亿 kW。核能的利用主要包括核裂变和核聚变两种，如图 2-4 所示。

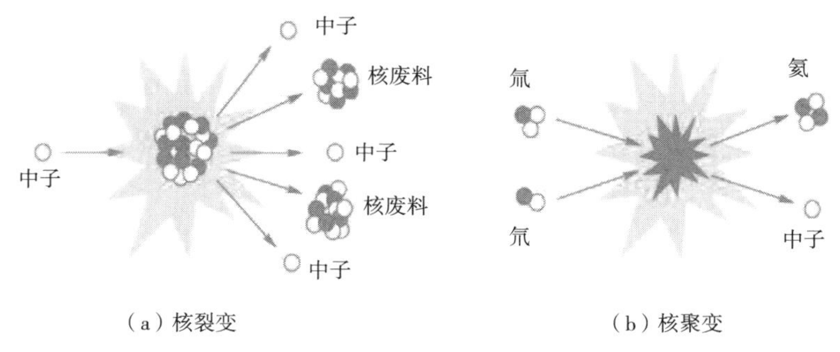

图 2-4　核裂变和核聚变

2.3.1　核裂变发电

核裂变原理：由重的原子核分裂成两个或多个质量较小的原子核，并释放热能的一种核反应形式。

核裂变发电过程与火力发电过程相似，是利用核反应堆中核裂变所释放的热能进行发电的方式。

天然可裂变元素只有铀：^{238}U、^{235}U、^{234}U。

2.3.2　核聚变发电

核聚变原理：由质量小的原子在一定条件下发生原子核互相聚合作用，生成新的质量更大的原子核，并释放大量热能。

与核裂变相比，核聚变可以释放出更高的能量，并且具有固有的安全性，不会产生大量的放射性废物。

2.3.3　核能发电技术的应用

秦山核电站

秦山核电站是我国第一座 30kW 实验性反应堆、自行设计研制、建造的核电站，地处浙江省嘉兴市海盐县。秦山核电站总装机容量达到 654.6 万 kW，年发电量约 500 亿

kW·h，是目前国内核电机组数量最多、堆型最丰富、装机最大的核电基地。

2.4 储能技术

实践案例

德国家用电池热潮

在德国，绿色电力已经成为排名前三的能源消费之一，几乎每周都有关于创新型能源存储项目的新闻报道。在锂离子电池价格大幅下降的推动作用下，电池储能已成为公众关注的焦点。在所有新住宅太阳能光伏系统中，约有一半德国家庭用户安装了电池。2018 年夏末，德国安装了其第 10 万个家用太阳能电池。与此同时，随着电动汽车数量的不断增加，更大的电池存储浪潮正涌向世界各国。

事实上，电池储能等其他储能技术的发展将对德国的能源转型产生深远影响，意味着德国的能源将从以化石和核电能源为主的模式，逐渐转型成低碳经济。储能革命对能源转型的影响会进一步扩大，成为使煤炭退出德国的关键因素。

锂离子电池的价格大幅下降掀起了德国电池储能的热潮。

问题导读

（1）为什么德国会掀起家用电池热潮？

（2）储能的重要性是什么？

当前，“源—网—荷—储”协调优化模式与技术是构建新型电力系统的重要发展路径。该模式包含“电源、电网、负荷、储能”整体解决方案，是电源、电网、负荷与储能四部分通过多种交互手段，更经济、高效、安全地提高电力系统的功率动态平衡能力，从而实现能源资源最大化利用的运行模式和技术。其中，储能是高效利用能源的重要途径之一，包括机械储能、电化学储能、热储能和电气储能等多种形式。

2.4.1 机械储能

可再生能源发电方式受自然因素影响较大，具有间歇性和波动性。而储能技术可在提高可再生能源消纳比例、保障电力系统安全稳定运行、提高发输配电设施利用率、促进多网融合等方面发挥重要作用。

机械储能的原理是将电能转换为机械能存储。机械储能可分为抽水储能、压缩空气储能、飞轮储能三类。

抽水储能：抽水储能是在电网负荷低谷期将水从下池水库抽到上池水库，将电能转化成重力势能储存起来，在电网负荷高峰期释放的能源储存方式。

压缩空气储能：压缩空气储能是在电网负荷低谷期将电能用于压缩空气，在电网负荷高峰期释放压缩空气推动汽轮机发电的储能方式。

飞轮储能：飞轮储能是利用电动机带动飞轮高速旋转，在需要的时候再用飞轮带动发电机发电的储能方式。

2.4.2 电化学储能

电化学储能的主要媒介是电池储能系统，通过电池正负极的氧化还原反应充放电，实现电能和化学能的相互转化。主要的电化学储能类型如表 2-1 所示。

表 2-1　不同类型的电化学储能

电化学储能类型	寿命周期/次	能量成本/［美元/（kW・h）］	能量密度/（W・h/kg）	储能规模
锂离子电池	4500	500~1420	75~200	MW 级
铅酸电池	1000	200~400	30~50	MW 级
镍氢电池	2000	300~500	50~70	MW 级
钠硫电池	4500	400~555	150~240	MW 级
液态金属电池	>10000	<150	50~200	MW 级

2.4.3 热储能

热储能是以储热材料为介质将太阳能光热、地热、工业余热等热能储存起来，待需要时释放能量。热储能技术可以解决时间、空间或强度上的热能供给与需求之间的不匹配所带来的问题，并最大限度地提高能源利用效率。热储能可以分为显热储能、潜热储能和化学反应热储能三类。

显热储能：储热材料利用自身比热容的特性，通过温度变化进行蓄热与放热。

潜热储能：又称相变储能，通过相变将材料本身吸热或放热的能力发挥出来，有效储存和释放能量。

化学反应热储能：又称热化学储热，是一种利用化学反应过程将化学能转化为热能的储热方式。

2.4.4 电气储能

电气储能主要有超级电容器储能和超导储能两种。超级电容器储能是基于电极/电解液界面的充放电过程进行储能，超导储能是运用超导体的电阻为零特性制成的储能设备。

2.5 输配电技术

实践案例

西电东送——实现东西部共赢

西电东送就是利用西部地区丰富的水力资源和煤炭资源，开发水电和火电，然后把清洁的电能输送到东部，从而既把西部的资源优势转化为经济优势，又满足了东部地区的用电需求，促进东西部的共同发展。

实施西电东送是我国能源资源和电力负荷的不均衡性所决定的。我国地域辽阔，能源资源分布极不均匀，煤炭资源的69%集中在“三西”地区（即山西、陕西和内蒙古西部）和云南、贵州，水能资源的77%分布在西南和西北地区。经济较发达的东部沿海地区能源资源非常匮乏，但是用电负荷却相对集中在这一地区。这样，实施西电东送就成为我国电力发展的必然选择。

例如：国家西电东送重大工程——乌东德电站送电广东广西特高压多端柔性直流示范工程（简称“昆柳龙直流工程”）。该工程全长1452km，途经高原、山岭、河流、丘陵多种地形，跨越云南、广西、贵州、广东四省区，宛如巨龙在野，将乌东德电站的清洁水电安全输送至广东广西。截至2021年6月15日，南方电网通过昆柳龙直流工程，已累计将其中163.6亿kW·h电送往粤港澳大湾区，相当于为广东减少CO_2排放1414万吨。源源不断的清洁能源正为粤港澳大湾区提供着坚强的能源支撑！

到2020年为止，国家电网通过西电东送的南、中、北三个通道，向东部运送了超过9000亿kW电力。

问题导读

（1）西电东送是怎样实现的？

（2）西电东送的意义？

电力系统是由发电厂、电力网与电能用户所组成的整体，一般经过生产、变换、输送、分配、消耗电能。我国能源集中分布在西部，而用能主体集中分布在东部，因此能源的传输和利用就需要强大的输配电技术。输配电技术是构建“源—网—荷—储”新型电力系统的重要环节，主要包括特高压输电、交直流混联电网配电等技术，还包括先进电力装备。先进电力装备包括发电设备、输变电设备、配电设备等，先进电力装备技术的发展重点包括可再生能源装备、核电装备、输变电成套装备三方面。

2.5.1 特高压输电

（1）高压交流输电是指 1000kV 及以上电压的输电工程及相关技术，具有远距离、大容量、低损耗和经济性等特点，我国是目前全球特高压输电线最长、技术最完备的国家。

（2）特高压直流输电是指±800kV 及以上电压等级的直流输电及相关技术，具有输送容量大、输电距离远、电压高，可用于电力系统非同步联网等特点。

2.5.2 交直流混联电网配电

（1）新型直流配电网：是指采用新型直流配电系统能够提高配电利用率，支撑多源多荷的高效灵活接入，实现各分区电流灵活可控、负载率均衡的电网。其特点：线路损耗较小、供电可靠性高、便于分布式电源、储能装置等接入、具有环保优势。

（2）交直流混联电网：是指送、受端交流系统之间既有交流线路连接又有直流系统连接的一种输电方式。交直流混联电网的特点是电压稳定、频率稳定，但还存在谐波问题。

【课程习题】

1. 选择题

（1）下列不属于可再生能源的是（　　）。

A. 风能　　B. 水能

C. 潮汐能　　D. 石油

（2）下列不能实现电力脱碳的是（　　）。

A. 利用核能发电　　B. 大量开发煤炭资源发电

C. 开发先进的储能技术　　D. 利用可再生能源发电

（3）下列说法错误的是（　　）。

A. 燃煤耦合生物质发电需要将蒸汽温度提高到超临界条件下

B. 燃煤热电联产是一种供热和发电同时进行的技术

C. 超超临界燃煤发电机组发电效率为 45%以上

D. 我国目前主要是以火力发电为主，需要大力发展发电节能提效技术

2. 判断题

（1）风力发电的原理是把风能直接转化为电能。（　　）

（2）地热能是一种储量丰富、稳定可靠的零碳清洁能源。（　　）

（3）生物质替代或耦合煤炭可以显著减少 SO_2 和 CO_2 的排放。（　　）

3. 填空题

（1）太阳能发电主要分为（　　）、（　　）。

（2）常用的储能技术主要有（　　）、（　　）、（　　）。

（3）我国生物质能发电技术主要有（　　）、（　　）、（　　）。

【拓展案例】

白鹤滩——江苏±800kV 高压直流输电工程

【课程作业】

课程小论文：浅析新能源发电技术在某一地区的现状与前景。

内容要求：①以你熟悉的某一地区为例，陈述该地区的地理环境和资源开发状况；②选择适合该地区的新能源发电技术（太阳能、风能），并简述原理；③以该地区投资人身份，陈述如何使所选新能源技术在该地区得以实现，提出具体措施。

第 3 章 新能源与碳中和技术

【教学目标】

知识目标 了解全球和中国新能源的发展现状；熟悉氢能、太阳能、风能和生物质能等新能源的利用原理及应用技术。

方法目标 学会运用节能低碳的方法解决节能减排中的实际问题。

价值目标 熟悉我国目前的碳达峰、碳中和的相关举措，树立较强的节能环保意识、低碳生活的理念，熟悉能源与环境方面的方针、政策、法规等。

能源即能量的来源或源泉。传统能源主要指煤炭、石油、天然气等，它们燃烧后产生大量二氧化碳，是温室气体的主要来源。新能源主要包括氢能、太阳能、风能等，新能源是可再生能源，且几乎不排放二氧化碳等温室气体，是源头零碳技术的主要发展方向。本章对不同新能源的概念、分类、利用原理和应用技术进行介绍。

3.1 能源概况

实践案例

能源危机下的欧洲纺织业

2022 年的冬天，欧洲的能源接二连三地涨价，这场能源危机已导致欧洲多地的钢铁厂和炼铝厂纷纷关门歇业，这波倒闭浪潮也逐渐蔓延到纺织业。人造纤维、非织造布、染色等领域都直接依赖于天然气和电力。而欧洲的天然气价格在过去的一年里上涨了近 10 倍，这导致许多纺织业的能源成本占生产成本的比例从 5%左右升至 25%左右，极大地削减了利润率。整个欧洲纺织产业链的上下游，如今都正深刻感受到能源危机所带来的切肤之痛。

问题导读

（1）能源的地位与作用是什么？
（2）世界能源的现状与发展趋势如何？
（3）解决能源危机的有效途径有哪些？

3.1.1 能源的概念

我国的《能源百科全书》说："能源是可以直接或经转换提供人类所需的光、热、动力等任一形式能量的载能体资源。"因此，能源是可以从自然界直接取得的具有能量的物质，如煤炭、石油、核燃料、水、风和生物体等；或从这些物质中再加工制造出的新物质，如焦炭、煤炭气、液化气、煤炭油、汽油、柴油、电和沼气等。还可以说，能源是可生产各种能量（热能、电能、光能和机械能等）或可做功的物质的统称，是能够直接取得或通过加工、转换而得到的各种资源。

能源是人类活动的物质基础。在某种意义上，人类社会的发展离不开优质能源的出现和先进能源技术的使用。在当今世界，能源的发展，能源和环境，是全世界、全人类共同关心的问题，也是我国社会经济发展的重要问题。

3.1.2 能源的分类

能源种类繁多，而且经过人类不断地开发与研究，更多新型能源已经开始能够满足人类需求。根据不同的划分方式，能源也可分为不同的类型。

3.1.2.1 按能源的形成和来源分类

（1）来自太阳辐射的能量。来自地球外部天体的能源（主要是太阳能），除直接辐射外，为风能、水能、生物能和矿物能源等能源的产生提供基础。人类所需能量的绝大部分都直接或间接地来自太阳，各种植物通过光合作用把太阳能转变成化学能在植物体内贮存下来。例如，煤炭、石油和天然气等化石燃料是由古代埋在地下的动植物经过漫长的地质年代形成的，它们实质上是由古代生物固定下来的太阳能。此外，水能、风能、波浪能和海流能等也都是由太阳能转换来的。

（2）来自地球内部的能量。通常指与地球内部的热能有关的能源和与原子核反应有关的能源，如原子核能、地热能等。温泉和火山爆发喷出的岩浆就是地热能的表现。

（3）天体引力能。地球和其他天体相互作用而产生的能量，如潮汐能。

3.1.2.2 按开发利用状况分类

（1）常规能源。又称为传统能源，是指利用技术上成熟，使用比较普遍的能源。如水能、生物能、煤炭、石油和天然气等，占全部能源生产消费总量的90%以上。

（2）新能源。新能源（非常规能源、替代能源）指近若干年来开始被人类利用，或过去已被利用现在又有新的利用方式的能源，包括太阳能、风能、地热能、海洋能、生物能、氢能和用于核能发电的核燃料等能源。由于新能源的能量密度较小，或品位较低，或有间歇性，按已有的技术条件转换利用的经济性尚差，还处于研究、发展阶段，只能因地制宜地开发和利用。但新能源大多数是可再生能源，资源丰富，分布广阔，是未来的主要能源之一。

新能源并不是新发现的能源，而是以新技术和新材料为基础，经过现代化的开发和利用，可以取代资源有限、对环境有污染的化石能源的那些取之不尽、周而复始的可再生能源。“常规”与“新”是一个相对的概念，随着科学技术的进步，它们的内涵将不断发生变化。

3.1.2.3 按属性分类

按属性可分为可再生能源和非再生能源。凡是可以不断得到补充或能在较短周期内再产生的能源称为再生能源，反之称为非再生能源。

风能、水能、海洋能、潮汐能、太阳能和生物质能等是可再生能源；煤炭、石油和天然气等是非再生能源。地热能基本上是非再生能源，但从地球内部巨大的蕴藏量来看，又具有再生的性质。核能的新发展将使核燃料循环而具有增殖的性质。核聚变能比核裂变能高出5~10倍，核聚变最合适的燃料重氢（氘）又大量地存在于海水中，可谓“取之不尽，用之不竭”。

3.1.2.4 按转换传递过程分类

（1）一次能源。即天然能源，指在自然界现成存在的能源（直接来自自然界的未经加工转换的能源），如柴草、煤炭、石油（原油）、天然气、水能、风能、太阳能、地热能、海洋能和核燃料等。化石能源是一种碳氢化合物或其衍生物，由古代生物的化石沉积而来，是一次能源。化石能源所包含的天然资源有煤炭、石油和天然气。

（2）二次能源。即人工能源，指由一次能源加工转换而成的能源产品（把一次能源直接或间接转化来的能源），如氢能、焦炭、洗煤炭、电力、煤炭气、蒸汽、洁净煤炭、激光、沼气及各种石油制品等。

3.1.3 世界能源的发展

3.1.3.1 能源结构的演变

从自觉或不自觉地用火算起，人类利用能源的历史已有100多万年。历史上，随着新的化石资源的发现和大规模开采与应用，世界的能源消费结构经历了数次变革。18世纪，煤炭替代柴薪。19世纪中叶，煤炭已经逐渐占主导地位。20世纪20年代，随着石油资源的发现与石油工业的发展，世界能源结构发生了第二次转变，即从煤炭转向石油与天然气。20世纪60年代，石油与天然气已逐渐成为主导能源，动摇了煤炭的主宰地位。20世纪70年代以来两次石油危机的爆发，开始动摇了石油在能源中的支配地位。与此同时，大部分化学能源的储量日益减少，并伴随许多环境污染问题。

然而，人类对能源的需求却在与日俱增。例如，主要能源形式之一的电力消耗逐年增加。根据统计，人口若每30年增加一倍，电力的需求量每8年就要增加一倍。于是，20世纪末，能源结构开始经历第三次转变，即从以石油为中心的能源结构向多元化的能源结构转变。特别是随着时间的推移，可再生能源的比例将不断增长，并将逐步替代石油和天然气而成为主要的大规模能源之一（图 3-1）。

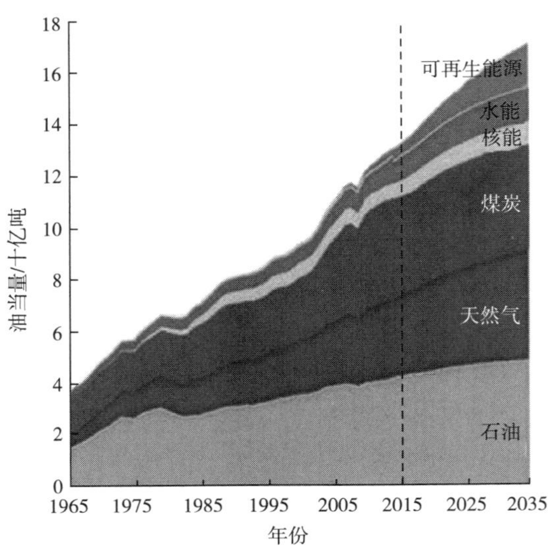

图 3-1　世界能源结构的演变

3.1.3.2　能源危机

随着技术和经济的发展以及人口的增长，人们对能源的需求越来越大，能源危机也越来越突出，主要表现在环境污染和能源供应危机。

（1）环境污染：化石燃料是目前世界上使用的主要能源，其开采、加工、运输和燃烧耗用对环境都有较大的影响。

①化石燃料开采和加工对环境的影响。

煤炭。矿井地表沉陷。煤炭矿井下开采破坏地层力学平衡，形成采空区，引起岩层位移、变形、地表沉陷。开采面积越大、层数越多，沉陷越严重，破坏农田、道路、管线、建筑等设施。露天开采除占去大量土地外，也会污染地表水、地下水。例如，酸性矿井水主要含有可溶性无机物和悬浮煤炭粉，煤炭矿含硫较高时，矿井水 pH 值一般小于 6，它会腐蚀井下各种设备，排出地表还会污染水体和土壤。同时，矿井瓦斯是形成煤炭过程中产生的天然气，对人体有害，并且易发生爆炸。另外，洗煤炭厂排放水洗煤炭主要是为了去掉煤炭中的杂质，如灰分、硫分等，这样可提高煤炭的发热值，减少煤炭的污染，也减少运输量。但大量洗煤炭水排入周围环境会造成不良影响，如淤塞河道，妨碍生物活动。

石油。钻井泥浆：石油勘探和开采时，需要大量泥浆循环利用，钻完井后废弃在井场。由于泥浆中加有烧碱、铁铬盐和盐酸等物质，因此会对周围的水域、农田造成不良影响。含油污水：在钻井和采油过程中产生的含油废水和洗井水，以及在炼油过程中产生的大量冷却水均为含油污水。这些污水除含有油外，还含有酸、碱、盐、酚、氰和其他一些有机物，会污染海洋、淡水水域和土壤。石油废气：开采原油伴有油气，称为伴生气，加工过程可产生废气，贮运中可发生气体挥发。这些气体收集起来是财富，排入大气则造成空气污染。炼油厂废渣：炼油过程会产生酸渣、碱渣、石油添加剂废渣、废催化剂和废白土，污水处理会产生油泥、浮渣等，这些污染物通常采取坑埋、堆放或排入水体的方法处置，由于含有油等多种污染物，会造成水体、土壤的污染。

天然气。天然气开采中主要排放的是硫化物和伴生盐水，会污染空气和水体。

②运输过程中的环境污染。煤炭运输过程不仅需要消耗大量的能源，而且在堆存和装卸中还会因扬尘和浸水而造成煤炭的损失和大气与水体的污染，甚至增加环境的噪声。相对而言，目前石油的运输对环境的影响更为严重。特别是近几十年来，随着油船吨位和石油海运量的增加，因油船事故和油船外排洗舱水而进入海洋的石油量已显著增加，造成严重的海洋污染。

③利用过程中的环境污染。目前除极少数化石能源用作化工原料外，基本上都用作燃料。其中石油制品主要用于交通运输，煤炭主要用于发电。化石燃料在利用过程中对环境的影响，主要是由燃烧时产生的气体、固体废物和发电时的余热造成的。化石燃料燃烧产生的污染物对环境造成的影响主要表现为以下几个方面。

温室效应：大气中 CO_2 浓度的增加会导致温室效应，改变地球气候，危害生态环境。

热污染：火电站通过冷却水把“余热”排入河流、湖泊或海洋中，引起热污染。这种废热水进入水域时，温度平均要高出 7 ~ 8℃，会造成有关生态系统中食物链的中断，破坏生态平衡。

大气污染物浓度上升，酸雨、光化学烟雾增加。

（2）化石燃料的枯竭。

目前，世界人口已经突破 78 亿，比 20 世纪末期增加了两倍多，而能源消费据统计却增加了 17 倍多。无论多少人谈论“节约”或“打更多的油井或气井”或者“发现更多更大的煤田”，能源的供应却始终跟不上人类对能源的需求。当前世界能源消费以化石资源为主，其中中国等少数国家是以煤炭为主，其他国家大部分则是以石油与天然气为主。全球每年一次能源消耗量超过 5×10^{20}J，其中化石燃料约占 80%，可再生能源仅为 14%。按目前的消耗量，专家预测石油、天然气最多只能维持不到半个世纪，煤炭也只能维持一二百年。所以不管是哪一种常规能源结构，人类面临的能源危机都日趋严重。

人类对能源的需求是无限的，而全世界的化石能源储量有限且不可再生，只有不断开发新能源，才能使能源产业持续发展。当前，部分可再生能源利用技术已经取得一定的发展，并形成一定的规模，生物质能、太阳能、风能和地热能等能源的利用技术已经得到应用。世界能源的开发利用发展到今天，碳中和已成为未来世界能源发展的长期目标。碳中和包括优化能源结构、大力发展新能源、推动绿色消费、优化产业结构等。这不仅是应对气候变化的国家政策，也是经济结构转型升级、自身可持续发展的内在需求，是建立人类命运共同体的必然要求。

3.2 太阳能

实践案例

太阳能光伏实现净零能耗建筑

位于加利福尼亚州森尼维尔的INDIO路435号办公建筑曾是惠普公司的研发中心。该建筑屋顶设置了113.2 kW的太阳能板光伏发电系统，同时屋顶还设置了两块太阳能集热板用于热水供应。该建筑的可再生能源足以抵消建筑能源系统每年的全部能耗，太阳能光伏系统的应用是该建筑实现净零能耗的关键。将太阳能发电设备与建筑结合，为降低建筑能耗、实现净零能耗建筑的可持续发展做出了积极的探索，具有无限广阔的发展前景和市场潜力。

问题导读

（1）何为净零能耗建筑？太阳能光伏建筑的原理和优势是什么？
（2）太阳能的应用和转化途径有哪些？关键技术有哪些？
（3）当前太阳能电池开发利用的瓶颈技术是什么？

太阳是位于太阳系中心的恒星，它几乎是热等离子体与磁场交织着的一个理想球体。它与地球相距1.5亿km，体积约是地球的130万倍，质量大约是地球的33万倍。据估计，太阳每分钟向地球输送的热能大约是1.052×10^{12}kJ，相当于燃烧4亿吨标准煤所产生的能量，这是非常可观的。

3.2.1 太阳能及其特点

太阳能是最重要的可再生能源，地球上的各种能源无不与之密切相关。事实上，太阳在地球的演化、生物的繁衍和人类的发展中，起了无比重大的作用，也为人类提供了取之不尽的能源。太阳内部不断进行的高温核聚变反应释放着功率为3.8×10^{26}MW的巨大辐射能量，其中只有二十亿分之一到达地球大气高层；经过大气层时，约30%被反射，23%被吸收，仅有不到一半的能量到达地球表面。

尽管如此，只要能够利用其万分之几，便可满足今日人类的全部需要。按目前太阳的质量消耗速率计算，可维持6×10^{10}年，所以可以说它是“取之不尽，用之不竭”的能源，太阳能有如下特点：

（1）总量最大（应对能源危机）。

（2）分布最广，遍布世界各地（应对传统能源的区域差异和贸易壁垒）。

（3）最清洁，利用过程中不会产生任何污染，也不会产生废弃物（应对环境恶化）。

（4）能源品位低，需要一定的面积保证（通常认为在不考虑地球大气吸收的情况下，功率是 1.39 kW/m^2）。

（5）不稳定因素多，多数利用方式受天气状况影响。

3.2.2 太阳能的利用

3.2.2.1 光热转化

光热转化就是把太阳辐射能通过各种集热装置（集热器）转变成热能。主要包括太阳能热水器、干燥器、采暖和制冷、太阳房、太阳灶和高温炉、海水淡化装置、水泵、热力发电装置及太阳能医疗器具。

在太阳能光热转化的诸多应用领域中，太阳能热水器是应用最为广泛、技术最为成熟、产业最为发达的领域。太阳能以光热转换为原理，能够满足用户对热水的需求，在农村地区极为普遍，以江苏为例，农村几乎家家户户装上了太阳能热水器，极大地节约了电能的使用。随着设备生产工艺的不断成熟，太阳能热水器的热能利用效率也在提升，传统的闷晒式、平板式太阳能热水器已经被更为先进的全玻璃真空管式热水器所取代。当前，我国太阳能热水器市场已呈饱和状态，逐渐从用户规模的增长转向新型太阳能热水器的开发，并出现了许多更高性能的太阳能热水器，比如热管式真空管太阳能热水器，其以热管为基础设备，具有良好的导热性能，在太阳能的采集与应用中具有突出的优势，且其形状能够随着热源、冷源的变化而交替变化，有很强的环境适应性。

2008 年奥运会充分体现了“环保奥运、节能奥运”的新概念。奥运会场馆周围的路灯利用太阳能光伏发电技术，采用全玻璃真空太阳能集热技术，供应奥运会 90%的洗浴热水。在整个奥运会期间，场馆实现了太阳能路灯、太阳能电话、太阳能手机和太阳能无冲洗卫生间等一系列太阳能技术的应用。

太阳能热水器一次性投资成本相对较高，但运行成本非常低，而且使用寿命可达燃气热水器的 2 倍，电热水器的 3 倍。因此总费用仅仅为其他热水器的 1/3～1/5，如表 3-1所示。

表 3-1　太阳能热水器与其他热水器使用效益对比表

效益项目	太阳能热水器	燃气热水器	电热水器
装置投资/元	3000	1000（含钢瓶）	650
装置寿命/年	15	6	5
每年燃料动力费/元	0	810	675
15 年所需总费用/元	3000	15150	11925

3.2.2.2 光电转化

光电转化就是通过太阳能电池（光电池、光伏电池）将太阳辐射能直接转变成电能。各种规格类型的太阳电池板和供电系统均属这一类。

工作原理：光伏发电是根据光生伏特效应，将太阳光直接转化为电能，如图 3-2 所示。

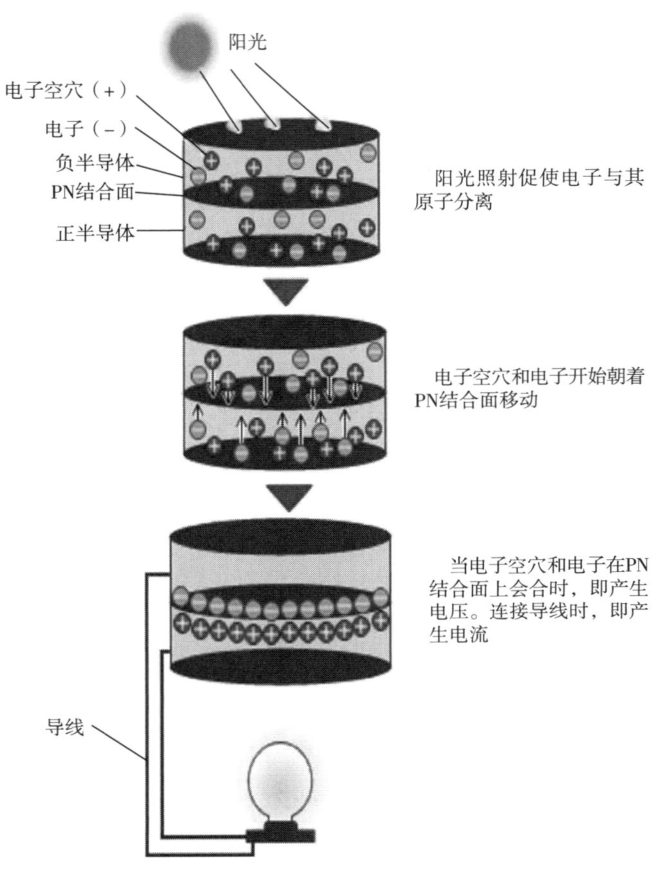

图 3-2 光电转化原理

2020 年我国非化石能源消费比重达到 15%、单位 GDP CO_2 排放比 2005 年下降 40%~45%，节能减排任务艰巨。太阳能发电作为实现这一目标的重要途径，将成为国家重点支持的新兴目标性产业。太阳能发电是我国可再生能源发电中的重点内容，对改变我国以火力发电为主的发电格局有着重要的应用价值，是有效降低火力发电污染，提高可再生能源发电占比的有效手段。以 2018 年为例，全年光伏发电达到 1775 亿 kW・h，同比增长 50%，增长幅度显著高于其他可再生能源，比如风电、水电、生物质发电等。根据《新兴能源产业发展规划》，2020 年太阳能光伏发电规模达到 20GW，利用方式将以开阔的大型并网光伏电站和城市建筑并网光伏系统为主。西北等地将成为太阳能发电的重点区域。根据规划，我国将在西部沙漠、戈壁及无耕种价值的空闲土地，主要是西藏、内蒙古、甘肃、宁夏、青海、新疆、云南等重点地区，建设一批50~100MW风光互补、水光互补的大型光伏电站。随着光伏产业的不断成熟，在可以预见的未来发展中，太阳能将成为推动我国发电格局的重要力量。

太阳能电池开发技术取得突破。光电池，也称太阳能芯片，是太阳能应用的主要领域。作为一种以太阳光直接发电的光电半导体薄片，光电池正处于发展的初始阶段，但由于其独特的优势，各国政府均高度重视太阳能电池的研发与生产应用，光电池将取得突破性进展，成为太阳能应用发展的主要趋势。现阶段太阳能电池仍然以高效晶体硅电池为主，以光电效应为原理，存在一定的局限性。相比而言，基于光化学效应的薄膜电池有着更为广泛的应用优势，如生产成本低、能效高、能量利用率高。当前，薄膜电池仍然处于研发阶段，存在一定的技术瓶颈，但各国政府以及科研机构均将薄膜电池的研发作为太阳能应用的重点内容。因此，在投入力度不断加强的前提条件下，薄膜电池最终将取得突破性进展，彻底改写太阳能在电池领域应用的局面，提升太阳能的经济效益。总体来看，晶体硅电池在未来10年内仍将保持主流地位，但随着非/微晶硅技术的不断成熟和成本持续下降，预计晶体硅电池将逐渐被非/微晶硅为主的薄膜电池取代。

3.2.2.3 光化学转化

光化学转化就是光和物质相互作用引起化学变化的过程。光化学转换技术亦称光化学制氢转换技术，即将太阳辐射能转化为氢的化学自由能，通称太阳能制氢（绿氢），是目前太阳能应用的三种主要技术方式之一。这是一种利用太阳辐射能直接分解水来制氢的光—化学转换方式，它包括光合作用、光电化学作用、光敏化学作用及光分解反应。

氢能属于清洁能源的范畴，具有巨大的经济效益与生态效益。当前氢能应用的瓶颈主要为制氢方法落后，而太阳能具备的光电制氢能力，将成为21世纪太阳能应用的重要趋势。依托光电化学、光伏技术以及不同类型半导体电极的发展，太阳能光电制氢将成为氢能产业发展的可靠选择，受此影响，太阳能光电制氢产业将得到长足的发展，成为我国新能源产业发展的重要内容。太阳能分解水制氢可以通过三种途径来进行。

光电化学池，即通过光阳板吸收太阳能并将光能转化为电能。光阳板通常为光半导体材料，受光激发可以产生电子空穴对，光阳极和对极（阴极）组成光电化学池，在电解质存在下，光阳极吸光后在半导体带上产生的电子通过外电路流向对极，水中的质子从对极上接受电子产生氢气。

光助络合催化，即人工模拟光合作用分解水的过程。只从太阳能的光化学转化与储存角度考虑，光合作用过程无疑是十分理想的。因为它不但通过光化学反应储存了氢，同时也储存了碳。但对于太阳能分解水制氢，所需要的是氢而不是氧，则不必从结构上和功能上去模拟光合作用的全过程，而只需从原理上去模拟光合作用的吸光、电荷转移、储能和氧化还原反应等基本物理化学过程。

半导体光催化，即将TiO_2或CdS等光半导体微粒直接悬浮在水中进行光解水反应。半导体光催化在原理上类似于光电化学池，细小的光半导体颗粒可以被看作一个个微电极悬浮在水中，它们像太阳极一样在起作用，所不同的是它们之间没有像光电化学池那样被隔开，甚至对级也被设想是在同一粒子上。

植物靠叶绿素把光能转化成化学能，实现自身的生长与繁衍，若能揭示光能转换的奥秘，便可实现人造叶绿素发电。目前，太阳能光化学能转换正在积极探索、研究中。

太阳能作为现代新能源的重要组成部分，不仅分布广泛，地球上各个角落都能利用太阳能，且具有清洁无污染、用之不竭的优势，具有深厚的应用价值以及广阔的应用前景。当前，太阳能已经被广泛地应用于生产生活中，但受技术条件的限制，应用实践中存在着一些瓶颈。随着科研水平的不断提升，太阳能的应用瓶颈将被逐渐打破，太阳能的经济效益也将持续凸显。

3.2.3 我国太阳能资源的分布与展望

我国幅员辽阔，有着十分丰富的太阳能资源。据估算，我国陆地表面每年接受的太阳辐射能约为 50×10^{18} kJ，全国各地太阳年辐射总量达 335~837kJ/cm^2，从全国太阳年辐射总量的分布来看，西藏、青海、新疆、内蒙古南部、山西、陕西北部、河北、山东、辽宁、吉林西部、云南中部和西南部、广东东南部、福建东南部、海南岛东部和西部以及台湾省的西南部等广大地区的太阳辐射总量很大。尤其是青藏高原地区最大，那里平均海拔高度在 4000m 以上，大气层薄而清洁，透明度好，纬度低，日照时间长。例如被人们称为“日光城”的拉萨市，1961 年至 1970 年的平均值，年平均日照时间为 3005.7h，相对日照为 68%，年平均晴天为 108.5 天，阴天为 98.8 天，年平均云量为 4.8，年太阳总辐射为 816kJ/cm^2，比全国其他省区和同纬度的地区都高。全国以四川和贵州两省的太阳年辐射总量最小，其中尤以四川盆地为最，那里雨多、雾多，晴天较少。例如素有“天府之国”之称的成都，年平均日照时间仅为 1152.2h，相对日照为 26%，年平均晴天为 24.7 天，阴天达 244.6 天，年平均云量高达 8.4，其他地区的太阳年辐射总量居中。大体上说，我国约有三分之二以上的地区太阳能资源较好，特别是青藏高原和新疆、甘肃、内蒙古一带，利用太阳能的条件尤其有利。根据各地接受太阳总辐射量的多少，可将全国划分为四类地区。

一类地区：为中国太阳能资源最丰富的地区，日辐射量>5.1 kW · h/m^2。这些地区包括宁夏北部、甘肃北部、新疆东部、青海西部和西藏西部等地。尤以西藏西部最为丰富，最高达日辐射量 6.4 kW · h/m^2，居世界第二位，仅次于撒哈拉大沙漠。

二类地区：为中国太阳能资源较丰富的地区，日辐射量为 4.1~5.1kW · h/m^2。这些地区包括河北西北部、山西北部、内蒙古南部、宁夏南部、甘肃中部、青海东部、西藏东南部和新疆南部等地。

三类地区：为中国太阳能资源中等类型地区，日辐射量为 3.3~4.1 kW · h/m^2。主要包括山东、河南、河北东南部、山西南部、新疆北部、吉林、辽宁、云南、陕西北部、甘肃东南部、广东南部、福建南部、苏北、皖北、台湾西南部等地。

四类地区：是中国太阳能资源较差地区，日辐射量<3.1 kW · h/m^2。这些地区包

括湖南、湖北、广西、江西、浙江、福建北部、广东北部、陕西南部、江苏北部、安徽南部、黑龙江、台湾东北部等地。四川、贵州两省，是中国太阳能资源最少的地区，日辐射量只有 2.5~3.2kW · h/m^2。

我国太阳能资源分布的主要特点有：

（1）太阳能的高值中心和低值中心都处在北纬 22°~35°这一带，青藏高原是高值中心，四川盆地是低值中心；

（2）在太阳年辐射总量方面，西部地区高于东部地区，而且除西藏和新疆两个自治区外，基本上是南部低于北部；

（3）由于南方多数地区云多雨多，在北纬 30°~40°，太阳能的分布情况与一般的太阳能随纬度而变化的规律相反，太阳能不是随着纬度的升高而减少，而是随着纬度的升高而增加。

我国太阳能储量大、分布不均衡，开发潜力巨大，利用前景广阔。

3.3 生物质能

实践案例

生物质能发电的盈与亏

中国国电集团生物质发电分公司工程师说，我们生物质能源发电与传统煤炭发电相比，生产每一度电都在亏钱，但我们总体是盈收的，请问这是为什么？

从传统煤炭能源和生物质能源角度分析，与煤炭相比，秸秆、稻壳等生物质燃料热值低，但含硫量也低，相对清洁，且碳排放低。虽然单位能耗发电量低导致单纯发电不赚钱，但公司可通过在国际市场交易碳排放权增加收益，同时也能增加我国经济结构中绿色 GDP 的比例，减少环境污染，一举多得。

问题导读

（1）生物质能源相比传统能源的优势是什么？

（2）生物质能源的利用途径有哪些？

3.3.1 生物质能及其特点

生物质能是指绿色植物通过光合作用将太阳能转化为化学能而储存在生物质内部的能量。据估计，地球上每年植物光合作用固定的碳达 2×10^{11} 吨，所含能量达 3×10^{21} J，因此每年通过光合作用贮存在植物的枝、茎、叶中的太阳能，相当于全世界每年耗能量的 10 倍。

生物质能的来源有多种，可以以农林等有机废弃物和边际性土地种植的能源植物为原料，也可以以农作物淀粉油脂作为调剂生产可再生清洁能源及相关化工产品，还可以从农作物秸秆、甘蔗、玉米、甜菜、木薯、马铃薯、棉籽、油菜和灌木林等农林产品，以及畜牧业生产废弃物、工业废弃物、城市生活垃圾等有机废弃物中提取能源，是一种对环境友好的可再生资源，如燃料乙醇、生物柴油、沼气等。为此而生产和种植能源作物的产业被称为生物质产业，或称能源农业。生物质产业是近年来我国发展农业新功能（提供生物质能源）的一个具体体现，同时也被寄予“现代农业新的增长点”的厚望，发展生物质产业已成为我国加快现代农业建设、发展农村循环经济的重大举措。

生物质能的主要特点如下。

（1）可再生性。生物质能由于通过植物的光合作用可以再生，与风能、太阳能等同属可再生能源，资源丰富，可保证能源的永续利用。

（2）低污染性。生物质的硫含量、氮含量低，作为燃料时，由于它在生长时需要的 CO_2 相当于它排放的 CO_2 的量，因而对大气的 CO_2 净排放量近似于零，可有效地减轻温室效应。

（3）广泛分布性。缺乏煤炭的地域，可充分利用生物质能。

（4）生物质燃料总量丰富。是世界第四大能源，仅次于煤炭、石油和天然气。据生物学家估算，地球陆地每年生产 1000 亿~1250 亿吨生物质，海洋年产 500 亿吨生物质。随着农林业的发展，特别是炭薪林的推广，生物质资源还将越来越多。

3.3.2 生物质能的利用

2016 年，生物质燃料约占全球可再生能源供应的 70%，成为各国化石燃料的重要替代品。生物质可以被用作家庭燃料，也可提供电网电力、热能和液体生物燃料。主要利用途径如下。

（1）生物质致密成型技术。生物质密成型是指将木屑、秸秆等生物质经固化成型、热挤压制得成型燃料的技术。其原理是利用木质素在 200~300℃ 软化、进而液化等特点，施加一定压力即可使其与纤维素等其他组分紧密黏接，不用任何添加剂即可得到与挤压模具相同形状的成型棒状或颗粒燃料。

（2）沼气利用技术。沼气利用技术指将畜禽粪便、高浓度有机废水、生活垃圾等通过厌氧发酵生成以 CH_4 为主的沼气的技术，同时生成沼液、沼渣，可作为有机肥施用于农田。沼气是热值较高的洁净可燃气，可用作生活和工业燃料或发电，是很好的无公害能源，沼气工程建设可带来环境效益。目前沼气利用技术在应用中存在有异味、二次污染等难题。另外，我国多数对沼液、沼渣工业化生产有机肥的研究停留在田间施用方法、施用效果上，缺少工程处理及转化为附加值更高的有机肥的方法。在温度较低的北方地区，沼气系统还陷入启动难、维护难、微生物选育难的境地。因此，该技术虽然已是产业化技术，但在使用率和技术推广工作上仍存在一定的障碍。

（3）生物质燃烧发电。生物质燃烧发电包括直接燃烧发电和混合燃烧发电。直接燃烧发电是指将生物质原料、城市生活垃圾送入适合生物质燃烧的特定蒸汽锅炉中，生产蒸汽，驱动蒸汽轮机进而带动发电机发电。

（4）生物柴油技术。甲醇等醇类物质与油脂中的主要成分甘油三酸酯发生酯交换反应，生成相应的脂肪酸甲酯或乙酯，即生物柴油。生物柴油的原料包括大豆油、菜籽油、棕榈油、麻风树油、黄连木油、工程微藻提取油以及动物油脂、废餐饮油等。与传统的石油柴油相比，生物柴油的应用可减少石油的消耗和进口，环境友好，不用更换发动机，且对发动机有保护作用。

（5）燃料乙醇技术。燃料乙醇技术是指利用酵母等发酵微生物，在无氧的环境下通过特定酶系分解代谢可发酵糖生成乙醇。其中，实现产业化的技术是以淀粉质（玉米、甘薯、木薯等）和糖质（甘蔗、甜菜、甜高粱等）为原料生产燃料乙醇。

3.3.3 生物质资源的开发与展望

大力开发、利用生物质资源，既能满足人类对资源能源的需求，还能解决碳排放导致温室效应的问题。从资源和技术（包括技术的经济性）两方面看，利用生物质能发电和生产生物燃油在我国有广阔的发展前景，将为满足我国的电力需求、石油需求起到重要作用，而且具有良好的经济、环境和社会效益。就如何开发、利用生物质资源的问题，应注意以下五点。

一是科学索取，合理利用。生物质资源虽然属于可再生资源，但生物质伴随生命过程而形成，有其独特的再生规律和再生周期。生物质资源的开发利用必须科学、合理、可持续优先，坚决杜绝掠夺性开发行为，应按照“先种后收、边产边用”的原则控制性开发使用，使用存量资源的前提是确保再生补充。

二是因材制宜、材尽其用。生物质资源种类丰富、规格多样，其利用应因材制宜、材尽其用，如大型乔木木材可以替代化工建材建造房屋，灌木木材可以替代塑料制品制造家具，棉麻丝毛可以替代聚酯纤维纺织制衣，农林余物可以替代燃气烹饪取暖，有机垃圾焚烧可以替代燃煤发电，人畜粪便可发酵制 CH_4代替燃气，薯类作物可以生产乙醇代替燃油。

三是开发技术拓展利用。主要包含大力发展生物质化工和实施生物固碳的“负碳”工程。生物质化工是以生物质为原料，采用化学加工方法生产产品。大力发展生物质化工，建立和完善适应生物质原料特点的化工技术及行业体系，进行石油化工替代工程也是碳减排的重要有效手段。

四是加强模式创新，促进生物质多元化利用。树立多元化利用理念，加强生物质资源高效转化为燃料、化学品、材料等多种产品的特色技术和理论体系研发。以工业生物技术为核心，结合生物学、化学、工程学等技术，从生物质原料出发，构建生产化学品、能源与材料的新工业模式。立足多元利用、多能互补、梯级利用的发展理念，构建洁净低碳、安全高效的生物质能供应与转化利用体系。

3.4 风能

实践案例

风能建筑的杰作——巴林世贸中心

介于卡塔尔和沙特阿拉伯之间的巴林首都麦纳麦建有两座“风塔”形状的大厦，这就是被称为风能建筑的杰作的巴林世贸中心。在两座“风塔”间设置了一座重达75吨的跨越桥梁，上面设置了3台直径达29 m的水平轴风力发电涡轮机，如图3-3所示。这3台风力发电机每年可提供电力120万kW·h，为世贸中心提供所需能量的11%~15%，这一设计也使世贸中心成为世界上首座可为自身持续提供可再生能源的摩天大楼。

图3-3　巴林世贸中心

问题导读

(1) 风能的分布和主要特点是什么？
(2) 风能的主要利用形式有哪些？
(3) 风能发电的制约技术和发展前景有哪些？

我国幅员辽阔，海岸线长，风能资源比较丰富。据中国气象科学研究院估算，全国平均风功率密度为100W/m^2，风能资源总储量约32.26亿kW，可开发和利用的陆地上风能储量有2.53亿kW（依据陆地上离地10m高度的资料计算），海上可开发和利用的风能储量有7.5亿kW。

3.4.1 风能的特点

风能是太阳辐射造成地球各部分受热不均，引起空气运动而产生的能量。太阳能在地面上约2%转变为风能，但其总量十分可观。全球风能约为2.74×10^9MW，其中可利用的风能约为2×10^7MW，比地球上可开发利用的水能总量要大10倍。全世界每年燃烧煤炭得到的能量，还不到风力在同一时间内提供给地球的能量的1%。

风能密度是气流在单位时间内垂直通过单位面积的风能，是描述一个地方风能潜力的最方便、最有价值的量。然而，实际中的风速每时每刻都在变化，不能使用某个瞬时风速值来计算风能密度，只有长期的风速观察资料才能反映其规律，故引出了平均风能密度的概念。

风能的特点：

（1）来源丰富，取之不尽，用之不竭。风是周而复始的自然循环造成的，在地球上分布广泛。

（2）没有污染，清洁无害。风能本身属清洁能源，目前成熟的风能利用和转化技术环保无污染。

（3）风能量密度低。由于风能来源于空气的流动，空气密度小，导致风能量密度较低。

（4）不稳定。气流变化频繁，风的脉动、日变化、季节变化等都十分明显，波动很大，具有季节性、随机性等特点。

3.4.2 我国风能的分布

中国风能资源主要分布在东南沿海及附近岛屿，新疆、内蒙古和甘肃走廊、东北、西北、华北和青藏高原等部分地区，每年风速在3m/s以上的时间近4000h，一些地区年平均风速可达7m/s，具有很大的开发利用价值。我国面积广大，地形地貌复杂，故而风能资源状况及分布特点随地形、地理位置的不同而有所不同，据此可将风能资源划分为四个区域（包括海上建设的风电场）。

（1）沿海及其岛屿地区风能丰富带。该区域的年有效风功率密度在200W/m^{2}以上，风功率密度线平行于海岸线，沿海岛屿风功率密度在500W/m^{2}以上，可利用小时数在7000~8000h。这一地区特别是东南沿海，由海岸向内陆是丘陵连绵，风能丰富地区仅在距海岸50km之内。由于狭管效应，东南沿海受台湾海峡的影响，当冷空气南下到台湾海峡时，风速会增大。冬、春季的冷空气，夏、秋季的台风，都能影响到沿海及其岛屿，是我国风能最佳丰富区。

（2）北部（东北、华北、西北）地区风能较丰富带。风功率密度在 200~300W/m^2，有的可达 500W/m^2，如阿拉山口、达坂城、锡林浩特的灰腾梁、承德围场等，可利用的小时数在 5000h 以上，有的可达 7000h。这一风能较丰富带的形成，主要是由于北部地区处于中高纬度的地理位置。由于欧亚大陆面积广大，北部地区气温又低，是北半球冷高压活动最频繁的地区，而我国地处欧亚大陆东岸，正是冷高压南下必经之路。北部地区是冷空气入侵我国的前沿，在冷锋（冷高压前锋）过境时，在冷锋后面 200km 附近经常可出现 6~10 级（10.8~24.4m/s）大风。对风能资源利用来说，就是可以有效利用的高质量大风。这一地区的风能密度，虽比东南沿海小，但其分布范围较广，是我国连成一片的最大风能资源区。

（3）内陆局部风能丰富区。在两个风能丰富带之外，风功率密度一般在 100W/m^2 以下，可利用小时数 3000h 以下。但是在一些地区，由于湖泊和特殊地形的影响，风能也较丰富，如鄱阳湖附近、湖南的衡山、湖北的九宫山、河南的嵩山、山西的五台山、安徽的黄山、云南的太华山等也比平地风能丰富。

（4）海上风能丰富区。海上风电场的特点是风速高、发电量大、湍流强度小，可减少机组疲劳载荷，延长使用寿命，如陆上 20 年，海上可能 25 年；但是接入电力系统和机组基础成本高。我国海上风能资源丰富，东部沿海水深 2m 到 15m 的海域面积辽阔，按照与陆上风能资源同样的方法估测，10m 高度可利用的风能资源约是陆上的 3 倍，而且距离电力负荷中心很近。随着海上风电场技术的成熟，机组基础经济成本变低，海上风电场必将会成为重要的电源。

由上可见，我国相当大的地区有丰富的风能资源，特别是形成“风口”的地方，都是理想的风力发电基地。而且上述风能资源丰富的地区，多为交通不便、偏僻的农牧渔区，也正是电网难以遍及的地方。因此，开发利用这些地区的风力资源，对农牧渔业生产和人民生活将带来好处，具有重要的经济价值和环保意义。

3.4.3 风能的利用

风能的利用主要包括风力提水、风力发电、风帆助航和风力制热，其中风力发电是风能利用的主要形式。

（1）风力提水。风力提水从古至今一直得到较普遍的应用。至 20 世纪下半叶时，为解决农村、牧场的生活、灌溉和牲畜用水问题并节约能源，风力提水机有了很大的发展。

现代风力提水机根据用途可以分为两类。一类是高扬程小流量的风力提水机，它与活塞泵配合提取深井地下水，主要用于草原、牧区，为人畜提供饮水。另一类是低扬程大流量的风力提水机，它与螺旋泵相配，提取河水，主要用于农田灌溉、水产养殖和海水制盐。风力提水机在我国用途广阔，如“黄淮河平原的盐碱改造工程”就大规模采用风力提水机来改良土壤。

（2）风力发电。利用风力发电已越来越成为风能利用的主要形式，受到世界各国的高度重视，而且发展速度最快。风力发电通常有三种运行方式。一是独立运行方式，通常是一台小型风力发电机向一户或几户提供电力，它用蓄电池蓄能，以保证无风时的用电。二是风力发电与其他发电方式（如柴油机发电）相结合，向一个单位或一个村庄或一个海岛供电。风力发电并入常规电网运行，向大电网提供电力。常常是一处风场安装几十台甚至几百台风力发电机，这是风力发电的主要发展方向。

风力发电机原理是将风能转换为机械能的动力机械，又称风车。广义地说，它是一种以太阳为热源，以大气为工作介质的热能利用发动机。风力发电利用的是自然能源，风力发电的原理是利用风力带动风车叶片旋转，再通过增速器提升旋转速度，促使发电机发电，如图 3-4 所示。依据目前的风车技术，大约是 3m/s 的微风速度，便可以发电。风力发电正在世界上形成一股热潮，因为风力发电没有燃料问题，也不会产生辐射或空气污染。风力发电在芬兰、丹麦等国家很流行，我国也在西部地区大力提倡。小型风力发电系统效率很高，风力发电机由机头、叶片、尾翼、转体组成。每一个部分都很重要，各部分的功能为：机头的转子是永磁体，定子绕组切割磁力线产生电能；叶片用来接受风力并通过机头转为动能；尾翼使叶片始终对着风的方向从而获得最大的风能；转体能使机头灵活地转动以实现尾翼调整方向的功能。风力发电机因风量不稳定，故其输出的是 13~25V 的交流电，须经过充电器整流，再对蓄电瓶充电，使风力发电机产生的电量变成化学能。然后用有保护电路的逆变电源，把电瓶里的化学能转变成交流 220V，才能保证稳定使用。

发展风力发电，储能是关键，因为风是间歇性的。简单的办法是用蓄电池。强风时发出的电输入其中，风不足时，再借助蓄电池带动直流电机并带动发电机发电。另一种办法是抽水法。强风时带动抽水机，将水抽到高处的水库，电力不足时，再把水库的水放出来，通过水力发电来补充。目前，科学家正在研究压缩空气储能和超导体储能等方法。多变的风将更加有效地被人类使用，给人们送来光明和温暖。

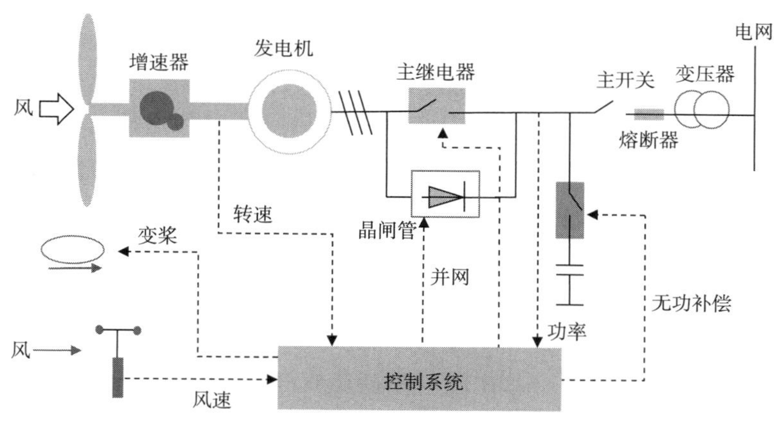

图 3-4　风力发电的原理

（3）风帆助航。在机动船舶发展的今天，为节约燃油和提高航速，古老的风帆助航也得到了发展。航运大国日本已在万吨级货船上采用电脑控制的风帆助航，节油率达 15%。

（4）风力制热。随着人民生活水平的提高，家庭用能中热能的需求占比越来越大，特别是在高纬度的欧洲、北美，取暖、热水是耗能大户。为满足家庭及低品位工业热能的需要，风力制热有了较大的发展。

3.4.4 风能发电的展望

欧洲是目前全球风轮机应用、发展最迅速的地区，其中尤以德国最为突出。德国现已拥有成千上万台银色闪光的风轮机，分布在萨克森平原及其沿海地区，从而使德国的风能发电工业成倍增长。在其他欧洲国家中，丹麦、英国、荷兰和西班牙等国也不甘落后。专家们预计，如果风能发电仍将以目前的速度发展，在未来的 10 年中，风能将成为欧洲的主要能源。在亚洲，对风能进行开发利用的热潮始于 1994 年，其中尤以印度的发展最为迅速。截至 2023 年底，中国的风力发电装机容量已经超过了 20 万 MW，占全球总装机容量的 30%以上，是世界上风力发电装机容量最大的国家。美国的风力发电装机容量排第二，超过了 10 万 MW，占全球总装机容量的 15%以上；德国排第三，其风力发电装机容量超过了 5 万 MW，占全球总装机容量的 7%以上；印度排第四，其风力发电装机容量超过了 3.5 万 MW，占全球总装机容量的 5%以上。

我国有很好的风力资源，开发风力是很有潜力的。据国家能源局公布的统计数据显示：2018 年，我国风能发电累计并网容量为 18426 万 kW，占全部发电装机容量的 9.7%，较 2017 年上升了 0.5 个百分点，占当年全部发电量（3660 亿 kW · h）的 5.2%。近年来，随着我国风能发电厂的兴建和发展，只有做好风能发电的有效实时预测，才能保证风能发电并网及电力系统的稳定性。

目前，风力发电的增长速度惊人，发电量显著增加。我国正在大力发展风能，如果以这种惊人的速度增长，未来风能需求满足率将会得到明显提升。除了可以利用的低空风力资源外，还有高空风力资源等待大力开发和使用。如果超过 75%低空和高空的风力资源得到充分发展，总发电量将继续增加，人们的生活用电将更有保障。中国风电技术的发展已相当成熟，风能资源利用率增加，发电成本下降，风电市场的优势得到充分体现。除了自然风能外，在工业发展中被浪费的工业风能也应该得到充分利用。在工业生产中，工业排风能量占浪费资源的绝大部分，利用效率低。工业风能相比于自然风能有利用和运输便捷的特点，如果能够使浪费的工业风能得到充分利用，风能的利用率会得到更大的提高。未来风能发电前景是很可观的，电力成本呈现明显下降状态。风力发电在我国电力发展中处于主力之席。

由于海上风电的安装、运行和高技术要求，海上风电的发展比较缓慢。在陆上风能资源被开发完毕的情况下，需要连续不断地克服海上风电技术难关。风电行业正努力在海上建立一个新市场并取得初步成功。据悉，中国的海上风电将在未来五年进入加速发展期，风能发展的前景将更广阔。

在面临资源枯竭的事实面前，新能源的开发成为解决资源短缺的首选。风能资源具有储量丰富、可再生、经济效益和环境效益高的优点。虽然中国的风能资源的开发利用率较低，但随着人类科学技术的发展和资源环境意识的提高，风能将在更大程度上得到应用，为解决中国能源和环境问题作出巨大贡献。

3.5 其他新能源

实践案例

打开可采千年的宝库——我国首次海域可燃冰试采成功

直升机从珠海九州机场起飞，飞行约90min，远远就见到蔚蓝的海面中巍然伫立着的37层楼高的钻井平台，这里就是我国首次完成可燃冰调查的神狐海域，也是我国首次进行可燃冰试采的海域。对于海洋可燃冰的研究，我国是从1995年开始的，并于2007年5月成功获取了可燃冰实物样品，成为世界上第四个通过国家级开发项目发现可燃冰的国家。

南海神狐海域的天然气水合物为泥质粉砂型储层类型，该类型资源量在世界上占比超过90%，也是我国主要的储集类型。这是我国也是世界第一次成功实现该类型资源安全可控开采，为可燃冰广泛开发利用提供了技术储备，积累了宝贵经验。我国采用“地层流体抽取试采法”，有效解决了储层流体控制与可燃冰稳定持续分解难题。

问题导读

（1）可燃冰为什么被称为未来的能源？

（2）可燃冰的开采难度为什么这么大？当前主要的开采方式有哪些？

（3）还有哪些新能源？

人们不断开发和利用新能源，包括地热能、氢能、可燃冰等。

3.5.1 地热能

地热能是指在当前技术经济和地质环境条件下，地壳内能够科学、合理地开发出来的岩石中的热能量和地热流体中的热能量。地热能大部分是来自地球深处的可再生性热能，它源于地球的熔融岩浆和放射性物质的衰变。还有一小部分能量来自太阳，大约占总的地热能的5%。地下水的深处循环和来自极深处的岩浆侵入地壳后，把热量从地下深处带至近表层。其储量比人们所利用能量的总量多很多，大部分集中分布在构造板块边缘一带，该区域也是火山和地震多发区。它不但是无污染的清洁能源，而且如果热量提取速度不超过补充的速度，那么热能是可再生的。

地热能按赋存形式可分为水热型（又分为干蒸汽型、湿蒸汽型和热水型）、地压型、干热岩型和岩浆型四大类。按温度高低可分为高温型（>150℃）、中温型（90~149℃）和低温型（≤89℃）。就全球来说，地热资源的分布是不平衡的。明显的地温梯度是深度每增加 1km 其地热温度大于 30℃的地热异常区，分布在板块生长带、开裂带、大洋扩张脊、板块碰撞带、衰亡带、消减带等部位。环球性的地热带主要有下列 4 个：环太平洋地热带、地中海—喜马拉雅地热带、大西洋中脊地热带和红海—亚丁湾—东非裂谷地热带。

从直接利用地热的规模来说，最常用的是地热水淋浴，占总利用量的 1/3 以上，其次是地热水养殖和种植约占 20%，地热采暖约占 13%，地热能工业利用约占 2%。据美国地热资源委员会（GRC）的调查，世界上装机容量在 100MW 以上的国家有美国、菲律宾、墨西哥、意大利、新西兰、日本和印尼。我国的地热资源也很丰富，主要分布在云南、西藏、河北等省区。全国地热可开采资源量为每年 68 亿 m^3，所含地热量为 973 万亿 kJ。在地热利用规模上，我国近些年来一直居世界首位，并以每年近 10%的速度稳步增长。

在我国的地热资源开发中，经过多年的技术积累，地热发电效益显著提升。除地热发电外，直接利用地热水进行建筑供暖、发展温室农业和温泉旅游等利用途径也得到较快发展。全国已经基本形成以西藏羊八井为代表的地热发电、以天津和西安为代表的地热供暖、以东南沿海为代表的疗养与旅游和以华北平原为代表的种植和养殖的开发利用格局。

3.5.2 氢能

氢是宇宙中最丰富的元素之一，但是在地球上单质氢的含量微乎其微。氢能属于二次能源，只能由其他能源进行转化而得到，主要通过化石燃料制氢、生物制氢和电解水制氢。其主要优点有：燃烧热值高，每千克氢燃烧后的热量，约为汽油的 3 倍，酒精的 3.9 倍，焦炭的 4.5 倍；燃烧的产物是水，是世界上最干净的能源。氢能源作为一种绿色、高效的二次能源，具有热值较高、储量丰富、来源多样、应用广泛、利用形式多等特点，是实现能源转型升级的重要助力。

氢能的应用主要包括：

（1）氢燃料电池。普通电池储存电能，待需要时释放，属于储能装置，氢燃料电池更像发电装置。氢燃料电池的基本原理为电解水的逆反应，将氢供给阳极，氧供给阴极，氢通过阳极向外扩散与电解质发生反应，放出电子通过外部的负载到达阴极。氢燃料电池的电极由特制的多孔材料制成，其目的是为电解质和气体提供更大的接触面，同时对反应起催化作用，是整个氢燃料电池的关键部分。氢燃料电池具有噪声低、污染小、发电效率高等特点。目前，已经研发出第三代氢燃料电池，氢燃料电池可能成为未来氢能应用的主要方向。

（2）氢动力汽车。氢动力汽车主要分为氢内燃汽车和氢燃料电池汽车。氢内燃汽车利用空气中的氧气，以内燃机燃烧氢气产生动力进而推动汽车运动。氢燃料电池汽车主要应用氢燃料电池产生的电能推动电动机，由电动机推动汽车运动，实现了由化学能转化为机械能的过程。与普通的纯电汽车不同，氢燃料电池汽车具有更好的续航能力。中国已有多个地区将氢动力汽车的发展列入规划。目前，技术壁垒和高昂成本仍是氢动力汽车应用和发展的阻碍。

中国氢能联盟 2019 年发布的《中国氢能源及燃料电池产业白皮书》预计，到 2030 年，我国氢气需求量将达到 3500×10^4吨，在终端能源消费中占比 5%，燃料电池商用车销量将达到 36 万辆；到 2050 年，氢能将在我国终端能源消费中占比至少达到 10%，氢能产业具有极为广阔的发展前景，对我国实现碳达峰、碳中和目标具有极重要的目标价值。氢能源发展成为全球能源革命实现“双碳”目标的必然趋势。

3.5.3 可燃冰

可燃冰，学名为天然气水化合物，其化学式为 $CH_4\cdot8H_2O$。“可燃冰”是未来洁净的新能源，它的主要成分是甲烷分子与水分子。因为主要成分是 CH_4，因此也常被称为“甲烷水合物”。它的形成与海底石油、天然气的形成过程相仿，而且密切相关。埋于海底地层深处的大量有机质在缺氧环境中，厌气性细菌把有机质分解，最后形成石油和天然气（石油气）。其中许多天然气又被包进水分子中，在海底的低温与压力下又形成“可燃冰”，可以看成是高度压缩的固态天然气。这是因为天然气和水可以在温度 2～5℃内结晶，这个结晶就是“可燃冰”。在常温常压下，它会分解成 H_2O 与 CH_4。外表上看它像冰霜，从微观上看其分子结构就像一个一个由若干水分子组成的笼子，每个笼子里“关”一个气体分子。目前，可燃冰主要分布在东、西太平洋和大西洋西部边缘，是一种极具发展潜力的新能源，但由于开采困难，海底可燃冰至今仍原封不动地保存在海底和永久冻土层内。

可燃冰的形成有三个条件：第一，温度不能太高，在 0℃以上可以生成，0～10℃为宜，最高限是 20℃左右，再高就分解了。第二，压力要够，但也不能太大，0℃时，30 个大气压以上它就可能生成。第三，地底要有气源。陆地上只有西伯利亚的永久冻土层才具备形成条件，而海洋深层 300～500m 的沉积物中都可能具备这样的低温高压条件。因此，其分布的陆海比例为 1∶100。

可燃冰有望取代煤炭、石油和天然气，成为 21 世纪的新能源。科学家估计，海底可燃冰分布的范围约占海洋总面积的 10%，相当于 4000 万 km^2，是迄今为止海底最具价值的矿产资源，足够人类使用 1000 年。但在繁复的可燃冰开采过程中，一旦出现任何差错，将引发严重的环境灾难。收集海水中的气体是十分困难的，海底可燃冰属大面积分布，其分解出来的 CH_4很难聚集在某一地区内收集，而且一离开海床便迅速分解，容易发生喷井意外。更重要的是，CH_4的温室效应比 CO_2厉害 10～20 倍，若处理不当发生意外，分解出来的 CH_4气体由海水释放到大气层，将使全球温室效应问题更趋严重。此外，海底开采还可能会破坏地壳稳定平衡，造成大陆架边缘动荡而引发海底塌方，甚至导致大规模海啸，带来灾难性后果。

【课程习题】

1. 选择题

（1）随着科学技术的发展和社会的现代化，在整个能源消费系统中，（　　）能源所占的比重将增大。

A. 二次　　B. 一次

C. 传统　　D. 新

(2)（　　）已成为世界上发展速度最快的新型能源。

A. 太阳能　　B. 风能

C. 生物质能　　D. 核能

(3) 在氢气和氧气进行化学反应中，发生了电子的转移，把电子的转移取出，加到外部连接的负载上面，实现了对负载供电，这种结构即为（　　）。

A. 燃料电池　　B. 光伏设备

C. 蓄电池　　D. 太阳电池方阵

(4) 下列各组能源中，均为不可再生能源的是（　　）。

A. 电能、汽油、风能　　B. 太阳能、地热能、风能

C. 石油、煤炭、天然气　　D. 核能、水能、生物能

(5) 太阳能集热器应用比较普遍的是平板型集热器。典型的平板型集热器主要由集热板、隔热层、盖板和外壳组成。其中，隔热层的作用是降低热损失、提高热效率，要求材料具有（　　）。

A. 较好的绝热性能，较高的导热系数　　B. 较好的绝热性能，较低的导热系数

C. 较差的绝热性能，较低的导热系数　　D. 较差的绝热性能，较高的导热系数

(6) 沼气的主要成分是甲烷和（　　）。

A. 氢气　　B. 二氧化碳

C. 一氧化碳　　D. 氨气

(7)（多选）目前，全世界开发和利用可燃冰资源的技术还不成熟，仅处于试验阶段，大量开采还需要一段时间。有（　　）这几种开采可燃冰的方案，均处于研发和验证阶段。

A. 热解法　　B. 降解法

C. 部分氧化法　　D. 置换法

2. 填空题

(1) 按照能源的生成方式可分为（　　）和（　　）。

(2) 从能量转换的角度来看，风力发电机组包括两大部分：一部分是风力机，由它将风能转换为（　　）；另一部分是发电机，由它将机械能转换为（　　）。

(3) 目前能为人类开发利用的地热能源，主要是地热蒸汽和（　　）两大类资源，人类对这两类资源已有较多的应用。

(4) 从根本上说，生物质能来源于（　　），是取之不尽的可再生能源和最有希望的“绿色能源”。

(5) 在风能利用中，（　　）和（　　）是两个重要因素。

【拓展案例】

全国单机容量最大海上风电场——连云港灌云海上风电项目

【课程作业】

课程小论文：论新能源发电技术在某一城市发展现状。

内容要求：①以你熟悉的国内某一城市为例，陈述该城市的地理环境和资源开发状况；②选择适合该城市的新能源发电技术，并简单做原理陈述；③以该城市决策人的身份，陈述如何使所选的新能源技术在该城市得以实现并开展，提出具体措施。

第 4 章 二氧化碳捕集与封存技术

【教学目标】

知识目标 学习二氧化碳捕集与封存的概念，捕集技术的分类及相关基本原理。

方法目标 分析二氧化碳捕集与封存技术的项目案例并拓展学习。

价值目标 在碳中和目标下，大力发展 CCS 技术，不仅是未来我国减少二氧化碳排放、保障能源安全的目标选择，也是构建生态文明、实现可持续发展的重要手段。

二氧化碳捕集与封存技术（Carbon Capture and Storage，CCS）是减缓 CO_2 排放的手段之一，其他减缓方案包括提高能源效率、向低含碳量燃料转变、使用核能、可再生能源、增加生物碳汇及减少非 CO_2 温室气体的排放。CCS 技术具有减少整体成本以及增加实现温室气体减排灵活性的潜力。CCS 技术的广泛应用取决于技术成熟性、成本、整体潜力、在发展中国家的技术普及和转让及其应用技术的能力、法规因素、环境问题和公众反应。

二氧化碳捕集与封存是指 CO_2 从工业或相关能源分离出来，输送到一个封存地点，并且长期与大气隔绝的过程。以液体吸收 CO_2 为例（图 4-1），脱硫脱硝的烟气经预处理从底部进入吸收塔，吸收液从顶部喷淋，气液接触后，吸收 CO_2 的吸收液（富液）进入再生塔，由再沸器加热释放 CO_2，再生后的吸收液（贫液）经交换器降温后循环回吸收塔。

CO_2 的捕集方式主要分为燃烧前捕集、燃烧后捕集以及富氧燃烧捕集等，如表 4-1 所示。

（1）燃烧前捕集：在碳基燃料燃烧前，首先将其化学能从碳中转移出来，然后将碳和携带能量的其他物质进行分离，从而实现碳在燃烧利用前的捕集。

（2）燃烧后捕集：从烟气中分离 CO_2，即烟气 CO_2 捕集，适合所有的燃烧过程。

（3）富氧燃烧捕集：在改造后的锅炉中用纯氧或富氧气体混合物代替助燃空气，再经过简易的压缩纯化过程即可获得较高纯度的 CO_2。

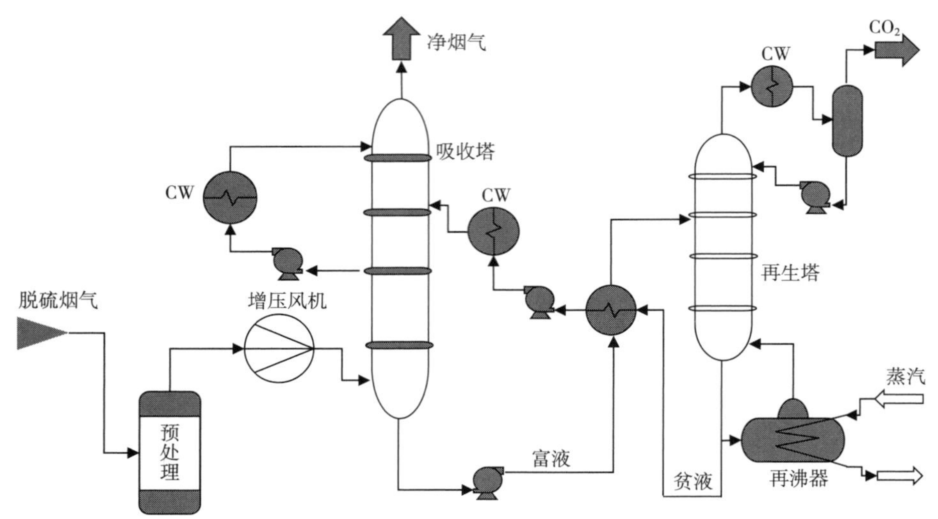

图 4-1 液体吸收 CO_2 捕集工艺流程

注：CW（Cooling Water），冷却水。

表 4-1 三种 CO_2 捕集方式的对比

捕集方式	优势	缺点
燃烧前捕集	气体压力高、CO_2 浓度高 捕集体系小、能耗低 有极高效率和污染物控制潜力	需要全新系统，系统复杂，投资成本高 可靠性有待提高
燃烧后捕集	实用性强 适用所有的燃烧过程	烟气流量大、CO_2 分压低 捕集系统庞大，捕集能耗高
富氧燃烧捕集	烟气中 CO_2 浓度高，可直接进行转化或封存	制氧投资高 能耗高

4.1 二氧化碳的液体吸收技术

实践案例

国家能源集团鄂尔多斯 CCS 示范项目已成功开展

神华集团于 2010 年底在内蒙古鄂尔多斯地区成功建设全流程 CCS 示范工程。该示范工程利用鄂尔多斯煤炭气化制氢装置排放出的 CO_2 尾气，经甲醇吸收法捕集、纯化、液化，由槽车运送至封存地点后加压升温，以超临界状态注入 1000~3000m 深的目标地下咸水层，实现从捕集到封存的全流程 CCS 示范，注入规模可达 10 万吨/年，是世界第一个定位埋存在咸水层的全流程 CCS 工程。

问题导读

(1) 该项目如何实现 CO_2 减排?
(2) 该项目工程采用了什么技术方法对 CO_2 进行捕集?
(3) 是否还有其他技术可以实现 CO_2 的吸收?
(4) 通过查找资料,寻找类似的示范项目。

二氧化碳捕集与封存有气体和液体等多种方式,本节主要介绍二氧化碳液体吸收技术。液体吸收技术是目前应用最广泛的 CO_2 捕集方法。吸收原理是当采用某种液体处理气体混合物时,在气—液相的接触过程中,气体混合物中的不同组分在同一种液体中的溶解度不同。气体中的一种或数种溶解度大的组分将进入液相中,从而使气相中各组分相对浓度发生变化,即混合气体得到分离净化,这个过程称为吸收。按照 CO_2 吸收原理不同,又分为物理吸收法、化学吸收法和物理化学联合吸收法,其中化学吸收法的应用最为广泛。

4.1.1 物理吸收法

物理吸收法的吸收剂不与 CO_2 发生化学反应,是仅通过 CO_2 在吸收剂中的物理溶解实现 CO_2 吸收的方法。物理吸收法没有腐蚀性,设备成本低;吸收过程不需要外部热量,运营成本较低。当 CO_2 分压较低时,选择性较差,故该方法需要一定的分压(大于350kPa),并在初始温度不高时适用。如表4-2所示,常用的物理吸收剂有甲醇(MeOH)、碳酸丙烯酯(PC)、聚乙二醇二甲醚(DEPG)和 *N*-甲基-2-吡咯烷酮(NMP),其物化性质见表4-3。

表4-2 四种物理吸收剂的对比

吸附剂类型	甲醇	碳酸丙烯酯	聚乙二醇二甲醚	*N*-甲基-2-吡咯烷酮
操作温度/℃	-40	10	0	-15
溶剂循环量	适中	大	大	大
脱出率	高	较高	高	较高
设备要求	高	一般	一般	一般
溶剂损失	严重	一般	严重	一般
热公用工程	中	高	高	高
冷公用工程	高	低	中	中

(1) 甲醇法(Rectisol):最经典的低温甲醇洗工艺主要是利用甲醇在低温下对酸性气体溶解度高的特性,对原料气中的各酸性组分实现选择性分段吸收。

正常工艺条件下,甲醇的蒸气压较高,需要采用深度制冷或特殊的回收方法防止容积损失,同时需要搭配循环水洗用于回收甲醇。该工艺吸收容量大,但需要在非常低的温度下运行（-62～-40℃），制冷需要大量电力，捕集设备材料要求较严格，甲醇溶剂毒性较大，投资费用成本偏高。

（2）碳酸丙烯酯法（Flour 或 PC 法）：碳酸丙烯酯溶剂对混合气中的 CO_2 具有很好的选择性吸收，而对其他组分气体的溶解性能极差，当 CO_2 被充分吸收后，吸收塔顶出来的脱碳气体压强变化较小，无须大量压缩功，溶剂再生后也能获得较为纯净的 CO_2 气体。

工艺流程中添加中压吸收器，减少要重新压缩的气体体积，降低成本和产品损失；也可以降低溶剂温度至-18℃，冷却大部分碳氢化合物，减少碳氢化合物的吸收。

（3）聚乙二醇二甲醚法（Selexol 或 DEPG 法）：以聚乙二醇二甲醚［$CH_3O(C_2H_4O)_nCH_3$，$n=2\sim9$］混合物为吸收剂的一种气体净化工艺，用于吸收气体中的 H_2S、CO_2 和硫醇。

H_2S 的选择性脱除和 CO_2 的深度脱除通常需要两个阶段，包括两个吸收塔和再生塔，第一个用于 H_2S 选择性彻底脱除，第二个吸收塔将 CO_2 深度去除，如需进行大量 CO_2 的去除可以使用一系列闪蒸。聚乙二醇二甲醚对设备腐蚀性小，但流程复杂，溶剂成本高，较大的溶剂黏度会降低传质速率和塔板效率，最高工作温度为175℃，最低工作温度为-18℃。

（4）*N*-甲基-2-吡咯烷酮法（Purisol 或 NMP 法）：NMP 法与 DEPG 法流程相似，可以在环境温度下运行，也可在制冷温度降至-15℃时运行。与聚乙二醇二甲醚和碳酸丙烯酯相比，NMP 的蒸气压相对较高，须对处理后的气体和废弃的酸性气体进行水洗以回收溶剂，因此 NMP 法不能同时用于气体脱水。NMP 溶剂沸点高，溶剂损失极少，再生系统简单，对 H_2S 和 CO_2 的溶解能力极强，特别适合于高压混合气体中 H_2S 和 CO_2 等酸性组分的脱除。但 NMP 溶剂价格昂贵，大规模应用受限。

表 4-3　四种物理吸收剂的物化性质

物理化学参数	甲醇	碳酸丙烯酯	聚乙二醇二甲醚	*N*-甲基-2-吡咯烷酮
黏度（25℃）/10^{-3}Pa·s	0.60	3.00	5.80	1.65
密度（25℃）/（kg/m^3）	785	1195	1030	1027
分子量	32	102	280	99
蒸气压（25℃）/kPa	16.670	0.011	9.730×10^{-5}	0.053
冰点/℃	-92	-48	-28	-24
沸点（101.325kPa）/℃	65	240	275	202
导热系数/［W/（m·K）］	0.117	0.115	0.106	0.091
最高工作温度/℃	—	65	175	—

4.1.2　化学吸收法

化学吸收法是指碱性吸收剂有选择性地与混合烟气中的 CO_2 发生化学反应，生成不稳定的盐类，如碳酸盐、碳酸氢盐、氨基甲酸盐等。当外部条件（温度、压力）发生改变时，该盐类可以逆向解吸出 CO_2，从而实现 CO_2 的脱除和吸收剂再生。

化学吸收法一般分为有机胺法、热钾碱法、氨法、离子液体法、相变吸收剂法和酶促吸收法等。

4.1.2.1 有机胺法

有机胺法捕集 CO_2已经有近一百年的发展历史，是 CO_2捕集中最常见的工艺。

（1）有机胺吸收机理。有机胺中的氨基基团与 CO_2发生酸碱中和反应；有机胺按氮原子上的活泼氢原子个数可以分为 3 类：伯胺、仲胺、叔胺，不同有机胺体系吸收 CO_2机理存在争议，“穿梭”机理和“两性离子”机理更普适。

根据“两性离子”机理理论，伯胺和仲胺与 CO_2反应形成两性离子，然后两性离子再与胺反应生成氨基甲酸盐，反应式如下：

$$CO_2 + R_1R_2NH \longrightarrow R_1R_2NH^+COO^- \quad (4-1)$$

$$R_1R_2NH + R_1R_2NH^+COO^- \longrightarrow R_1R_2NH_2^+ + R_1R_2NCOO^- \quad (4-2)$$

总反应为：

$$CO_2 + 2R_1R_2NH \longrightarrow R_1R_2NH_2^+ + R_1R_2NCOO^- \quad (4-3)$$

叔胺氮原子没有连接多余的氢原子，因而不会形成氨基甲酸盐，在吸收过程中 CO_2被水解催化，形成碳酸氢根离子：

$$CO_2 + R_1R_2R_3N + H_2O \rightleftharpoons R_1R_2R_3NH^+ + HCO_3^- \quad (4-4)$$

由上述机理可知，1mol 伯胺或仲胺对 CO_2的最大吸收能力为 0.5mol，而 1 mol 叔胺的最大吸收能力为 1mol 的 CO_2。因此，伯胺和仲胺作为吸收剂时，反应速率较快，但 CO_2吸收容量较低；叔胺作为吸收剂时反应速率相对较慢，但 CO_2吸收容量较高。

（2）有机胺吸收剂。常用的有机胺主要包括醇胺、烷基胺、位阻胺和多氮胺等，如表 4-4 所示。其中，以一乙醇胺（MEA）为代表的醇胺法捕集技术最为成熟，在国内外工业生产中被广泛应用。

表 4-4 几种常用于 CO_2捕集的有机胺吸收剂

类别	特点	代表物质
醇胺	分子结构中同时含有羟基和氨基基团	一乙醇胺（MEA）
		二乙醇胺（DEA）
		N-甲基二乙醇胺（MDEA）
烷基胺	分子结构中仅含有氨基基团	叔丁胺（tBA）
		二正丁胺（DBA）
		乙二胺（EDA）
位阻胺	氨基基团与叔碳或仲碳原子相连，空间位阻效应大	哌嗪（PZ）
		2-氨基-2-甲基-1-丙醇（AMP）
		叔丁氨基乙氧基乙醇胺（TBEE）
多氮胺	分子结构中含有三个及以上氨基基团	二乙烯三胺（DETA）
		三乙烯四胺（TETA）
		四乙烯五胺（TEPA）

混合胺吸收剂是将不同类型的有机胺按照一定比例混合后所得的溶液，可以弥补单一有机胺的缺陷，发挥不同有机胺的优势，从而提升整体吸收CO_2的性能。其反应机理与伯胺、仲胺和叔胺一致，但溶液中不同类型的有机胺会按照活性大小同时进行或先后进行反应，且反应过程中还可能存在交互作用。

4.1.2.2 热钾碱法

热钾碱法是以碳酸钾溶液为吸收剂，在制氨、天然气和制氢等化工类行业中广泛用于脱碳工艺，具有成本低、稳定性高、再生能耗低、毒性小等优点。

（1）热钾碱法吸收机理。高浓度的碳酸钾水溶液与CO_2发生化学反应生成碳酸氢钾，然后对生成的碳酸氢钾进行高温加热或减压处理，解吸出CO_2，并同时生成碳酸钾，使吸收剂实现再生循环利用，反应如下：

$$K_2CO_3+CO_2+H_2O \longrightarrow 2KHCO_3 \tag{4-5}$$

（2）热钾碱法活化剂。碳酸钾溶液捕集CO_2的吸收速率较慢，在实际应用中，通过在碳酸钾溶液中添加高效催化剂或活化剂以强化其吸收能力。常用的活化剂有二乙醇胺、ACT-1、氧化砷、氨基乙酸、烷基醇胺、硼酸和生物酶等，如表4-5所示。此外，还可加入一定量的缓蚀剂以延缓溶液对设备的腐蚀。

表4-5 改进热钾碱吸收CO_2工艺及活化剂

工艺名称	开发公司	使用活化剂名称
Benfield工艺	美国霍尼韦尔UOP	二乙醇胺、ACT-1
G-V工艺	意大利贾马尔科—维特罗科克（Giammarco-Vetrocoke）	氧化砷、氨基乙酸
Catacard工艺	美国艾克梅尔联合有限公司（Eickmeyer & Associates）	烷基醇胺、硼酸
Carsol工艺	美国卡博基姆（Carbochim）	烷基醇胺

4.1.2.3 氨法

氨法也是烟气脱碳的手段之一。早在1958年，侯德榜提出的碳化法制备碳酸氢铵化肥设想就涉及氨水吸收CO_2的技术概念。

（1）氨法捕集机理。氨法与有机胺法有相似的CO_2捕集原理，氨与CO_2、水在一定温度下反应生成碳酸铵，当有过量CO_2存在时，会继续发生反应生成碳酸氢铵。

$$CO_2+NH_3 \longrightarrow NH_2COOH \tag{4-6}$$

$$NH_2COOH+NH_3 \longrightarrow NH_2COONH_4 \tag{4-7}$$

$$NH_2COONH_4+H_2O \longrightarrow NH_4HCO_3+NH_3 \tag{4-8}$$

$$NH_4HCO_3+NH_3 \longrightarrow (NH_4)_2CO_3 \tag{4-9}$$

$$NH_2COONH_4+2H_2O+CO_2 \longrightarrow 2NH_4HCO_3 \tag{4-10}$$

（2）氨法捕集CO_2技术。在我国合成氨生产工艺中，多利用氨水进行合成气脱碳并副产碳酸氢铵化肥，该技术相对成熟。但我国CO_2排量巨大，碳酸氢铵消费市场相对固定，大量生产也会供过于求造成浪费。氨法捕集烟气中的CO_2最高可实现99%以上的脱碳效率，相比 MEA 溶液，氨法可获得更高的 CO_2脱除率和吸收能力，同时，氨法具有成本低、再生能耗低、腐蚀性低和抗氧化降解性强等特点。

4.1.2.4 离子液体法

离子液体（ILs）是由特定阳、阴离子构成的，在室温或近于室温下呈液态的盐类，具有结构可调节、化学稳定性强、热稳定性高、蒸气压低、不易挥发的特点。对 CO_2吸收选择性极高，能有效降低吸收过程中的损耗，降低运行成本，是比较具有应用前景的新型绿色吸收剂。用于 CO_2捕集的离子液体主要包括常规离子液体、功能化离子液体和聚离子液体。

常规离子液体：根据阴阳离子类型划分，可分为咪唑盐类、吡咯盐类、吡啶盐类、铵盐类、磺酸盐类、氨基酸类等。咪唑盐类碱性较强，是常用于 CO_2捕集的一类离子液体。

功能化离子液体：为引入特定的化学反应，一些特殊基团被设计引入常规离子液体中，从而开发出具有强抗氧化性、低蒸气压、低再生能耗、高吸收容量等特性的功能化离子液体。

聚离子液体：聚离子液体是由离子液体单体聚合生成，具有重复阴阳离子基团的大分子，可以是单纯一种物质，也可以是混合物。在低温下，可变为液态，不仅具有离子液体与聚合物的共同优点，还有独特的优势，如优异的离子导电性、化学稳定性、不易燃烧，性质稳定不易挥发、可循环使用，结构可控，吸收过程不使用水，可防止设备腐蚀。缺点是聚合离子液体价格昂贵。

4.1.2.5 相变吸收剂法

相变吸收剂是近年新兴的 CO_2吸收剂，再生能耗低，主要由主吸收剂、分相促进剂和溶剂组成。

工艺流程：吸收 CO_2前为均相溶液，吸收后分成两相，含有大部分 CO_2吸收产物的一相为富相，另一相为贫相。通过将富相再生，解吸出大部分 CO_2，富相再生后与贫相混合，再送入吸收塔继续吸收 CO_2，实现相变吸收剂的再生循环利用，如图 4-2 所示。

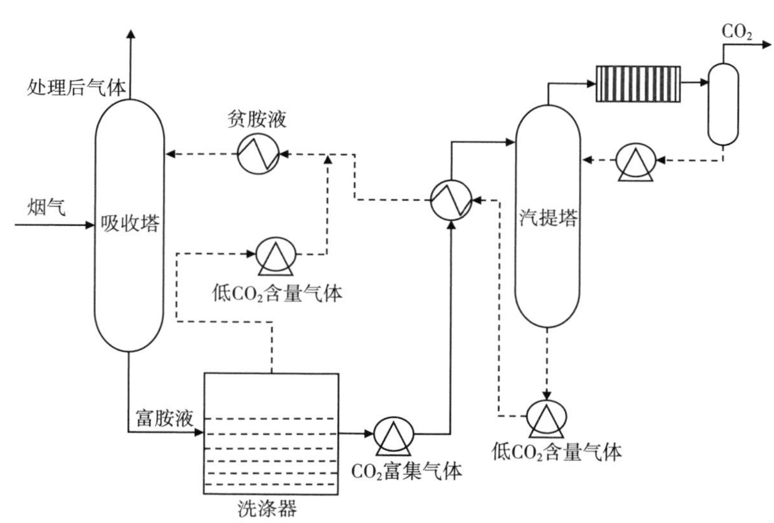

图 4-2 相变吸收剂 CO_2补集过程

相变吸收剂中的主吸收剂一般是有机胺或离子液体，分相促进剂通常采用叔胺或醇等有机溶剂。根据吸收剂可以分为液—固相变吸收剂和液—液相变吸收剂。

（1）液—固相变吸收剂：吸收 CO_2后产物与溶剂无法互溶进而析出沉淀，CO_2产物富集在固相中。再生时，仅需再生固相，可显著降低再生能耗。但相变吸收剂在再生前需要使用离心或过滤的方法分离固体沉淀，部分液—固相变吸收剂还需使用微波加热法进行解吸。此外，固体沉淀易堵塞管道及设备，运输难度较大。

（2）液—液相变吸收剂：按照相变机理可分为 CO_2触发式相变和温控式相变。

CO_2触发式相变吸收剂的分相原理：吸收剂吸收 CO_2后，溶液的性质发生改变。通常由低极性转化为高极性，由低离子强度转化为高离子强度。此时，CO_2产物在溶剂中的溶解度发生改变，出现液—液分相的现象。

温控式相变吸收剂的分相原理：受温度影响而发生相变的现象。此类相变吸收剂的主吸收剂为亲脂性有机胺，低温时依靠氨基与水之间的氢键溶解在水中，不发生相变；高温时分子间氢键逐渐被破坏，使其与水不互溶，进而发生液—液相变。

4.1.2.6 酶促吸收法

碳酸酐酶（Carbonic Anhydrase，CA）是 1940 年发现的第一种锌酶，也是最重要的一种锌酶，主要功能是催化 CO_2的可逆水合反应。例如碳酸酐酶Ⅱ可以大幅提升 CO_2的水合反应一级反应速率常数。

（1）酶促吸收原理，主要分为两个步骤：①CO_2水合生成 H_2CO_3；②H_2CO_3电离生成 HCO_3^-和 CO_3^{2-}。其中，①是整个水合反应的限速步骤，当引入碳酸酐酶催化剂后，吸收速率显著提升。

（2）酶促吸收工艺：基于碳酸酐酶的酶促反应，多种碳捕集技术也被开发出来，如真空碳酸盐吸收工艺和三级胺酶促强化吸收法。

总体而言，CO_2化学吸收法捕集目前存在捕集工艺能耗大、吸收剂循环效率低、CO_2捕集设备庞大、CO_2回收成本高等问题。各类技术的优缺点对比见表 4-6。

表 4-6 化学吸收法中各类技术的优缺点

技术名称	优点	缺点
有机胺法	吸收容量高	易降解、氧化、发泡、腐蚀性强
热钾碱法	成本低、稳定性高、再生能耗低、毒性小、降解速率慢	吸收速率慢、部分活化剂易造成二次污染
氨法	成本低、再生能耗低、腐蚀性低、抗氧化降解性强	挥发性强、易对环境造成二次污染
离子液体法	结构可调节、化学稳定强、热稳定性高、蒸汽压低、挥发性低、选择性强	成本高、合成工艺复杂、黏度大
相变吸收剂法	吸收容量高、再生能耗低	固体沉淀难分离（液—固相变）、富相黏度大（液—液相变）、再生能耗低
酶促吸收法	再生能耗低、无二次污染、吸收容量大、吸收速率低	易受温度、pH 等条件影响，可控性低

4.2 二氧化碳的固体吸附技术

实践案例

中国最大燃煤电厂 CO_2 捕集与驱油封存示范项目

2021 年，注入规模为 15 万吨/年的 CCS 示范工程在陕西国华锦界能源有限责任公司一次通过 168h 试运行，这是目前国内规模最大的燃煤电厂燃烧后 CO_2 捕集与驱油封存全流程示范项目，成功实现了燃煤电厂烟气中 CO_2 的大规模捕集。该项目以降低投资和运行成本为关键难点开展技术研究攻关，进行了千吨级燃煤烟气 CO_2 固体吸附工业验证，通过将该系统与新型 CO_2 固体吸附剂相耦合，形成适用于我国燃煤电站烟气 CO_2 高效、低能耗捕集的新技术体系。该项目的顺利投运，为燃煤电站实现真正意义上的近零排放提供了技术支撑，为国内火电厂开展百万吨级大规模碳捕集项目积累了实践经验，对落实"碳达峰、碳中和"目标具有重要的里程碑意义。

问题导读

（1）固体吸附技术与液体吸收技术的区别是什么？
（2）哪些物质可能成为固体吸附剂？

固体吸附技术近几十年来取得了巨大的发展，开发出了一系列具有高 CO_2 吸附量、快速吸附动力学、良好选择性和稳定性的吸附剂。碳捕集的吸附循环过程也得到了显著发展，开发了变温、变压、变湿、真空、蒸汽吹扫等多种再生手段。相比液体吸收，固体吸附技术的工作条件覆盖了较宽的温度和压力范围，可以应用于更多捕集工况，也避免了胺类溶剂在使用过程中产生的有毒和腐蚀性物质。

4.2.1 中高温吸附二氧化碳

中高温吸附材料主要有水滑石类化合物（LDHs）、锂基材料、氧化钙及碱金属类化合物等。该类材料一般在 200℃以上发生吸附/解吸行为。

（1）水滑石类化合物是一类新型的无机功能材料，是由层间具有可交换的阴离子及带正电荷层板堆积而成的层状材料。这类材料属于化学吸附，用于 CO_2 预燃烧过程中，其吸附/解吸温度一般在 200~400℃。

LDHs 良好的 CO_2 吸附能力和稳定的吸附行为得益于其稳定的离子交换能力、较高的比表面积、较好的骨架稳定性，以及材料中阴离子和水分子的高迁移率。

（2）锂基材料。锂基材料也是一种新型的 CO_2 吸附剂，其高温下吸附性能优越，相比氧化铝和水滑石等吸附材料，对 CO_2的吸附性能明显提高。

锂基聚合物包括锆酸锂（Li_2ZrO_3）、正硅酸锂（Li_4SiO_4）以及一系列的含锂氧化物，它们能立即与周围的 CO_2发生反应，反应温度最高可达 700℃，并可以可逆地还原为氧化物：

$$Li_2ZrO_3+CO_2 \longrightarrow ZrO_3+2Li^++O^{2-} \tag{4-11}$$

$$Li_4SiO_4+CO_2 \rightleftharpoons Li_2CO_3+Li_2SiO_3 \tag{4-12}$$

$$CO_2+2Li^++O^{2-} \longrightarrow Li_2O_3 \tag{4-13}$$

然而，该类材料存在合成条件苛刻，能耗高、成本高，反应过程难以控制等问题。

（3）金属氧化物。该类吸附剂主要包括碱金属和碱土金属类的氧化物。利用金属氧化物的碱性吸收 CO_2生成碳酸盐，该反应在高温条件下具有可逆性，可使金属氧化物再生利用，常用的金属氧化物吸附剂有氧化锂和氧化钙等。其中，氧化钙成本低、原料分布广、对 CO_2吸收容量大，是较有工业应用前景的吸附剂之一。但随着吸附/解吸循环次数的增加，吸附剂颗粒有团聚烧结等现象，造成氧化钙活性下降，故一般采用溶液改性和掺杂添加剂等方法提高氧化钙的 CO_2吸附能力。

4.2.2 低温吸附二氧化碳

低温吸附 CO_2通过改变温度和压力等条件对吸附剂进行再生。常用的吸附法有变温吸附法（Temperature Swing Adsorption，TSA）和变压吸附法（Pressure Swing Adsorption，PSA）等。其中，TSA 利用在不同温度下气体组分的吸附容量或吸附速率不同而实现气体分离，采用升降温循环操作，循环过程中的热量由水蒸气直接或间接提供，单独依靠 TSA 发进行吸附剂的再生循环周期较长，因而通常采用多种方法相结合。PSA 则利用吸附剂在不同压力下对不同气体的吸附容量或吸附速率不同而实现气体分离。通常吸附压力高于大气压，解析压力为大气压，采用升降压力循环操作。

低温 CO_2吸附剂通常需要具备 3 个条件：优先选择吸附 CO_2，较高的 CO_2吸附容量，使用寿命较长且商业价值较高。根据吸附剂与 CO_2之间的作用，低温吸附剂可以分为低温物理吸附剂和低温化学吸附剂。低温物理吸附剂利用多孔结构吸附 CO_2分子，低温化学吸附剂一般由多孔材料负载固态胺或离子液体等，通过与 CO_2反应增加吸附量。

低温吸附材料主要有碳质吸附材料、沸石分子筛、金属有机骨架（MOFs）、共价有机骨架（COFs）、共轭微孔聚合物（CMPs）、功能多孔吸附剂、聚流液体等，该类材料的特点是在相对低温下可较好地吸附 CO_2（通常 200℃以下）。

（1）碳质吸附材料是以煤炭或者有机物制成的高比表面积的多孔含碳物质，包括活性炭及活性炭纤维、碳纳米管等纯碳结构的吸附剂。

不同的前驱体（制备活性炭等原料）通过特定的改性方法可以制备高 CO_2吸附性能的活性炭材料。如富硅生物质稻壳为前驱体，同步利用生物质中碳源及硅源原位合成多孔碳—沸石复合材料，实现 CO_2高效吸附。

（2）沸石分子筛是含碱金属和碱土金属氧化物的结晶硅铝酸盐的水合物，是一类由硅铝氧桥连接组成的具有空旷骨架结构的微孔晶体材料（微孔道尺寸为 0.5～

1. 2nm），对 CO_2有较强的吸附能力。

（3）MOFs 是另一类多孔材料，是由含氧、氮等的多齿有机配体（大多是芳香多酸或多碱）与过渡金属离子自组装而成的配位聚合物。MOFs 具有超高的比表面积和孔结构，其存储容量是沸石材料最大存储容量的 3 倍以上。然而，由于合成条件不易控制，目前仍不能大规模生产。

（4）其他吸附剂：COFs、超交联聚合物（HCPs）、CMPs 等多种新型多孔聚合物具有可调的孔径、高的比表面积和稳定的化学结构，含氮多孔聚合物为 CO_2分子提供了丰富的结合位点，具有比 MOFs 更好的热稳定性、CO_2吸附性能及选择性。

此外，还有一些低温吸附剂由多孔材料负载功能基团得到，包括负载了各种胺的多孔材料和聚合离子液体。

4.3 二氧化碳的气体膜分离技术

实践案例

上海科技大学在 CO_2气体分离膜领域取得突破性进展

气体膜分离技术在传统工业分离中扮演着重要角色。从合成氨工业中的氢气回收，到空气中氮气、氧气的分离，都少不了膜分离技术的身影。相较于常用的技术，气体膜分离不涉及变温及相变过程，因此能极大降低分离过程的能耗。作为一种最具潜力的脱碳方法之一，高性能气体分离膜技术还广泛应用于火力发电厂尾气及天然气井中 CO_2的捕获，有助于减缓全球变暖的趋势。

在众多气体分离膜材料中，金属有机框架（MOFs）基混合基质膜是一种极具潜力的新一代复合膜材料。上海科技大学课题组开发了一种在 MOFs 颗粒表面共价接枝线型聚酰亚胺（Polyimide，PI）高分子刷的方法来提升 MOFs 和 PI 基质的界面相容性。相比传统混合基质膜仅依靠分散相表面与高分子基质侧链形成的弱作用力，PI 高分子刷与基质高分子链段互相穿插缠结，极大增加了两相界面的结合力。接枝的 PI 高分子刷的化学成分可与高分子基质保持高度一致，从而实现 MOFs 颗粒在基质中的完美分散。实验结果表明，用该方法修饰过的膜在机械延展性能上相比传统膜提升了近 500%，在施加相同剪切应力的情况下，大大降低了界面撕裂现象的发生。

高分子膜在用于高压 CO_2分离时，通常会由于 CO_2在膜中的溶解导致高分子链段的移动，从而使膜的分离选择性不断下降，这种现象被称为“塑化”。由于 MOFs 颗粒表面修饰的高分子刷能够穿插于基质的高分子链段之间，极大限制了高分子链的移动能力，因此膜的“塑化”行为得到有效抑制，有望实现高压下 CO_2的高效膜分离。在 CO_2/N_2和 CO_2/CH_4的分离性能评估中，PI 接枝的膜材料表现出渗透性和选择性同时增加的趋势，接近混合膜的理想性能。该研究成果为新型混合基质气体分离膜材料的开发铺平了道路。

问题导读

（1）CO_2膜分离技术的机理是什么？
（2）还有哪些常见的膜分离材料？

气体膜分离技术是利用膜的选择透过性分离气体混合物，在分离膜的两侧，利用压力差为推动力进行气体分离或富集。膜法分离 CO_2包括膜分离法和膜吸收法。

膜分离法对 CO_2分离的重点是 CO_2和 N_2的分离。一方面，CO_2和 N_2是烟气中含量最高的两个组分；另一方面，CO_2和 N_2的分子大小接近，不易通过筛分手段分离。

膜吸收法（膜分离与液体吸收技术相结合）由传统化学吸附法演变而来，其原理是以微孔疏水膜作为分隔界面，将混合气体和吸收液隔开，利用疏水膜透气但不透水的特性，使混合气体中的 CO_2穿过疏水膜的膜孔进入吸收液，实现 CO_2分离。与传统的吸收塔相比，使用膜吸收技术捕集 CO_2可以在较宽范围内独立控制气、液两相流速，且气液接触面大，能耗低。

4.3.1　二氧化碳膜分离材料

二氧化碳膜分离材料是用于烟气 CO_2分离的膜材料。理论上，二氧化碳膜分离材料应具备以下 8 个全部或部分性质：较高的 CO_2渗透率，较高的 CO_2/N_2选择性，抗化学腐蚀，耐高温，抗塑化，抗老化，制造成本低廉，以及不同膜组件制备较好的通用性。现实工况烟气的复杂性往往影响膜组件的长期稳定性，需要进一步改进膜材料、优化分离过程，目前，CO_2/N_2分离的膜材料主要包括高分子膜、促进传递膜、无机膜和混合基质膜。

（1）高分子膜。通过溶解—扩散机理传递气体分子，分离膜的性能通常由渗透率和选择性来表征。渗透率和选择性之间存在平衡（Trade-Off）现象，即通道大的高分子膜渗透率高，气体扩散速度较快，但是选择性比较低。为了提高高分子膜的分离性能，可以对其进行改性，比如表面改性、共混改性和支撑层改性。另外，引入功能材料或改变聚合物膜表面官能团的组成，也可使改性膜获得一些新的功能，主要方法有接枝、交联、涂布沉积等。用于分隔气液两相的疏水微孔膜目前大多为多孔疏水高分子膜，包括聚丙烯（PP）、聚偏氟乙烯（PVDF）和聚四氟乙烯（PTFE）等。

（2）促进传递膜。受生物膜内传递现象的启发，在高分子膜中引入活性载体，通过待分离组分与载体之间发生的可逆化学反应，强化待分离组分的传递过程。依据载体的不同分为移动载体膜和固定载体膜，由于引入了载体，与传统聚合物膜相比，它们具有相当高的选择性和渗透性。

（3）无机膜。无机膜分离 CO_2主要基于分子筛分机理，气体渗透率和选择性通常高于聚合物膜，能够应用于高温和高压下的气体分离。按照膜结构，无机膜可分为多孔无机膜和非多孔无机膜。常见的无机膜包括碳膜、二氧化硅膜、沸石膜等。

（4）混合基质膜（MMMs）。在高分子聚合物（高分子相）中填充无机材料（分散的粒子相），通过无机填料和高分子聚合物之间的相互作用制得分离膜，因此该种膜具有两者的优势。

4.3.2 二氧化碳气体分离膜的应用

现阶段工业上尚未实现基于气体膜分离技术的 CO_2和 N_2的分离过程，而已经工业化的 CO_2膜分离过程包括 CO_2/CH_4和 CO_2/H_2分离。

最早出现的商业化气体膜分离系统是美国孟山都公司于 1979 年开发的采用聚砜为膜材料的 Prism 中空纤维复合膜气体分离系统。第一套用于分离 CO_2/CH_4的 Prism 装置于 1983 年开始运行。挪威的 Kvrner 油气公司自 1998 年起采用膜分离/吸收法相结合的膜接触器分离天然气中的 CO_2，相继在苏格兰、挪威和美国进行现场试验并最终获得成功，从而开始商业化。该技术采用基于聚四氟乙烯膜的平板式及卷式膜组件，适用于一定操作压力条件下天然气中 CO_2的脱除。

我国气体分离膜的发展起步于 20 世纪 80 年代。中国科学院大连化物所在 1985 年首次研制成功了中空纤维氮氢膜分离器，性能可达到 Prism 分离器的水平，填补了国内空白。在过去的 30 多年间，我国的气体膜分离技术也得到长足的发展。最近，大连化物所与马来西亚石油公司（PETRONAS）共同研发了用于天然气脱 CO_2的中空纤维膜接触器，该现场中试装置于 2013 年在马来西亚的天然气净化厂试车成功。该装置是世界上首套用于高压天然气净化的中空纤维膜接触器系统，使用的膜材料为聚四氟乙烯。

当前第一代碳捕集技术（燃烧前捕集技术、燃烧后捕集技术、富氧燃烧捕集技术）发展渐趋成熟，主要瓶颈为成本和能耗偏高、缺乏广泛的大规模示范工程经验；而第二代技术（如新型膜分离技术、新型吸收技术、新型吸附技术、增压富氧燃烧技术等）处于实验室研发或小规模试验阶段，技术成熟后其能耗和成本会比成熟的第一代技术降低 30%以上，2035 年前后有望大规模推广应用。

4.4 二氧化碳的压缩和运输技术

实践案例

齐鲁石化—胜利油田 1000 千吨/年 CCUS 工程

该工程将齐鲁石化第二化肥厂低温甲醇洗高浓度 CO_2（浓度为 91%），经过液化提纯与增压后（CO_2浓度为 99.5%），通过 80km 长的管道以高压密相状态输送至胜利油田目标油区。该工程的设计输量为 1000 千吨/年，定时分析了杂质含量对管输工艺的影响，以确定 CO_2管道输送时对 N_2、H_2O、O_2和烃类等杂质含量要求。目前该项目已完成工艺运行路线上的所有建设内容，工艺路线全部贯通，可以进行系统试压、水电联运等工作。

问题导读

(1) 以上案例项目中输送的CO_2需要进行哪些预处理?
(2) 除以上案例中的运输方式，CO_2还有哪些运输技术?

二氧化碳在回收后一般需要压缩和运输到指定的地点进行利用或封存。

4.4.1 二氧化碳的压缩技术

被捕集后的CO_2需要被运输到封存地点，运输前首先需要被压缩。在压缩过程中需要使用CO_2压缩机，传统的CO_2压缩机主要用于尿素合成装置。在压缩过程中的注意事项：

(1) CO_2压缩机的级间冷却温度不能过低，尤其是在冬季（相对容易液化）；

(2) 不宜采用过大的活塞平均速度，否则气阀阻力过大（相对密度较大）；

(3) 气阀、冷却器及缓冲罐等须用不锈钢材料（CO_2有较强的腐蚀性）。

目前，多国在开发新型CO_2压缩机，以提高压缩机性能、减小压缩CO_2的成本和能耗。主要技术攻关方向有以下几个方面：开发和设计高负荷、轻量化的CO_2离心压缩机，开发等温气体压缩、低温液体压缩和激波压缩等技术，提高压缩效率，降低压缩成本。同时，在工程实际运行过程中，可根据不同的CO_2运输方式，优化调整CO_2压缩的目标压力值，以降低能耗及成本。

4.4.2 二氧化碳的运输技术

CO_2运输是指将捕集的CO_2运送到可利用或封存场地的过程。根据运输方式的不同，分为罐车运输、管道运输和船舶运输，其中罐车运输包括汽车运输和铁路运输两种方式，如图 4-3 所示。

CO_2的输送是 CCS 的中间环节，是链接捕集与封存的纽带。大规模运输一般采用气态和液态输送。输送方式的选择由不同因素决定，包括工程项目目的、地理环境、输送距离、经济成本等。

(1) 罐车运输技术。技术成熟，我国以陆路低温储罐运输为主，分为铁路和公路罐车两种。

(2) 管道运输技术。该技术具有连续、稳定、经济、环保等优点，技术成熟。另外，管道运输CO_2对气体中的H_2O、O_2、H_2S等杂质有特殊的限制要求（避免腐蚀管道）。

(3) 船舶运输技术。该技术主要有两方面风险：一是CO_2的自然泄漏；二是CO_2

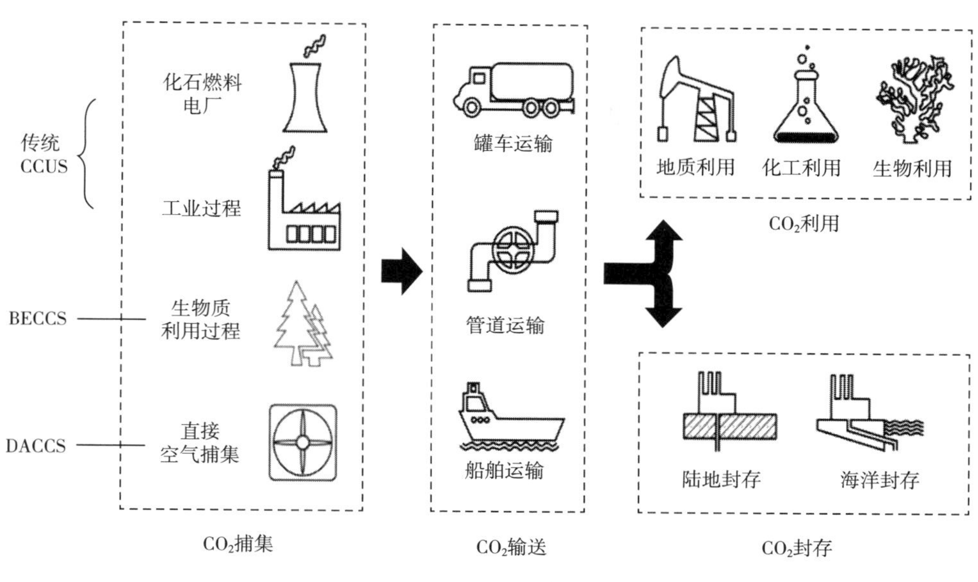

图 4-3 CO_2运输方式

的意外泄漏，包括碰撞、火灾、沉没和搁浅事故。因此，船舶运输一般应用于少量CO_2运输。

我国现有CO_2输送技术现状：罐车运输和船舶运输技术已达到商业应用阶段，主要应用于规模10万吨/年以下的CO_2输送。中国已有的CCUS示范项目规模较小，大多采用罐车输送；华东油气田和丽水气田的部分CO_2通过船舶运输。管道输送尚处于中试阶段，吉林油田和齐鲁石化采用陆上管道输送CO_2。海底管道运输的成本比陆上管道高40%~70%，目前海底管道输送CO_2的技术缺乏经验，在国内尚处于研究阶段。

4.5 二氧化碳的封存技术

实践案例

油气田领域的CCUS技术

在CO_2地质利用及封存技术中，CO_2地浸采铀技术已经达到商业应用阶段，EOR已处于工业示范阶段，CO_2强化咸水开采已完成先导性试验研究，CO_2驱替煤层气已完成中试阶段研究，矿化利用已经处于工业试验阶段，CO_2强化天然气、强化页岩气开采技术尚处于基础研究阶段。中国的CO_2强化石油开采项目主要集中在东部、北部、西北部以及西部地区的油田附近及中国近海地区。

2021年7月，中石化正式启动建设我国首个百万吨级集CO_2的捕集、利用与封存为一体的项目（齐鲁石化—胜利油田CCUS项目），有望建成为国内最大CCUS全产业链示范基地。

问题导读

（1）CO_2的封存技术都有哪些？
（2）中国基于CO_2封存技术的减排潜力有多大？

二氧化碳的封存与捕集、运输、利用一同构成了碳减排的重要技术路径。二氧化碳的封存技术主要包括地质封存、海洋封存和矿物封存技术。

4.5.1 二氧化碳地质封存技术

CO_2地质封存是指通过工程技术手段将捕集的CO_2注入深部地质储层，实现CO_2与大气长期隔绝的过程。CO_2大规模封存与固定仍然会是减排的主要途径，按照封存位置不同，可分为陆地封存和海洋封存；按照地质封存体的不同，可分为咸水层封存、枯竭油气藏封存等。

4.5.1.1 二氧化碳地质封存的类型

（1）盐渍地层：充满盐水或卤水的多孔地层，并且跨越地下深处的大量地层。

（2）石油和天然气储层：从地下地层提出石油和天然气后，留下可渗透的多孔体积。

（3）不可开采煤炭层：有足够的渗透性，CO_2通过黏附/吸附到煤炭的表面被化学捕获。

（4）玄武岩地层：注入CO_2可以与玄武岩中的钙和铁反应，形成稳定碳酸盐矿物。

（5）有机页岩地层：低孔隙度和低渗透率地层，与煤炭的捕集性质类似。

4.5.1.2 二氧化碳地质封存的潜力

中国地质封存潜力约为1.21万亿~4.13万亿吨。中国油田主要集中于松辽盆地、渤海湾盆地、鄂尔多斯盆地和准噶尔盆地，通过CO_2强化石油开采技术（CO_2-EOR）可以封存约51亿吨CO_2。中国气藏主要分布于鄂尔多斯盆地、四川盆地、渤海湾盆地和塔里木盆地，利用枯竭气藏可以封存约153亿吨CO_2，通过CO_2强化天然气开采技术（CO_2-EGR）可以封存约90亿吨CO_2。中国深部咸水层的CO_2封存容量约为24200亿吨，其分布与含油气盆地分布基本相同。其中，松辽盆地（6945亿吨）、塔里木盆地（5528亿吨）和渤海湾盆地（4906亿吨）是最大的三个陆上封存区域，约占总封存量的一半。除此之外，苏北盆地（4357亿吨）和鄂尔多斯盆地（3356亿吨）的深部咸水层也具有较大的CO_2封存潜力。

注入CO_2提升油气采收率的过程，就是CO_2进行地质封存的过程。目前主流技术包括CO_2-EGR、CO_2-EOR和CO_2驱替煤层气技术（CO_2-ECBM），在实施过程中，更多关注其采收率，对CO_2封存量的关注有限。近十年来，全球相继开展了一系列以EOR、EGR和ECBM为主的CO_2地质封存项目。

中国CO_2地质封存潜力大，从盆地规模来看，渤海湾盆地、松辽盆地具有较大的潜力，被视为CCUS项目实施的优先区域。结合中国主要盆地地质特征和CO_2排放源分布，中国可实施 CO_2-EOR 重点区域为东北的松辽盆地区域、华北的渤海湾盆地区域、中部的鄂尔多斯盆地区域和西北的准噶尔盆地与塔里木盆地区域。中国适合 CO_2强化咸水开采技术（CO_2-EWR）的盆地分布面积大，封存潜力巨大。准噶尔盆地、塔里木盆地、柴达木盆地、松辽盆地和鄂尔多斯盆地是最适合进行 CO_2-EWR 的区域。2010 年神华集团在鄂尔多斯盆地开展 CCS 示范工程，是亚洲第一个也是当时最大的全流程 CCS 咸水层封存工程。松辽盆地深部咸水层具有良好的储盖层性质，是中国未来进行大规模 CO_2封存的潜在场所。

4.5.1.3 二氧化碳地质封存的影响因素

由于 CO_2比较特殊的物理和化学性质，原有的储层、盖层以及水文地质情况会产生一些变化，如储盖结构、流体性质、压力场，以及流体和储层之间的联系等，如图 4-4 所示。另外，地质储层中涉及 CO_2埋存渗漏所引发的风险和环境等问题也尤其值得关注。选取埋存地点时，有些因素是要考虑的，有些条件是需要保证的，例如静水压力、温度、火山活动、地震活动等。

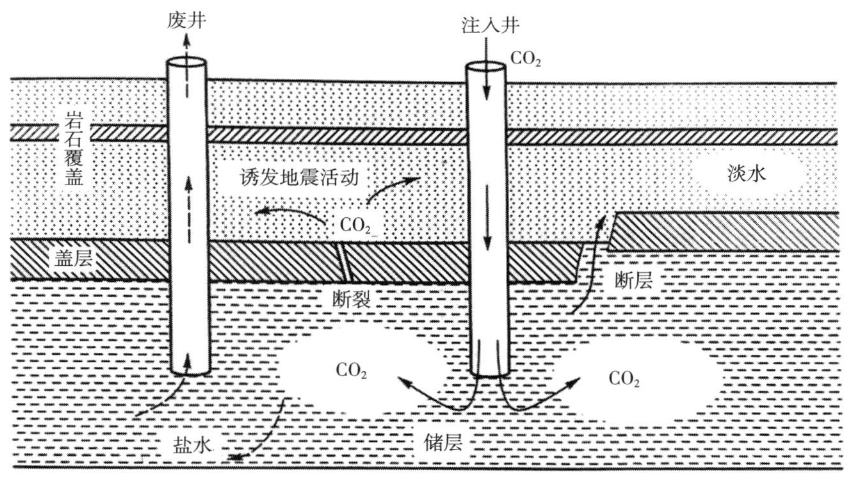

图 4-4 二氧化碳地质封存的影响因素

（1）静水压力和温度。CO_2埋存地点的静水压力和温度必须达到或超过 CO_2临界流体的压力和温度。

（2）火山活动。因为火山地质系统会排出大量气体，包括 CO_2，其自然断层也为气体提供了更多的逸出通道，故应避免火山活动地区。

（3）地震活动。一方面地震对于 CO_2地质封存的影响还在研究中，另一方面，也要考虑 CO_2地质封存会诱发地震活动的可能性。

4.5.2 二氧化碳海洋封存技术

与固体材料相比，通过富含 Ca^{2+}、Mg^{2+}的水溶液进行矿化可能成为解决 CO_2问题的另一种有前途的方法。尤其是海水或浓海水，对 CO_2的封存非常具有吸引力，一方面能解决 CO_2的固定问题，另一方面还能解决海水淡化厂的海水预处理或卤水废弃物的问题。

4.5.2.1 海洋封存二氧化碳的三种主要途径

一是使用陆地上的管道或移动的船舶将 CO_2注入水下 1500 m 处。这是 CO_2具有浮力的临界深度，在此深度下 CO_2将得到有效的溶解和扩散。二是使用垂直管道将 CO_2注入水下 3000 m。由于 CO_2的密度比海水大，CO_2不能溶解，只能沉入海底，形成 CO_2液态湖。三是利用移动的船舶将固态 CO_2投入 CO_2液态湖中，由于固体 CO_2密度高和传热特性差的原特性，固态 CO_2在下沉过程中只有非常小的溶解量。

4.5.2.2 利用二氧化碳置换天然气水合物

天然气水合物在地球上储蓄量很大，被誉为 21 世纪的新能源。天然气水合物在开采过程中易发生相变，一旦温度和压力发生改变，将瞬间释放出大量的 CH_4气体。直接开采水合物沉积层中的 CH_4极可能会导致海底滑坡等严重的地质灾害。因为 CO_2比 CH_4对水具有更强的亲和力，所以可以利用 CO_2置换取代 CH_4的位置。这样既能减少大气中 CO_2含量，又维护了水合物沉积层的稳定性，具有环保与经济的双重价值。

4.5.3 二氧化碳矿物封存技术

传统的地质封存有泄漏的风险，甚至破坏贮藏带的矿物质，改变地层结构；海洋封存的运输成本高昂，且会影响海洋生态系统。

矿物封存即矿物碳酸化，是模仿自然界中钙（镁）硅酸盐矿物的风化过程，利用存在于天然硅酸盐矿石（如橄榄石）中的碱性氧化物与 CO_2在一定条件下反应生成稳定的无机碳酸盐，实现 CO_2的永久封存。主要机理：

$$(Ca, Mg)_x Si_y O_{x+2y+z} H_{2z} + xCO_2 \longrightarrow x\ (Ca, Mg)\ CO_3 + ySiO_2 + zH_2O \tag{4-14}$$

矿物封存优点：天然碱基硅酸盐储量丰富、易于开采，可实现大规模的 CO_2处理；稳定的碳酸盐产物对环境污染小且能永久封存 CO_2，反应为放热反应，有商业价值。

大气中 CO_2浓度较低，自然界中反应十分缓慢，矿物封存实施的目标是加速自然过程。为增加反应速率，提高矿物碳酸化程度，人为改变反应条件以加快碳酸化反应。在 CO_2注入前或注入过程中，将 CO_2溶解到水中，可进一步促进矿物碳酸化，在 20～50℃下，可以立即实现 CO_2溶解捕获。

现阶段研究主要通过优化反应条件（如压力、温度、固液比、气体湿度、气体及液体流量、固体颗粒大小等）以及改进预处理技术（如热处理、机械活化）等方式增加碳酸化程度，提升反应速率，降低成本。利用富含钙镁的大宗固体废弃物进行矿物封存，具有良好的前景和商业价值。

【课堂习题】

1. 选择题

（1）二氧化碳捕集、利用与封存技术是指将生产过程中排放的二氧化碳进行提纯，继而投入新的生产过程中，可实现循环再利用，而不是简单地封存。这种技术是 CCS 技术的（　　）。

A. 前身　　B. 后续

C. 新发展趋势　　D. 替代方案

（2）二氧化碳捕集与封存技术主要分为（　　）三个步骤。

A. 捕集、运输、利用　　B. 捕集、运输、封存

C. 分离、液化、注入　　D. 分离、液化、利用

（3）二氧化碳运输技术主要有（　　）两种方式。

A. 管道运输和船舶运输　　B. 管道运输和罐车运输

C. 罐车运输和船舶运输　　D. 罐车运输和火车运输

（4）二氧化碳封存技术主要有（　　）两种方法。

A. 海洋封存和地质封存　　B. 海洋封存和生物封存

C. 地质封存和生物封存　　D. 生物封存和工业利用

2. 判断题

（1）CCUS 是一种实现零排放的终极解决方案。（　　）

（2）CCUS 项目目前已经在全球范围内广泛应用。（　　）

（3）CCUS 项目可以促进经济发展和就业增长。（　　）

（4）CCUS 技术可以降低温室气体排放，减缓全球变暖。（　　）

（5）CCUS 技术可以提高石油和天然气的开采效率。（　　）

3. 填空题

（1）CCUS 技术可以分为（　　）、（　　）、（　　）和（　　）四个环节。

（2）CCS 技术是英文 Carbon Capture and Storage 的缩写，中文翻译为（　　）技术。

（3）二氧化碳捕集技术主要有（　　）、（　　）、（　　）三种类型。

（4）CCUS 预计到 2050 年将抵消当前全球碳排放量的（　　）。

（5）CCUS 产能目前主要用于（　　），自然界的天然气矿床可能含有大量二氧化碳。

（6）在海平面 2.5km 以下，CO_2主要以（　　）的形式存在。

【拓展案例】

湛江市二氧化碳捕集、利用与封存（CCUS）技术案例

【课程作业】

1. CO_2捕集技术可以分为几类？
2. CO_2液体吸收技术的捕集原理是什么？
3. 比较三种 CO_2运输技术的难点和优势。
4. CO_2固体吸附常见的吸附剂有哪些？

5. 简述膜分离机理，并列举几类膜分离材料。
6. 对于我国来说，哪些行业面临迫切的 CCS 技术问题?
7. 比较地质封存、海洋封存和矿物封存三种方式的优势和限制。
8. 简述 CCS 技术在全链条中可能存在的安全问题。

第 5 章
二氧化碳资源化技术

【教学目标】

知识目标　了解二氧化碳资源化利用的方式和目标。
方法目标　掌握实现二氧化碳资源化利用的基本方法和手段。
价值目标　认识科技手段的发展使二氧化碳得以利用，从而实现变废为利。

5.1　二氧化碳资源化利用

实践案例

北京冬奥会为什么是史上最环保的奥运会?

“绿色办奥”理念贯穿北京 2022 年冬奥会始终。为使北京冬奥会的场馆更具有环保、可持续性，在国际奥委会和国际专家的支持下，北京冬奥会积极研究制冷剂的国际发展趋势和当前实用技术，与国内外制冷行业知名专家多次会商讨论，确认了两种制冷系统以供选择：一是 CO_2 跨临界直接制冷系统，适合常年制冰的场馆，如国家速滑馆等；二是传统制冷系统，适合不需要常年制冰的场馆，如水立方、国家体育馆等。

CO_2 跨临界直接制冷系统具有安全性高、能耗和运行成本低、环境友好等优点，且全部热量可回收利用，是冰上场馆能源系统中最有前景的工质之一，可使场馆能源系统冷热一体化高效运行，在全球范围内都具有广阔的应用前景。

在创新的背后，环保考量是最重要的因素。北京冬奥会之前，在全世界范围内从未在大型冰上场馆中使用过 CO_2 跨临界直接制冷系统。CO_2 制冷剂消耗臭氧潜能值（ODP）为 0，全球变暖潜能值（GWP）仅为 1，使用相同数量的传统制冷剂的碳排放量，是 CO_2 制冷剂的 3985 倍。相比传统制冷方式，国家速滑馆采用 CO_2 制冰能效提升 30%，一年可节省约 200 万度电。

国际奥委会一直十分支持北京冬奥会场馆建设的环保选择，北京冬奥会冰上场馆采用了节能型制冷系统、环保型制冷剂，积极推动了国际奥委会的可持续发展目标。其中 CO_2 制冷系统的使用，率先为世界做出了环保和可持续的示范。

问题导读

（1）为什么说北京冬奥会是史上最环保的奥运会？
（2）北京冬奥会节能的奥秘在哪里？
（3）北京冬奥会的冰面采用了什么特殊的制冷剂？
（4）ODP 和 GWP 的内涵是什么？

二氧化碳不是“废物”，而是植物生长必需的营养。人们在利用化石能源的过程中向大气中排放了大量二氧化碳造成气候变化，如果将这部分二氧化碳进行捕集和资源化利用，既可以减少碳排放，又可以减少化石能源作为化工原料的消耗量，能很好地助力“碳达峰、碳中和”目标的实现。

CO_2利用是指通过工程技术手段将捕集的 CO_2实现资源化利用的过程，包括碳捕集利用（CCU）和碳捕集、利用与封存（CCUS）两大类利用方式。一方面，相比没有利用环节的 CCS，CCUS 在利用 CO_2的同时实现对其封存，兼顾经济效益和减排效益。其中，碳捕集、驱油与封存（CCUS-EOR）具有大幅提高石油采收率和埋碳减排双重效益，是目前最为现实可行、应用规模最大的 CCUS 技术。根据吉林、大庆等油田示范工程结果，CCUS-EOR 技术可将采收率从 10% 提高至 25%，每注入 2～3 吨 CO_2可增产 1 吨原油，增油与减碳优势显著。另一方面，CCU 主要通过替代化石原料来减排，减排潜力相对 CCUS 较小，但在碳资源的循环利用方面，CCU 有着无可替代的价值。

根据工程技术手段的不同，CO_2利用可分为物理利用、化学利用和生物利用等，如 CO_2驱油提高采收率、以 CO_2为原料生产化学品或燃料、利用微藻类植物进行生物转化、用作混凝土建筑材料等。

CO_2物理利用方面，CO_2驱油技术在全球范围内发展较快，已开始商业化应用，国内仍处于工业示范阶段。在美国，CO_2驱油技术基本成熟，年产石油量约 1500 万吨，为其第一大提高采收率技术。CO_2化学、生物利用方面，国内外技术发展水平基本同步，整体处于工业示范阶段。发展水平最高的是利用 CO_2制化学材料技术，如合成有机碳酸酯。当前，CO_2利用技术研发与应用正处于快速发展中。

总而言之，CO_2可利用于农业、工业和民用等诸多方面，其目标一是使用 CO_2，产生有用的化学物质和材料，增加产品的价值；二是将 CO_2用作加工流体或作为能源回收，以减少 CO_2的排放。

5.2 二氧化碳物理利用

实践案例

美国CO_2驱油发展的启示

美国是较早尝试和实践CO_2-EOR技术的国家。自1972年在美国得克萨斯州Scurry县的CO_2注入项目（SACROC）开始，CO_2驱油技术首先在西得克萨斯州和新墨西哥州东部的二叠纪产油区得到成功应用，后来逐渐扩展到堪萨斯、密西西比以及宾夕法尼亚等近10个州。

美国CO_2驱油项目发展迅速与以下因素密不可分。首先，在20世纪70年代CO_2驱油技术实践之前，美国已积累了大量烃气驱油技术和配套工程经验。其次，在产油密集的西得克萨斯区域周围，如科罗拉多州南部、洛基山脉南部地区以及密西西比州，分布了10余个产量较大的天然CO_2气藏，保障了CO_2驱油所需的气源。再次，美国国内能源政策法规的激励以及国际油价为CO_2气驱强化采油技术的探索提供了利润空间。最后，对CO_2混相驱油机理的认识和相关理论的完善，有效支撑了气驱工程设计方案，科学合理的项目实施进一步提升了气驱项目的利润空间。

分析美国典型的CO_2气驱强化采油项目，可以看出CO_2驱油增产效果显著。以壳牌公司运行的Wasson油田Denver注入站为例，该项目位于西得克萨斯州，于1983年启动CO_2注入。该注入站的油藏主力产层San Andres的埋藏深度为1433~1585m。Wasson油田在1945年左右达到一次采油产量峰值，随后呈现出递减趋势；1965年左右，开始注水保持油藏压力，油藏的产量随注水量的陡增迅速提升。当水驱突破后，产水量在20世纪70年代迅速上升，直至1982年底进入高含水阶段，此时注水量和产出水量已经显著高于产油量。1983年，该油田开始注入CO_2，产量下降的趋势很快由于注入CO_2得到遏制并保持稳产。

鉴于CO_2驱油技术在推动油井增产方面的优势，应用CO_2驱油技术开发边际油藏将是未来石油行业的重要发展方向之一。

我国在碳中和背景下面临巨大的减排压力，而碳捕集结合CO_2驱油技术能够有效减少CO_2的排放，助力我国加速迈向碳中和。目前，CO_2气驱强化采油技术在我国已取得显著突破，且在多个油田进行了先导性实验和现场实施。但CO_2气源、成本以及输气管道基础设施方面的问题仍是制约我国CO_2气驱强化采油技术推广应用的重要因素。除此之外，CCUS在我国的有效推进仍需要政府、企业、科研院所做好跨行业、跨地域的集成联合攻关。

问题导读

(1) CO_2气驱强化采油方法提高采收率的机理主要是什么?
(2) 美国CO_2驱油发展带给我们什么启示?
(3) CO_2资源化利用的物理途径主要有哪些?

二氧化碳是一种工业化工原料，广泛用于制冷剂、二氧化碳超临界萃取剂、石油驱油剂、强化采气和强化采热等。

5.2.1 二氧化碳制冷剂

固体CO_2即“干冰”，其升华过程吸收大量热，故可制冷。CO_2制冷速度快，操作性能良好，不会浸湿、污染食品。用液体CO_2作为原子反应堆的冷却介质，比用氦更经济，且不受放射污染。

CO_2安全无毒、不可燃、不爆炸，具有良好的热稳定性，即使在高温下也不会分解出有害的气体，泄漏对人体、食品、生态都无损害。CO_2具有与制冷循环和设备相适应的热物性。分子量小，制冷能力大，0℃的单位制冷量比常规制冷剂高5~8倍，因而对于相同冷负荷的制冷系统，压缩机的尺寸可以明显减小，重量减轻，整个系统非常紧凑；润滑条件容易满足，对制冷系统常见材料无腐蚀，可以改善开启式压缩机的密封性能，减少泄漏。

5.2.2 二氧化碳超临界萃取

超临界CO_2流体萃取是利用超临界流体的溶解能力与其密度的关系，即利用压力和温度对超临界流体溶解能力的影响而进行的。在超临界状态下，将超临界流体与待分离的物质接触，使其有选择性地把极性大小、沸点高低和分子量大小的成分依次萃取出来。利用CO_2处于超临界状态时具有很强的溶解能力而黏度又很低的性质来萃取分离某些物质。

目前国内已能够利用该技术提纯一百多种生物的精素，尤其是在生物制药领域和食品保健品等方面，已有工业装置投入生产。

5.2.3 二氧化碳强化采油

油气层封存分为废弃油气层封存和现有油气层封存。国际上有研究利用废弃油气层的可行性，但不被看好。主要原因在于，目前对油气层的开采率只能达到30%~40%。随着技术的进步，存在着将剩余的60%~70%的油气资源开采出来的可能性，所以世界上尚不存在真正意义上的废弃油气田。而利用现有油气田封存CO_2被认为是主流方向，这项技术被称为CO_2-EOR技术，即将CO_2注入油气层，起到驱油作用，既可以提高采收率，又实现了碳封存，兼顾了经济效益和减排效益。这项技术起步较早，近年发展很快，实际应用效果得到了肯定，是我国优先发展的技术方向。

CO_2气驱强化采油方法提高采收率的机理主要有以下几点：

（1）二氧化碳气驱强化采油降低原油黏度。CO_2溶于原油后，降低了原油黏度，原油黏度越高，黏度降低程度越大。原油黏度降低时，原油流动能力增加，从而提高原油产量。

（2）二氧化碳气驱强化采油使原油体积膨胀。CO_2大量溶于原油中，可使原油体积膨胀，原油体积膨胀的大小，不但取决于原油分子量的大小，而且也取决于CO_2的溶解量。同时，原油体积膨胀也增加了液体内的动能，从而提高驱油效率。

（3）二氧化碳气驱强化采油混相效应。混相的最小压力称为最小混相压力（MMP）。最小混相压力取决于CO_2的纯度、原油组分和油藏温度。最小混相压力随着油藏温度的增加而提高，随着原油中C5以上组分分子量的增加而提高。对于CO_2的纯度（杂质），如果杂质的临界温度低于CO_2的临界温度，最小混相压力减小，反之，如果杂质的临界温度高于CO_2的临界温度，最小混相压力则增大。

5.2.4 二氧化碳强化采气

煤炭基质表面对CO_2的吸附能力大于CH_4，故封存CO_2的同时可以替换CH_4，增加煤炭层气的产出率。将CO_2注入即将枯竭的天然气藏，可以恢复地层压力。地层条件下CO_2处于超临界状态，密度和黏度远大于CH_4，CO_2注入后向下运移到气藏底部，促使CH_4向顶部运移从而被驱替出来。因此，除了提高CH_4采收率、实现CO_2封存之外，还可以避免坍塌和水侵现象。

CO_2驱页岩气作为一种新型的页岩气开采技术，以超临界或液相CO_2代替水力压裂页岩，利用CO_2吸附页岩能力比CH_4强的特点，置换CH_4，从而提高页岩气产量和生产速率，并实现CO_2地质封存。页岩气增采技术与传统开采技术相比，可获得更高的页岩气产量并实现CO_2封存，为我国应对天然气短缺和气候变化提供了一种新的选择，我国丰富的碳源及巨大的页岩气储量也为页岩气增采技术提供了良好的应用场所。

5.2.5 二氧化碳强化采热

CO_2增强地热系统（CO_2-Enhanced Geothermal System，CO_2-EGS）是将CO_2注入深层热储并通过生产井回采，以CO_2为工作介质的地热开采利用过程。被注入地下3km、125℃的沉积层后，CO_2将成为超临界状态。然后，CO_2被抽回地面，推动轮机，利用热力发电。接着，再将CO_2注入地下，循环利用。随着时间的推移，有一部分CO_2会被永久封存到地下，同时CO_2会被不断地注入系统，驱动轮机转动。该技术被认为不仅能充分利用CO_2的超临界特性，还能提高以水作为工质的增强型地热系统（W-EGS）的整体效率，而且能同时实现CO_2封存。

增强地热系统的地热岩体最初仅指干热岩，目前我国一些学者建议将其推广为高温岩体。深部高温岩体中虽然可能存在天然裂隙，但普遍渗透性较低，通常需要人工激励增渗，建造人工热储。我国深部高温地热资源潜力巨大，前景广阔。CO_2-EGS 比 W-EGS 具有许多潜在优势。比如，3.0～7.0km 深度范围内干热岩 CO_2 封存容量为 78620 亿吨，上述地热量即使开采出 0.1%，其替代减排容量可达 9724 亿吨。

CO_2-EGS 和 W-EGS 有许多技术共性，但也有差异。目前，国际上已开展了许多 W-EGS的示范工作，美国等国家已经成功实现 EGS 并网发电。个别国家已经部署 CO_2-EGS技术的示范工作，但总体上，这项技术处于技术开发的早期阶段，我国尚没有示范项目，仍处于基础研究阶段。在 CO_2-EGS 的关键技术开发中，应重点关注深部高渗热储的高效建造技术、高效率热储换热技术、高效率地面热电转换技术、EGS 选址与安全保障技术等。

5.3 二氧化碳化学利用

实践案例

尿素常温合成新方法

尿素，作为一种农用肥料为人们所熟知，是一种在农业、工业等多领域有着广泛用途的有机化合物。如在有机合成工业中，尿素用来制取高聚物合成材料；在医药领域，尿素可作为主要原料或添加剂用来制作呋喃西林、脲脂等几十种化学药品；在实验室应用中，尿素是常用的蛋白质变性剂，能非常有效地破坏非共价键结合的蛋白质。尿素的广泛应用带来巨大的市场需求。

市场需求促进尿素的工业化生产，目前尿素的合成主要以 CO_2和氨（NH_3）为原料，包括两个过程：$N_2+H_2 \longrightarrow NH_3$，$NH_3+CO_2 \longrightarrow$尿素。这两种反应需要在苛刻的条件下进行，大规模的尿素合成消耗了全球 80% 的 NH_3。基于此，湖南大学、南京师范大学和厦门大学等单位合作，开发了一种新的尿素合成方法，即在常温环境下直接将 N_2和 CO_2在 H_2O 中耦合以生产尿素，这一过程是用由 PdCu 合金纳米颗粒组成的电催化剂在 TiO_2纳米片上进行的。这种偶联反应是通过—N ═N—和 C—O 之间的热力学自发反应通过形成 C—N 键而发生。

研究人员使用同位素标记法对产物进行了鉴定和定量，并使用同位素标记的同步辐射—傅里叶变换红外光谱研究了其作用原理。发现与可逆氢电极相比，在−0.4 V 时测得的尿素形成率高，为 3.36mmol/（g·h），相应的法拉第效率为 8.92%。

这项研究提供了一种全新的尿素合成方法，避免了严苛的工艺过程，同时也减少了以往生产方法中能量和氨的消耗。

问题导读

（1）利用 CO_2合成尿素的意义是什么？

（2）尿素的用途体现在哪些方面？

CO_2是典型的直线形对称三原子分子，标准生成热很高（304.38 kJ/mol），分子十分稳定，通常不发生化学反应。要使其还原需要以电子的形式提供大量能量，在催化剂存在条件下，与其他化合物反应形成化学储能体系或有用的新材料还是可能的。

探讨在低能耗或零能耗条件下将CO_2转化为可重新使用的重要原料，是实现CO_2资源化的关键环节。在金属或金属氧化物催化剂表面上CO_2的化学吸附是最常用也是最有效的活化方式之一。理论上，CO_2可以化学转化为碳、醇、合成气、低烯烃、醛、酸、醚、酯和高分子等物质，还可以作为能源、化学品和新材料的合成原料（图 5-1）。

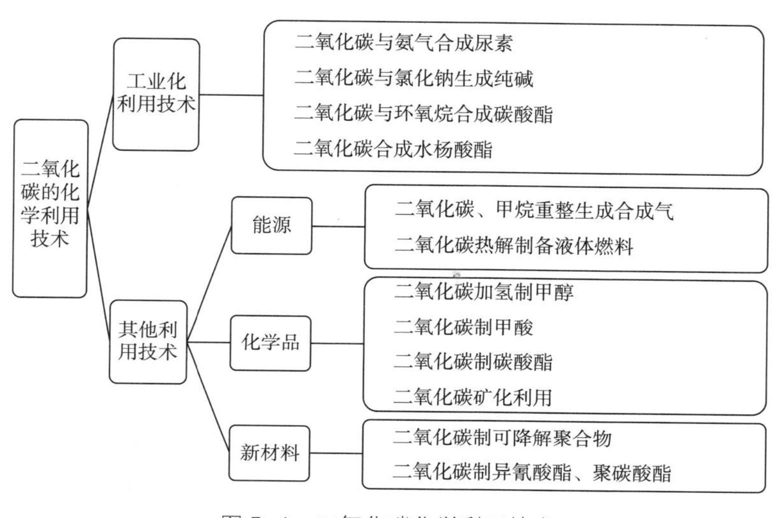

图 5-1　二氧化碳化学利用技术

5.3.1　用于传统工业

（1）生产无机化工品：以CO_2与金属或非金属氧化物为原料生产的无机化工产品主要有轻质$MgCO_3$、Na_2CO_3、$NaHCO_3$、$CaCO_3$、K_2CO_3、$BaCO_3$。

（2）污水处理：CO_2水溶液为弱酸，用CO_2中和工厂里的碱性废水，是一种便宜、无毒、无腐蚀、简单易行的方法。生成物为碳酸盐，不会发生二次污染。

（3）合成尿素：在工业上用二氧化碳与氨反应制备尿素，如反应方程式：

$$2NH_3 + CO_2 \longrightarrow CO(NH_2)_2 + H_2O \quad (5\text{-}1)$$

尿素［$CO(NH_2)_2$］是首个由无机物人工合成的有机物，合成路线如图 5-2 所示。1828 年，德国化学家弗里德里希·维勒首次用无机物质氰酸铵（一种无机化合物，可由氯化铵和氯酸银反应制得）与硫酸铵人工合成了尿素，无机物制得了有机物尿素，打破了只能从有机物取得有机物的学说。

5.3.2　用于矿化钢渣

CO_2钢渣矿化利用技术是指以钢铁生产过程中产生的大量难处理的钢渣为原料，利

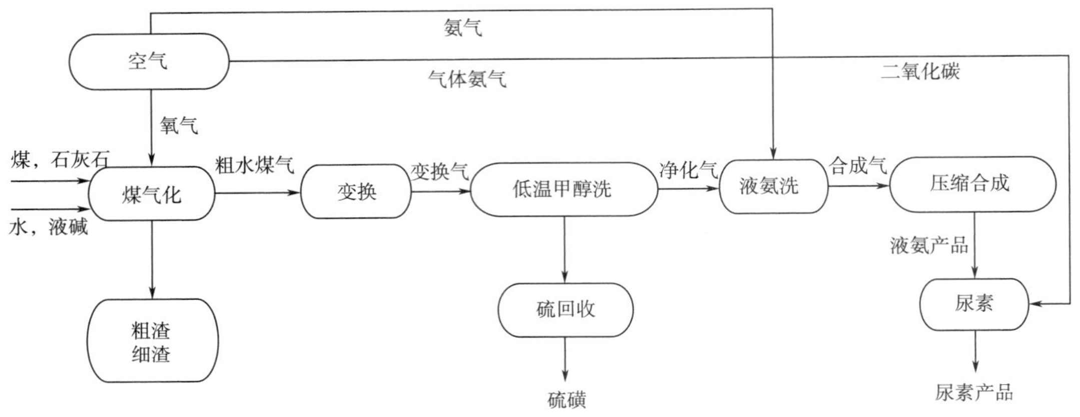

图 5-2　尿素的合成

用其富含钙、镁组分的特点，通过与 CO_2 的碳酸化反应，将其中的钙、镁组分转化为稳定的碳酸盐产品，并使利用后的钢渣得到稳定化处理，实现工业烟气中 CO_2 原位直接固定与钢渣工业固废协同利用。其反应原理如下：

$$(Mg, Ca)_x Si_y O_{x+2y} + zH_{2z} + xCO_2 = x(Mg, Ca)CO_3 + ySiO_2 + zH_2O \quad (5-2)$$

对于我国来说，钢铁生产不但是温室气体 CO_2 排放大户，更是大宗钙基工业固体废弃物的主要来源。钢渣矿化利用，可以实现温室气体 CO_2 与固体废弃物的协同利用，具有良好的经济与环境效益；同时 CO_2 减排潜力巨大，将有力支撑钢铁行业的低碳发展。

5.3.3　用于合成甲烷

把 CO_2 有效地转化为 CH_4 气体是一种潜在的储能方案。甲烷是比甲醇更高能的燃料，因此也更适合燃烧。将 CO_2 转化为 CH_4 可降低对天然气资源的依赖并有助于向低排放、清洁燃料过渡，H_2 与 CO_2 转化为 CH_4 的反应方程式如下：

$$CO_2 + 4H_2 = CH_4 + 2H_2O \text{（催化剂，210～300℃）} \quad (5-3)$$

加拿大科学家在实验室实现了温和条件下二氧化碳的甲烷化反应，转化率为60%～70%，但与工业化生产还有一定的差距。日本东北电力公司和日立公司联合研制了一种 CO_2 转化为 CH_4 的新型催化剂，其中99%是由活性氧化铝组成的载体，其余1%为覆盖在载体表面上的锰和铑，在常压、300℃，CO_2 与 H_2 之比为 1 ∶ 4 时，CO_2 转化率为90%。

CO_2 与 CH_4 重整技术是指在催化剂存在下，CO_2 和 CH_4 反应生成合成气（CO 和 H_2 的混合物）的过程，反应式如下：

$$CO_2 + CH_4 = 2CO + 2H_2 + 247.3\ \text{kJ/mol} \quad (5-4)$$

CO_2 与 CH_4 重整过程的目标产品合成气是一种重要的基础化学品，被称为“合成工业的基石”，主要用于合成油品、合成甲醇等大宗化学品。

利用 CO_2 与 CH_4 转化为合成气技术，不仅可以将 CO_2 中的碳氧资源传递到能源产品中，而且可以大幅度节约我国的煤炭使用量，从而实现 CO_2 双重减排。另外，CO_2 与

CH_4重整产生 H_2和 CO，实现了这两种温室气体的共转化。

5.3.4 用于合成甲醇

CO_2直接加氢合成甲醇技术是指在一定温度、压力下，利用 H_2与 CO_2作为原料气，通过在催化剂（铜基或其他金属氧化物催化剂）上加氢反应催化转化生产甲醇。由 CO_2加氢合成甲醇主要涉及的反应方程式如下所示：

$$CO_2 + 3H_2 = CH_3OH + H_2O \ -49.43kJ/mol \tag{5-5}$$

$$CO_2 + H_2 = CO + H_2O \ -41.12kJ/mol \tag{5-6}$$

$$CO + 2H_2 = CH_3OH \ -90kJ/mol \tag{5-7}$$

甲醇是最简单的饱和醇，也是重要的化学工业基础原料和清洁液体燃料，它广泛用于有机合成、医药、农药、涂料、染料、汽车和国防等工业中。

目前中国甲醇几乎全部采用以煤炭为原料，经过气化合成甲醇的技术路线，不仅浪费了大量的煤炭资源，同时也排放出了大量的 CO_2。

CO_2加氢合成甲醇具有两点优势，一是可以利用温室气体 CO_2合成化工原料甲醇，二是可减少温室气体排放，实现碳资源的循环利用。然而，该技术也有两个问题需要解决，一为高性能催化剂的开发，二为廉价氢气的来源。其中，廉价氢源的获取是该技术大规模化利用的关键。

5.3.5 用于合成高分子聚合物

聚碳酸酯是重要的化工原料，传统合成方法如下式所示：

$$COCl_2 + 2ROH \longrightarrow ROCOOR + 2HCl \tag{5-8}$$

过渡金属络合物催化剂，可催化活化 CO_2，使之与不饱和烃（例如双烯烃、双炔烃）发生共聚反应，合成聚-2-吡喃酮内酯。这种新型聚酮酯材料，具有生物生理活性，可制成生物制剂和医用高分子材料。

CO_2与乙烯基醚发生共聚反应，得到低分子量（约为 1300）的共聚体。这种共聚体系既具有聚酯结构，又具有聚酮、聚醚结构。

5.4 二氧化碳生物利用

实践案例

二氧化碳“气肥”

CO_2是植物进行光合作用，制造碳水化合物的重要原料。空气中的 CO_2浓度为 0.03%左右。据试验，如果空气中 CO_2浓度通过人工施用的方法提高到 0.1%~0.15%，就可以大大提高光合作用的强度，增加作物的产量。所以，人们把这项技术叫作“CO_2施肥”，把CO_2叫作“气肥”。我国有很多单位进行了研究和应用，太原市将焦炭和沼气产生的CO_2运用到蔬菜生产上，效果显著，番茄前期产量和全期产量分别提高21.1%和21.98%，黄瓜增产22.2%，叶菜类增产20%以上。黄瓜施用CO_2浓度增加3倍时，光合强度可以提高1倍，因而叶片大、生长繁茂、雌花增多，对提高早期产量尤为明显。施用CO_2的效果因蔬菜种类、光照强度、温度以及施用技术而异，在弱光季节施用效果更好，如弱光期栽培的番茄增施CO_2后，可以减少畸形果和空心果。

问题导读

(1)“气肥”中的“气”是指什么?

(2)“气肥”的应用对农业生产有哪些效益?

CO_2生物利用技术是指以生物转化为主要特征，通过植物光合作用等，将CO_2用于生物质的合成，从而实现CO_2资源化利用（图5-3）。近年来，CO_2生物利用技术已经成为全球CCUS中的后起之秀。CO_2生物利用技术不仅将在CO_2减排上发挥作用，还将带来巨大的经济效益。

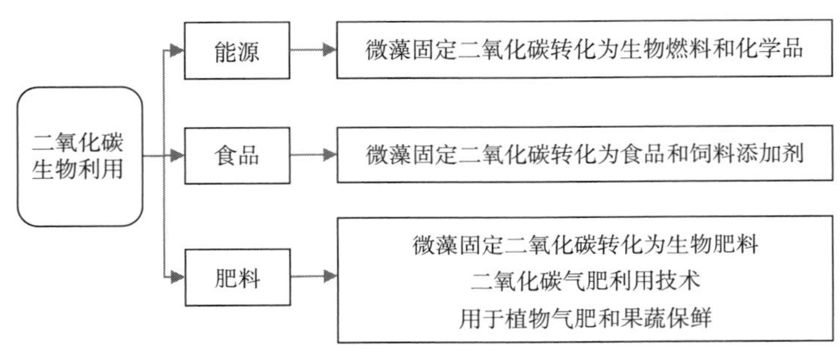

图5-3　二氧化碳生物利用技术

5.4.1　微藻固定二氧化碳转化为生物燃料

微藻固定CO_2转化为生物燃料技术主要利用微藻的光合作用，将CO_2和水在叶绿体内转化为单糖和氧气，单糖可在细胞内继续转化为中性甘油三酯（TAG），甘油三酯酯化后形成生物柴油。

5.4.2　微藻固定二氧化碳转化为生物肥料

微藻固定CO_2转化为生物肥料技术主要是利用微藻的光合作用，将CO_2和水在叶绿体内转化为单糖和氧气，如反应式：

$$6CO_2 + 6H_2O \longrightarrow C_6H_{12}O_6 + 6O_2 \tag{5-9}$$

在固氮酶存在下，异形胞丝状蓝藻能将空气中的无机氮转化为可被植物利用有机氮的，如反应式：

$$N_2 + 8H^+ + 8e^- + 16ATP \longrightarrow 2NH_3 + H_2 + 16ADT + 16Pi \tag{5-10}$$

这类技术将生物固碳和生物固氮、工厂附近固碳和稻田大规模固碳结合起来。

5.4.3 植物固定二氧化碳用于气肥和果蔬保鲜

CO_2是温室蔬菜生产的植物气肥。气肥生产技术是将来自能源、工业生产过程中捕集、提纯的CO_2注入温室，增加温室中CO_2的浓度来提升作物光合作用速率，以提高作物产量的CO_2利用技术。该技术主要通过农业温室生产的方式，提高农作物的产量，减少CO_2排放。

采用CO_2自然降氧、气体保鲜是国际上广泛采用的一种方法。CO_2气体保鲜是注入高浓度CO_2，降低O_2含量，以抑制水果蔬菜中微生物呼吸，防止病菌发生，因其不含化学防腐剂而深受欢迎。

生物固碳技术特点如下：

（1）模拟自然，缓慢固碳。生物固碳的本质是增加植物光合作用的效率，单个工程或技术固碳量低，单项技术固碳的贡献率在千吨和万吨之间，但综合效应明显。在50%的稻田中使用微藻生物肥料，每年可固定CO_2近9千万吨，在50%的温室添加CO_2气肥，每年可利用170万吨CO_2。

（2）绿色固碳，社会认同。除转化为液体原料和化学品外，生物固碳技术在生产过程中基本上没有二次污染，不使用化学试剂。

（3）变废为宝，创造效益。固碳后的微藻富含不饱和脂肪酸、虾青素等高附加值产品，能带来可观的经济效益。温室气肥利用技术可提高30%的蔬菜水果产量。

【课程习题】

1. 选择题

（1）二氧化碳资源化利用途径不包括（　　）。

A. 物理利用　　　　B. 化学利用

C. 生物利用　　　　D. 无法综合利用

（2）二氧化碳资源化利用的化学途径不包括（　　）。

A. 强化采气　　　　B. 合成高分子

C. 转化甲醇　　　　D. 合成尿素

（3）二氧化碳资源化利用的物理途径不包括（　　）。

A. 强化采气　　　　B. 强化采油

C. 冷却剂　　　　D. 合成尿素

2. 判断题

（1）二氧化碳制冷剂ODP和GWP均较高。（　　）

（2）二氧化碳直接加氢合成甲醇技术是指在一定温度、压力下，利用 H_2 与 CO_2 作为原料气生产甲醇，但是离不开有效的催化剂。（　　）

（3）二氧化碳气肥成本较高，不适用于农业增收。（　　）

3. 填空题

（1）二氧化碳驱页岩气作为一种新型的页岩气开采技术，以超临界或液相（　　）代替水力压裂页岩，利用（　　）吸附页岩能力比（　　）强的特点，置换（　　），从而提高页岩气产量和生产速率并实现二氧化碳地质封存。

（2）二氧化碳生物利用技术是指以（　　）为主要特征，通过植物（　　）等，将二氧化碳用于生物质的合成，从而实现二氧化碳资源化利用。

（3）生物固碳的本质是增加植物（　　）的效率。

【拓展案例】

二氧化碳捕集与利用！这些项目在渝落地运营

【课程作业】

制定一个城市的二氧化碳资源化利用初步方案，包括碳利用途径、资源化技术和碳利用效益，图文并茂。

第 6 章 工业固体废物循环利用

【教学目标】

知识目标 了解减污降碳协同增效是资源高效循环利用的最终目标。
方法目标 学习各类工业固废实现变废为宝的方法。
价值目标 深刻认识垃圾是放错地方的资源。

6.1 金属材料的循环再生

实践案例

新能源汽车高速增长带动动力电池回收

新能源汽车作为践行节能减排出行方式之一，自 2015 年开始实现真正的规模化上量后，到 2021 年我国新能源汽车总销量已达到 352 万辆。新能源汽车产销暴涨带动动力电池装车量走高。据统计，截至 2021 年 11 月，我国的动力电池月度装车量水平已达 20.82GW · h，创历史新高。作为动力电池制造领域龙头老大的宁德时代，在 2021 年初成立了宁德蕉城时代新能源科技有限公司，其中专门将能量回收研发系统纳入业务范围，实现向动力电池产品全生命周期的覆盖。除此之外还有国轩高科，整车企业方面比亚迪、吉利等纷纷布局动力电池回收。

对动力电池进行拆解提取有价金属，很大因素与动力电池主要原材料价格一路暴涨有关。如动力电池原材料镍、锰、钴、锂等有价金属价格快速攀升，尤其是碳酸锂，一年时间从每吨 5 万多元涨到了 43 万元左右，上涨超过 7 倍，镍、钴也有着超过 60% 的涨幅。原材料涨价也让资本的视线开始聚焦回收产业。

问题导读

（1）为何现阶段动力电池回收业务热度上涨？
（2）动力电池回收的制约因素是什么？

金属材料由于其状态的可变性非常便于循环再生利用。

6.1.1 金属材料的循环再生性

6.1.1.1 物质的不变性，可提取性

金属材料由金属原子构成，即使加热、熔融、变形，金属也是呈非原子态，质量不会改变。金属和有机物不同，与其他元素反应生成化合物，其原子本质并没有变化，所以地球上金属原子总量并没有变化，只是存在的形式发生变化。如果不考虑经济性，采用适当手段和必要的能源，原理上金属原子是可以再提取的，所以说原生金属的理化特性也是废金属的理化特性，即废金属具有可重熔性。

6.1.1.2 金属材料状态的可变性

金属材料在实际应用中经过各种制造过程，不仅是变形加工，还有提高金属性能的加工。从循环再生性来说，各种加工可分成两类。

（1）加工过程不损害循环再生性，如熔融、凝固、热处理。

（2）加工过程损害循环再生性，如合金化、复合化等。目前还没有一种有效的精制方法能够除去所有杂质元素，例如铁中的 Cu、Sn、Ni、Mo、Co、W、As 于循环再生后 100%残留，很多金属材料再生后由于纯度下降而失去应用价值。

从本质上说，金属是一种优秀的可循环再生材料，但因加工制造方法不同又能损害其循环再生性能。2022 年全国有色金属和再生有色金属产量如表 6-1 所示，再生金属消费比重低，提升空间较大。近代金属材料的技术进步几乎是合金化的技术进步，所以研究合金可再生循环的材料体系成为热点。

表 6-1　2022 年全国有色金属和再生有色金属产量

金属种类	金属产量	
十种有色金属	有色金属产量/吨	6774.3
	再生有色金属产量/吨	495
	再生有色金属产量占有色金属产量/%	7.3
铜	铜产量/吨	1106.3
	再生铜产量/吨	345
	再生铜产量占铜产量/%	31.2

续表

金属种类	金属产量	
铝	铝产量/吨	4021.4
	再生铝产量/吨	494.3
	再生铝产量占铝产量/%	12.3
铅	铅产量/吨	781.1
	再生铅产量/吨	298.43
	再生铅产量占铅产量/%	38.2

6.1.1.3 金属的结合能

金属在矿石中以氧化物、硫化物等形式存在。分离提取后的金属其结合能降低，即金属再熔融能比金属提取能低，因此金属一旦被提取后可以反复再循环、再熔融再生。从这个意义上讲，再次利用的金属被称为“载能资源”，这个特点无疑有利于其回收再利用。

6.1.1.4 金属的重塑性

废金属的物理机械特性与金属基本相同或相近，具有可重塑性，可以进行物理形态的变化重现使用价值，废金属可以通过维修、改制、轧制等方法扩大利用途径。

6.1.2 金属再生资源

6.1.2.1 金属再生资源的特点

（1）资源的分散性和不平衡性。在现代社会中，金属的应用和消费范围极广，因而使废金属资源极为分散。受经济水平的影响，金属再生资源区域分布不平衡。行业、企业性质决定其金属再生资源分布也不平衡，例如冶金、机械行业资源量较多，而其他行业较少。

（2）资源再生的永续性。废金属与原金属比较，没有质的变化，具有可重熔性和可重塑性，所以从理论上说，废金属可以无限次循环，这是其他资源不可比拟的。金属再生资源的永续性，使其成为解决金属矿产资源的有限性和人类对金属的无限需求这一矛盾的根本途径。

（3）资源的综合效益性。与其他再生资源相比，金属再生资源的生产量之巨大，对减轻环境污染程度、节省资源、降低建设资金投入、提高经济效益都具有明显的益处。鉴于此，美国环保署（EPA）已规定将废金属从“固体废弃物”分类中除去。

用废钢铁炼钢可省去炼铁过程，其经济效益是明显的。例如，形成1000万吨铁生产能力，需要投资40亿元，炼焦和动力煤炭2000万吨，需要建1000m^3高炉10座，65孔焦炉14座，矿车600辆，基建时间5年，占用大量土地，建设环保设施等。一吨废钢冶金价值相当于一吨生铁，可节约材料90%，减轻空气污染86%，减少水污染76%，减少采选和冶炼废弃物97%，减少能耗75%，节约压缩空气86%，节约工业用水40%。

（4）资源构成的复杂性。各种废金属物理形态差异巨大，因为废金属来源于不同的生产部门和各类社会生活的消费群体，形状各异、厚薄不均、大小不等，这些都给资源回收、储运、分选、拆卸和加工利用带来复杂性。

6.1.2.2 我国金属再生资源的来源和现状

（1）钢铁再生资源。材料中钢铁一直是数量巨大、循环周期最快的品种，在整个再生资源领域中，废钢铁是一个大类，在金属再生资源中占95%。GB/T 4223—1966 将废钢铁定义为："已报废的钢铁产品（含半成品）以及机械、设备、器械、结构件、构筑物及生活用品等钢铁部分。"我国废钢铁的主要来源如下。

①冶金行业来源。钢坯在加热的氧化和钢材轧制过程中产生大量的坯、材头和氧化铁皮。2020 年，我国废钢铁资源总量达到 2.6 亿吨，其中炼钢用废钢消耗量为 2.33 亿吨，铸造行业消耗废钢 2000 万吨，库存 800 万吨，全年炼钢用钢比为 21.8%，达到近年来的最高水平。自产废钢一般在企业内部回收处理，质地比较纯净，几何形状单一，便于采用固定的加工方法。

②社会来源。主要来自生产资料和生活资料，机械行业约占可回收利用的 16%，其他有船舶、车辆、设备、设施和生活日用品等。社会废钢构成复杂，材质离散，几何形状差异大，小部分改制、修复再使用，大部分重新熔化再生。

③进口。为弥补钢铁再生资源不足，每年需要大量进口，2022 年我国进口 1057 万吨。

（2）有色金属再生资源。我国再生有色金属产量超过 100 万吨，其再生资源的主要来源如下。

①有色金属冶炼过程产生的废品、废料，是有色金属再生资源第一来源，大部分返回冶炼厂再利用。

②有色金属及其合金在加工过程中产生的废品、废料，加工成材的有色金属利用率只有 60%～70%，其余都成为废品和废料，包括碎屑、进料、溅料、鳞皮、废催化剂、电缆的端料等。

③报废的装置、仪器仪表，如车床、车辆、飞机、军事装置、废蓄电池等。

④日常生活用品的废弃物，如牙膏皮、饮料罐、包装铝箔。

我国近年来有色金属平均回收利用率中，铜的回收利用率最高，达到 99.5%，铅 50%，铝 76%，10 种有色金属合计 30%。"十三五"期间，我国再生铜、再生铝、再生铅、再生锌产量分别约为同期原生金属产量的 35%、20%、42%、25%。在这里，回收利用率＝（冶炼回收量+直接利用量）/年消费量。

6.1.2.3 金属再生资源的利用途径及技术

（1）钢铁再生资源重熔再生。废钢重熔再生是再生资源利用的最主要途径。对高炉—转炉炼钢工艺，我国废钢比约为 30%，发达国家废钢铁比达到 50%。

非金属元素（H、O、N、P、S）：主要来源于铁锈、水分、沥青、焦油及混入的高磷、硫钢铁废料。

有色金属元素：合金和镀层的复杂多样化及各种有色金属废料的混入，而又未能充分分离，这些都造成废钢中有害有色金属的存在。冶炼中全部残存在钢料的元素有 Cu、Ni、Sn、Mo、Co、W、As，这些元素在钢铁反复利用中浓度不断提高，对热加工带来不利影响。

（2）废有色金属的回收利用。废有色金属的再生利用的主要途径是回炉重熔。

废铜的回收利用：我国是缺铜国家，所以废铜的回收利用具有非常重要的意义，也具有良好的经济效益。

废铝的回收利用：废铝回收利用的意义是节能显著，再生铝的能耗是生产原铝能耗的 3%，经济效益高。我国再生铝与生产原铝相比，可节约投资 87.5%，降低生产费用 40%~50%，还可避免原铝生产的严重“三废”污染。另外，废铝容易回收利用，熔炼时回收率高，每循环一次损耗 3.5%~8.5%。铝的可再生性使它成为有希望的生态型材料。

废铅的回收利用：生铅占全世界年产铅量的一半。废铅的主要来源是废铅蓄电池及工厂废料，其中废铅蓄电池占 70%。

其他有色金属的回收利用：废有色金属来源及成分复杂，回收技术含量高，但由于资源的有限性及回收产品附加价值高而越来越受到重视。尤其是使用量大的有色金属、稀有金属、贵重金属成为回收利用的重点。例如催化剂，汽车尾气排气转化催化剂含铂、铑、钯，聚酯生产催化剂含钴、锑、锰，石油精炼催化剂含镍、铂、钴，石油化学中脱氢、加氢、氧化及各种单元反应中使用稀土、贵重、稀有元素催化剂。催化剂回收再资源化取决于催化剂成分、载体种类及其成分、粘接剂成分和形状附着物等因素，常使用干法、湿法、干湿法和非分离法。废电池含银、锂、镍、钴等，各种电池主要构成的金属成分如表 6-2 所示。

表 6-2　各种电池主要构成的金属成分

电池种类		电池中含有的金属（以○表示）										形状	用途
		一般金属			稀有金属								
		Fe	Mn	Zn	Ag	Co	Ni	Li	Cu	Cd	Pb		
一次性电池	锰干电池		○	○								圆柱状	手电筒、电钟
	碱锰干电池	○	○	○									
	氧化银电池	○		○	○		○					纽扣状	计算器、手表、掌上电脑、助听器
	锂一次电池	○	○				○	○					
	空气电池	○		○									
充电式电池	镍镉电池	○					○			○		电池组	电动工具、便携电话、摄像机、笔记本电脑
	镍氢电池	○					○						
	锂离子电池	○				○		○	○				
	小型封闭电池									○			电动玩具、垂钓具

我国干电池产量居世界首位，达到150亿只，消费量达70亿只，但主要生产含汞碱性干电池，汞含量为1%~5%，以及中性干电池，汞含量为0.025%。汞是强毒性重金属，除消耗资源外，也难以处理，所以已被发达国家淘汰。从源头治理，尽快实现生态型低汞、无汞电池生产转换是保护生态环境的重要措施。电池由于使用分散，难以回收和集中到经济规模处理水平，所以从经济角度回收这些金属往往不划算，但因为汞是极毒物质和稀有金属资源，从保护环境角度考虑，回收处理是必要的。

（3）废金属的综合利用。废金属通过直接利用、改制利用、修复利用和深加工利用，进入生产和消费流域，是比重熔回收更为经济的处理方法。

①直接利用。冶金生产、机械加工制造、报废设备和社会回收的废金属，其中可以作为次一级钢材使用或作为备品、备件重新使用。例如生产中小农具和轻工产品，旧设备拆下型材、板材用于维修等。

②改制、修复利用。报废材料和零部件仍然有使用价值，通过喷涂、焊接等方法修复使用。板材、型材等内部质量没有变化，通过热轧和冷轧改制成符合国家标准的钢材使用。

③深加工利用。钢材加工过程中的废钢铁屑、氧化铁皮可以加工成粉末冶金原料、化工产品，例如生产铁红、三氯化铁、硫酸亚铁等。

（4）钢渣的综合利用。钢渣主要用于炼铁、建材和农业。美国有50%钢渣用作高炉熔剂，其他主要用于道路和工程回填。在西欧一些国家，钢渣磷肥使用量很大。日本将钢渣磨细，磁选出精矿粉做烧结料，无磁性渣用于铺路。我国钢渣的利用也取得显著的进展。主要用于如下几方面。

①冶金原料。钢渣用于炼铁作烧结熔剂，高炉、化铁炉熔剂，铁水预处理熔剂及炼钢返回渣，富集和提取稀有元素，从钢渣中回收废钢。

②建筑材料。作生产水泥的原料制钢渣水泥、焙烧水泥熟料，高炉矿渣用作水泥混合材，高性能混凝土掺合料，钢渣用作道路基层材料，代替碎石修路、工程回填、填海造地。其他可用于作玻璃、陶瓷、建筑用砖、玻璃纤维的原料。

③农业。渣磷肥、钢渣硅肥，改良土壤的矿物肥料，微量元素肥料等可用于农业。

（5）冶金粉尘的利用。钢铁生产中产生的各种氧化废物包括高炉、炼钢厂和铸造厂的炉尘和炉泥，连铸厂和热轧厂的含油铁皮，加工过程中的金属碎屑、磨屑和酸洗残余物。

6.2 建筑材料的循环再生

实践案例

工地建筑垃圾就地变成再生建筑材料

北京一建筑工地里，几辆大型装卸车将破碎后的混凝土块集中拉走。建工集团负责人告诉记者，一般建筑工地都会进行路面硬化以方便施工，需要使用大量的混凝土。

“这个项目目前硬化面积近13000m²，厚度最低也在0.3m左右，另外还有一些临时建筑也会用到混凝土。”过去，这些混凝土基本都是“一次性”使用，施工结束时就会被破碎拉走，绝大部分变成了建筑垃圾堆放在填埋场。“费时费力，成本很高，北京现在也没有多少地方可填埋了。”据了解，现在建筑垃圾平均每立方米外运成本约30元。“所以，该项目努力让这些垃圾不出门。”在工地的北侧：一条传送带不停地将一块块巨大的建筑垃圾送进机器，经过破碎、分选、筛分、处理等一系列工艺之后，成块的建筑垃圾被细化为直径不等的石料；一侧的空地上，大量石料堆成了山包，细软的小石子上紧紧地裹着苫布。这些大小不一的石料就是骨料建材，可作为混凝土、筑路路基和透水砖生产的重要材料。据了解，这套循环系统能将直径为50~60cm的混凝土块变成直径为0.5~4cm的粗细料，“细的用作混凝土材料，粗料可以当路基材料。而现在购买这些材料的成本也比过去涨了几倍，所以说一套系统节约了两份钱。”目前，该套系统每小时能处理80吨建筑材料，每天能就地处理上千吨建筑材料。

建筑垃圾其实是放错了地方的资源，除了能够制成环保建筑材料之外，处理分离出来的碎木条、碎胶条等轻物质可用于焚烧发电，钢筋、铁丝等金属材料可实现废品利用。同时，与传统的填埋法相比，资源回收利用方式每年可节约大量的填埋土地。

问题导读

(1) 建筑垃圾有哪些？

(2) 什么是“让垃圾不出门”？是如何做到的？

建筑垃圾的资源化再生利用必须从再生骨料、再生混凝土及砂浆、建筑粉料废弃物在道路工程、砖石制造等领域的应用着手，这种利用技术便是建设资源节约型、环境友好型社会的资源再生利用技术。

6.2.1 建筑垃圾的来源与构成

建造或拆除建筑物时会产生巨量的建筑垃圾，包括废混凝土块、沥青混凝土块、施工过程中散落的砂浆和混凝土、碎砖渣、金属、竹木材、装饰装修产生的废料、各种包装材料和其他废弃物等。其中，碎砖、混凝土、砂浆、包装材料等约占总量的80%；而混凝土和砂浆所占比例最大，占总量的30%~50%。建筑垃圾是城市垃圾的主要组成部分，占城市垃圾的30%~40%。

据测算，我国每年施工建设产生的建筑垃圾就高达4000万吨。然而，目前世界上对于建筑垃圾的处理方法仍不多。传统的建筑垃圾处理方法主要是运往郊外露天堆放或填埋。一方面，这不仅会占用大量的土地资源，而且会造成严重的环境污染；另一方面，由于建筑垃圾的组成特点和它产生于建设工程现场的实际情况，建筑垃圾中很多是可以再生利用的，在资源日趋匮乏的今天，简单地遗弃建筑垃圾是资源的极大浪费。

因此，合理处理和回收利用建筑垃圾十分重要，它不仅符合生态环境保护的要求，也是可持续发展的需要。

建筑垃圾的来源非常广泛。包括：①各种废弃混凝土块，如建筑物拆除过程中产生的废弃混凝土块，市政工程的动迁及重大基础设施的改造产生的废弃混凝土块，废弃的混凝土试块、试件，混凝土生产和施工过程中产生的废弃或散落混凝土、砂浆，以及混凝土工厂、预制构件厂生产产生的废弃混凝土。②砌体结构拆除产生的碎砖块，砖厂生产的过烧砖、变形砖等。③重大自然灾害，如地震、台风、洪水等造成建筑物的损坏和倒塌而产生的废弃混凝土、砖以及其他矿物建筑材料。2008 年，汶川大地震造成大量建筑物倒塌，废墟清理等形成的建筑废弃物总量约 5. 72 亿吨，其中可资源化利用的废弃物共计约 5. 47 亿吨，建筑废弃物堆放占用土地的总面积将达到 7. 5 万亩。④战争也是造成建筑物倒塌而产生废弃建筑垃圾的一个因素。

建筑垃圾的构成包括砂石、砖瓦、混凝土块、废木料、玻璃、石棉、纸屑、纤维屑、废塑料、金属类及其他。根据建筑垃圾的构成、主要来源和由现场施工管理人员针对废料产生水平估算的重量比，通过两两比较排序结果可整理出废料的权重系数，如表 6-3 所示。

表 6-3 建筑垃圾的构成及产生的主要来源

废料构成	废料权重系数	主要来源	占该项废料的比重
混凝土和砂浆	0. 21	落地灰；凿毛、打掉的桩头；混凝土、砂浆余料；开洞和凿平；模板漏浆	约 85%
砖和其他砌块	0. 19	施工中的截断和损坏；运输中的损坏；变更、质量不符合的拆除	约 80%
木材和模板	0. 16	已到周转期的模板；下料产生的边角料；复杂设计需要的异形模板	约 90%
面砖和瓦片	0. 13	截下的余料；运输和卸货过程中的损坏；变更、质量不合格部分的拆除	约 95%
钢筋和其他金属	0. 13	下料产生的余料和桩头截筋；地下室穿墙螺栓、钢筋的烧断；钢筋截断等	约 95%

注 该五项废料合计占废料总量的 60%~70%。

6. 2. 2 废旧混凝土的回收利用

6. 2. 2. 1 废弃水泥混凝土

混凝土的产生对人类文明和进步发挥了积极的推动作用。但随着混凝土需求的急剧增长和废旧混凝土的大量产生，由此引发的资源、能源和环境问题也日益严重。以我国当前混凝土产量 20 亿 m^3计，需要使用水泥 8 亿吨，需消耗天然砂石 36 亿吨以上。统计表明，生产 1 吨水泥需消耗石灰石 0. 95~0. 98 吨，生产 1 吨熟料排放 CO_2大约 1 吨，还会产生大量的硫化物、氮化物和其他有害气体和粉尘。

据不完全统计，中国目前每年产生的建筑垃圾达到 1 亿吨，长期积累的建筑废弃物将高达数亿吨。如果这些建筑废弃物能够加以资源化利用，其意义将是难以估量的。随着建筑业的蓬勃发展，建筑材料的需求量也急剧增加。目前，全世界混凝土的需求量约28亿 m^3，而我国的混凝土年需求量达到13亿~14亿 m^3，约占世界总量的45%。

一般来说，混凝土原材料中其骨料占混凝土总量的75%，目前骨料的来源主要是开山取石并将其加工成砂石料，或捞取河流中的砂、卵石及砾石，这势必进一步破坏环境，影响建筑业的可持续发展。废弃水泥混凝土来源很广泛，数量也非常惊人。目前，我国的废弃水泥混凝土绝大部分都未经任何处理，有的堆放在露天，有的填埋在地势低洼的地方，造成严重的环境污染和资源浪费。将其运送到郊外进行掩埋，不仅要花费大量的运费，还会给填埋场造成二次污染，而且堆放掩埋这些废弃物又要占用大量宝贵的土地资源。

将废旧混凝土收集加工后进行再生利用，不仅可以节约天然资源，还可以减轻环境污染，促进社会的可持续发展。我国国土面积较大，在短期内不会出现混凝土骨料原料的缺乏，但是建筑垃圾带来的环境污染问题越来越严重，对废旧混凝土进行再生利用的意义重大。

6.2.2.2 混凝土废料的再生利用

据统计，2020年底我国建筑垃圾堆存总量达到200亿吨。堆填处理势必会造成土地资源、矿石和材料的浪费，造成不必要的碳排放。目前，我国的建筑垃圾年均资源化利用率不足10%。开发建材废弃物循环利用技术可以解决材料短缺的问题，减少新开采资源的能源消耗和污染物排放，是实现绿色建造、低碳发展的有效途径。

（1）再生骨料。废弃混凝土块是主要的建筑废弃物，经破碎、加工处理制成再生粗骨料和再生细骨料，可再次用于部分或全部代替天然骨料制备新的混凝土。再生骨料的制造过程是破碎、筛分、传送和除杂等工艺的组合工艺，如图6-1所示，包括前端分选回收、多级破碎和多级筛分等工序。粗骨料的粒径为5~50mm，再生粗骨料的粒径为5~25mm，细骨料的粒径小于5mm，再生细骨料的粒径为0.15~5mm，微粉的粒径（<0.15mm）最小。

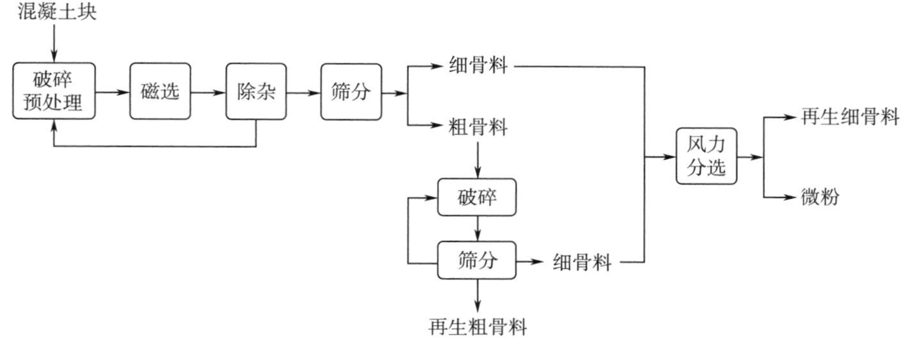

图6-1 再生骨料的制备工艺

（2）再生粉体。再生粉体是建筑垃圾经过粉磨后形成的细小颗粒，粒径为小于0.08mm的是再生微粉，粒径为0.08~4.75mm的是再生砂。建筑垃圾再生粉料有一定的活性，其各项性能指标可达到Ⅲ级粉煤炭灰的要求，可作为混凝土掺合料使用，配制混凝土。再生粉料和粉煤炭灰的化学成分虽有所不同，但其中的 CaO 和 MgO 等物质有助于发挥与水泥水化产物的二次水化反应能力，可提高再生粉料的反应活性。用再生微粉 100%替代石灰石作为水泥混合材料与熟料进行混磨，能够满足水泥基本性能指标的要求，且强度更为出色。当再生粉体替代率从 0 提高到 100%时，1m^3混凝土在整个生命周期内的 CO_2排放值平均降低了 120.79kg，能耗降低了 1412.48 MJ。

（3）再生混凝土。再生骨料混凝土简称再生混凝土，再生混凝土技术是对废弃混凝土的循环利用，将水、胶凝材料、再生粉体和再生骨料等按照一定的配合比拌制形成绿色混凝土，再重新应用于建筑工程中。再生骨料的加工方式、强度和替代率会影响再生混凝土的强度，并且再生骨料的品质越高，制备的混凝土性能越好。研究表明，用再生骨料替代部分掺合料制成的混凝土表现出更优的性能，例如抗裂性、抗碳化、抗收缩能力增强。再生混凝土作为普通混凝土的替代品，其碳减排范围在 30%～73%。目前国内有许多建材企业拥有完整的再生混凝土生产线，主要以建筑拆除垃圾生产再生骨料为主。

（4）再生建筑制品。利用初步形成的再生骨料、再生粉体可以进一步开发再生砂浆、再生砖、再生砌块、再生板材等建筑制品。例如再生砖是利用再生骨料，掺入生物质秸秆纤维、胶凝材料、砂等制备而成的轻质砖。

与实心黏土砖相比，同样生产 1.5 亿块标砖，使用建筑垃圾制造可减少取土 24 万 m^3，节约耕地约 180 亩，同时消纳建筑垃圾 40 多万吨，节约堆放垃圾占地 160 亩，两项合计节约土地 340 亩。在制砖过程中，还可消纳粉煤炭灰 4 万吨，节约标准煤炭 1.5 万吨，减少烧砖排放的 $SO_2$360 吨。

6.2.3 废弃玻璃的再生利用

玻璃不但广泛应用于房屋和人民的日常生活中，而且发展为科研生产以及尖端技术不可缺少的新材料。同时，不可避免地产生了许多玻璃废弃物，形成大量的废玻璃。据欧美一些发达国家统计，废弃玻璃占城市垃圾总量的 4%～8%。我国每年的废弃玻璃为 450 万～700 万吨，占城市生活垃圾的 3%～5%。

废弃玻璃作为可持续利用的再生资源，其大量流失不仅浪费了本来就非常有限的能源、原料，还对土壤、地下水等宝贵资源造成了新的危害。国外对于废弃玻璃的回收再利用已经形成完整体系，回收率在 70%左右。据调查，目前我国的废玻璃回收率仅为 10%左右，也就是说，有近 90%的废玻璃处于无序的散乱分布状态，而废玻璃的总量仍在增加。应尽快设立专门容器分类收集、完善回收系统，同时加强废玻璃加工企业的技术改造、提高加工产品质量水平，做好废玻璃的无害化与资源化处理。

一般认为，废弃玻璃回收加工投资少、周期短、工艺简单、附加值高，开发前景可观。将回收的废片状玻璃进行整理分档，可制成尺寸各异的门窗玻璃或镜面、钟罩、鱼缸、手电筒镜片、化验用涂片，还可制成用于建筑装饰的分格条。将各种颜色的废弃玻璃与废陶瓷混合，通过简单加工能制成绚烂多彩的广告牌匾、风景壁画、人物肖像等工艺美术系列装饰板或建筑装饰板。

每回收利用1吨废弃玻璃，可生产15个标准重量箱的平板玻璃，或加工成1万~2万个各种玻璃瓶罐。废弃玻璃料经回炉熔化后可拉成不同规格的玻璃纤维，可纺织成玻璃布，或用于配制建筑涂料、水泥瓦骨料等。将废弃玻璃用机械磨成玻璃砂，可制成纱布、砂纸等产品。将废弃玻璃研磨成颗粒状，可生产出人造大理石板、地面砖、马赛克等建筑用板材。废弃玻璃还可提炼成优质玻璃。

以玻璃沥青混凝土为例介绍废玻璃再生的实际应用。“玻璃沥青混凝土”是指在沥青混合料中掺入部分碎玻璃作为集料的沥青混凝土。相关研究始于20世纪60年代，目前在世界范围内，特别是经济发达国家，已经得到广泛应用，我国香港和台湾地区也有关于玻璃沥青混凝土的应用研究。但是在应用的规范操作和试验方面，世界各国均缺乏可操作性强且统一的规范。在我国，玻璃沥青混凝土依然是一项新的研究，在这方面的先期研究几乎没有。

6.3 高分子材料的循环再生

实践案例

废旧轮胎回收利用

橡胶是我国的重要目标资源，每年我国橡胶消费量占世界的35%左右。但我国橡胶资源匮乏，2021年我国天然橡胶产量约85.1万吨，合成橡胶产量811.7万吨，天然橡胶的进口量为219万吨，合成橡胶的进口量为438.5万吨，而2020年全国废旧轮胎垃圾量高达2000万吨。

据统计，重庆市2020年汽车保有量为504.4万辆，年产生超过40万吨废旧轮胎。预计到2030年，重庆市将产生超过60万吨废旧轮胎，若不妥善处置，将成为城市环境的黑色污染。

废旧轮胎下游翻新、橡胶粉、再生橡胶、改性橡胶沥青等产品，按照60万吨废旧轮胎产生量计算，预计2030年市场产值将超过20亿元。

问题导读

(1) 发展橡胶工业循环经济有哪些举措?

(2) 高分子材料的循环再生，对实现“碳达峰”“碳中和”有何现实意义?

20世纪70年代有机高分子材料工业获得飞速发展，产生了大量塑料、橡胶和纤维废弃物而成为社会环境问题，塑料等高分子材料在制造过程和使用后的废弃物达到产量的一半以上。因此，塑料、橡胶和纤维等高分子材料循环再生成了重要的研究课题。

6.3.1 塑料的循环再生

6.3.1.1 塑料废弃物的分离和预处理

为了有效地利用高分子材料废弃物，一般要根据再生材料的种类、再生品的形态和使用目的进行收集、分离、筛选、洗净、干燥和破碎等处理。高分子材料废弃物的品种越单纯，其再生品的附加值越高。虽然高分子材料品种繁多，实际大量使用的只有聚乙烯、聚丙烯（PP）、聚氯乙烯（PVC）、聚苯乙烯和聚酯类。

最简单和最经常使用的分离方法是手工分离。一些国家制定了塑料种类标识，要求生产厂在出厂前印上标识，而大多数国家还是按经验识别。为使分离达到高效化，开发了许多先进技术，比如 CO_2、SF_6超临界连续分离法，根据材料不同的导电性、热电效应及带电特性的静电分离法，利用光学分离的近红外光谱分离法和 X 光分离法，颜色分级分离法，冲击粉碎分离法，利用对溶剂溶解度不同的溶剂分离法等。

6.3.1.2 化学方法循环再生

化学方法循环再生主要应用在以下几种情况：与焚烧回收热能相比，高分子材料裂解产物附加值更高；受技术或经济因素限制，未分离的混合高分子材料废弃物；废弃物不能进行物理循环，或进行物理循环不经济；食品、药物等不允许使用再生材料的包装。

化学方法循环再生是使高分子发生化学反应，生成低分子量产物或进行高分子化学反应，可分类如下。

（1）解聚回收原料单体。加成聚合和开环聚合合成的高分子材料在高于聚合的上限温度时，解聚反应优先，使回收单体有了可能，但是适用这个方法的高分子材料有限。聚甲基丙烯酸甲酯（PMMA）单体回收率可达到 95%，而聚苯乙烯只有 72%，消费量大的聚乙烯、聚丙烯、聚氯乙烯单体回收率极低，没有实际应用意义。

（2）用化学分解反应回收单体。聚对苯二甲酸乙二醇酯（PET）、聚对苯二甲酸丁二醇酯（PBT）、聚碳酸酯（PC）、聚氨酯（PU）等水解和醇解单体回收率均很高。PET 由于产量大、价值高，循环利用一直受到重视，尤其是再生料不适合物理方法循环利用，采用加压水解、乙二醇醇解、甲醇醇解、碱解和氨解等方法回收单体。采用碱解甚至可以定量地回收乙二醇和对苯二甲酸二钠盐，用含 10%二氧己环的甲醇醇解，在 60℃的条件下，40min 就可以完成反应。聚氨酯是有独特加工性能的高聚物，用途广泛，所以废弃物的回收也受到重视。聚氨酯采用水解、醇解、碱解和氨解法回收多元醇、多胺，尤其是醇解法已有工业规模的实践。为减少复杂的分离过程，研究发展了聚氨酯、聚对苯二甲酸乙二醇酯、尼龙混合废塑料回收多元醇的方法。

（3）以化学方法循环再生为前提的高分子合成反应。典型的例子是聚碳酸酯的回收利用，目前工业生产采用双酚 A 和光气反应制取聚碳酸酯，再经缩聚反应得到高相对分子质量的聚碳酸酯，通过洗涤、沉淀、过滤、干燥、造粒得到最终产品，聚碳酸酯碱解可回收双酚 A 但不能回收光气。新方法是双酚 A 和二苯基碳酸酯反应合成聚碳酸酯，副产物为苯酚；回收聚碳酸酯甲醇醇解，可得到双酚 A 和碳酸二甲酯；碳酸二甲酯和副产物苯酚反应，得到二苯基碳酸酯和甲醇，从而完成化学方法循环再生的闭路循环。在甲醇和甲苯的混合溶剂中，碱为催化剂，60℃下 70min 后，聚碳酸酯醇解就可以定量地回收双酚 A 和二苯基酸酯。类似的还有双酚 A 和邻苯二甲酸二苯基酯合成芳香族聚酯的循环再生方法。

（4）交联结构的高分子材料通过化学方法循环再生。热固性树脂是很难采用化学方法循环再生的，实际采用的只有不饱和树脂、聚氨酯醇解和水解的例子。现在正在努力探索可循环再生的热固性树脂，例如可逆交联的环氧树脂。

6.3.1.3 热裂解循环再生或能源回收方法

废塑料是热量值很高的材料，高分子材料热量值如表 6-4 所示。采用热裂解法是利用高分子材料的热不稳定性，在无氧或缺氧条件下受热分解，生成燃料气体（氢、CH_4、一氧化碳等）、液体燃料（甲醇等有机物、溶剂油和焦油）、固体燃料（焦炭、炭黑）。产物的组成决定于热裂解条件，如温度、压力、时间等，制成的燃料被称为垃圾衍生燃料（Refuse-Derived Fuel，RDF）。热裂解法目前存在问题是聚烯烃热裂解生成难以应用的黏液状和蜡状油，聚氯乙烯塑料热裂解产生大量氯化氢，混合塑料废弃物热裂解产生有剧毒的二噁英，高温时废气中增加的氮氧化物造成二次污染。目前 RDF 受到注意，塑料废弃物粉碎后与生石灰混合成型，密度为 0.5~0.6 g/cm^3，适合运输，无臭且可长期储放。由于加入生石灰可脱氯、脱硫，减少二次污染。废塑料粉燃烧废气成分如表 6-5 所示。

表 6-4 高分子材料热量值

废弃物	热值/（kJ/kg）	废弃物	热值/（kJ/kg）
PE	78324	PVC	31447
PP	77128	尼龙	42417
PS	67287	酚醛树脂	55216
PU（泡沫）	47538	脲醛树脂	27790
PU	29347	—	—

表 6-5 废塑料、煤炭和石油燃烧废气成分

项目		废塑料	煤炭	石油
燃料种类		PE、PS、PP、PET 等	粉煤炭	重油
废气	NO_x/（mg/kg）	63~79	125	220
	SO_2/（mg/kg）	0	400~600	60~130
	灰分/（mg/m^3）	0.0001 以下	36.2	0.05

能源回收方法是通过焚烧，在高温下分解和深度氧化回收热能。与热裂解不同的是，焚烧是放热反应，而热裂解是吸热反应。焚烧产物主要是 CO_2 和水。含可燃性固体废弃物焚烧一般是结合发电、产生蒸汽和热水回收能源的。焚烧可以减容，体积可减

少80%~90%，这对土地资源紧张、填埋场有限的国家更有意义，1998年日本就拥有1800多个焚烧炉。另外，焚烧还有杀灭病原菌、保障卫生的作用。目前焚烧存在的问题是安全问题，1998年在日内瓦召开的世界卫生组织（WHO）专家会议作出结论，将二噁英TDI（日容许摄取量）从每千克体重10pg降低到（1~4）pg。根据日本学者的研究，日本全国占90%的二噁英排放源是固体废弃物焚烧炉，从而成为日本社会和公众最关心的环境问题。目前正在研制高安全性焚烧炉，例如流化床气化熔融炉。

6.3.2 橡胶的循环再生

废橡胶产生量是位居第二的高分子废弃物，主要来源于汽车轮胎、胶管、胶带、胶鞋、工业用垫圈和密封件等，其中以废轮胎最多。欧洲的废旧轮胎回收再利用率已经达到92%。

6.3.2.1 废橡胶的直接利用

翻修轮胎是经过修补重新利用的方法，一般只用于卡车、客车和轻型轿车用轮胎，发达国家翻修轮胎比例逐步缩小，出口废轮胎供发展中国家翻修使用。直接降级使用，经济、无污染，但受到应用面及使用量的限制，在回收利用总量中所占比例不大。

6.3.2.2 废橡胶的加工利用

废橡胶的加工利用是通过化学处理或粉碎制成橡胶再生原料的方法，包括以下两类。

（1）再生胶。废橡胶经过物理或化学方法处理，其交联空间网状结构被破坏，从而重新具有硫化能力。但目前使用的脱硫方法都不可避免地会打断分子链，使再生胶达不到原生胶的物理性能，而且生产能耗大、有污染，故生产逐步衰退。目前主要研究改进抑制主链切断、提高脱硫反应效率的助剂和脱硫设备（如微波、超声波脱硫设备等）。

（2）胶粉。废橡胶经过粉碎后得到的粉末可以与再生胶一样，代替一部分生胶或填料使用。近年主要发展是低温粉碎法，冷却到橡胶玻璃化温度以下，冲击粉碎，比常温粉碎可提高10~30倍效率，能源消耗少，粒度可小到80目。由于废轮胎来源不同、组成不同，而胶粉质量又是制品的关键，所以近年发展了检测系统和管理方法。

6.3.2.3 废橡胶的化学循环再生

废橡胶通过热裂解或化学处理，产物可用作化工原料和燃料油。热裂解的过程如下。

废橡胶在500~900℃隔绝空气或少量空气存在下分解。直接热解有很多方法，干馏热解、低温热解、催化热解等，一般在500~900℃，得到的油是分子量较高的环烷烃和芳烃。流化床热解，气相产物较多。超临界流体分解技术（SCF）是目前在发展中的方法，溶剂在高压、高密度下提取，减压可高效率地得到产物。产物芳烃平均分子量在200以下，可以单独或在原油中混合使用，SCF法主要优点如下：①碳回收容易；②轮胎中聚合物95%可以转换成芳烃，产物附加值高；③不需要脱硫设备，硫黄以ZnS

形式在残渣中回收；④溶剂可全部回收；⑤气体生成量在 5%以下；⑥采用溶剂，使压缩用能耗低。

6.3.2.4 废橡胶直接燃烧

废轮胎发热量为 3150～3550 kJ/kg，与液体燃料相当，是煤炭的 1.3 倍，因此直接燃烧是目前最为经济有效的回收方法。美国 70%废橡胶用来制取能源。一般用于发电厂燃料、焙烧水泥、冶炼金属、供热锅炉燃料，但缺点是燃烧过程产生多环芳烃、二噁英类、呋喃类、二氧化硫和三氧化硫，造成二次污染，因此需要有排气处理装置。为防止和减少排气中二噁英类、呋喃类产生，必须提高燃烧温度，但氮氧化物将增加。

近年来废轮胎焙烧水泥的使用比例逐年增加，原因是橡胶的发热量高、燃烧残渣可以全部利用，且污染可以减轻。废橡胶可代替原用能量的 20%，温度高达 1800℃，轮胎在极短的时间内完成燃烧，轮胎组分中炭黑在 600～650℃ 灰化，钢丝在 1200℃ 熔融，含硫助剂与石灰石反应生成石膏。

6.3.3 纤维的循环再生

高分子纤维是发展国民经济的基础材料，废弃纤维产量很大。废弃纤维的利用方法可分为物理利用法和化学利用法两大类。

6.3.3.1 物理法回收利用技术

物理法利用废化纤包括原物直接利用和开花后利用两种。废弃纤维料经过挑选后，大块和条状铺料做拖把、鞋垫布、揩机布等属于原物利用。而目前废弃纤维开花后利用较为普遍。开花的工艺和设备是废化纤物理法利用的关键。

国内一般采用的开花机是在弹棉机基础上发展起来的，虽然投资小，但效率低、劳动条件差，再生纤维质量不高，主要表现为开花后的再生纤维短。开花制取再生纤维，再经过黏合（又称湿法）或针刺（又称干法）制成无纺制品，或是作为填料而直接用于垫子、枕芯、玩具等产品内。

6.3.3.2 化学法回收利用技术

化学法是将废弃纤维按不同品种，根据各类纤维的化学结构特性，采取裂解、解聚、化学改性等方法将废弃纤维裂解成单体，或制取其他黏合剂、涂料等产品。纤维的品种很多，化学法对每种纤维具体措施不同，以数量最大的涤纶为例，简要介绍化学循环利用方法。

涤纶的化学成分是聚酯化合物，目前主要的化学回收方法包括醇解、碱解、酸解及水解等，最终制成其他产品。

醇解：分为甲醇醇解及乙醇醇解两种，聚酯在甲醇中被醇解为对苯二甲酸二甲酯，在乙二醇中可醇解生成对苯二甲酸二羟乙二酯单体。

碱解：需用苛性钠或碳酸钠进行皂化，将初次得到的二钠盐溶液进行酸化可分离得到对苯二甲酸。

水解：在高温高压条件下，聚酯与水反应分解为对苯二甲酸和乙二醇。

【课程习题】

1. 选择题

(1) 下列属于加工过程损害循环再生性的一项是（　　）。

A. 熔融　　B. 凝固

C. 热处理　　D. 合金化

(2) 金属再生资源区域分布不平衡的主要原因是（　　）。

A. 社会原因　　B. 行业竞争

C. 经济水平　　D. 地理原因

(3) 与其他再生资源相比，金属再生资源的生产量之巨大，对环境污染的减轻、资源的节省、建设资金投入的降低和经济效益的提高体现了（　　）。

A. 资源的分散性和不平衡性　　B. 资源再生的永续性

C. 资源构成复杂性　　D. 资源的综合效益性

(4) 我国主要生产的干电池是（　　）。

A. 含汞碱性干电池　　B. 碱性锌—锰干电池

C. 镁—锰干电池　　D. 普通锌—锰干电池

(5) 废橡胶最多来源于（　　）。

A. 汽车轮胎　　B. 胶带、胶鞋

C. 工业用垫圈　　D. 密封件

2. 判断题

(1) 熔融、凝固、热处理属于加工过程损害循环再生性。（　　）

(2) 废金属与原金属比较，没有质的变化。（　　）

(3) 目前我国有近90%的废玻璃处于无序的散乱分布状态。（　　）

(4) 目前使用的脱硫方法都不可避免地会打断分子链，使再生胶达不到原生胶的物理性能。（　　）

(5) 开花的工艺和设备是废化纤物理法利用的关键。（　　）

3. 填空题

(1) 废金属可以进行（　　）重现使用价值。

(2) 再次利用的金属被称为“（　　）”。

(3) 解决金属矿产资源的有限性和人类对金属的无限需求这一矛盾的根本途径是（　　）。

(4) 再生骨料的制造过程是（　　）、（　　）、（　　）和（　　）等的组合工艺。

(5) 废弃纤维的利用方法可分为（　　）和（　　）两大类。

【拓展案例】

中国基建又一杰作，600吨垃圾变废为宝建高速，各国纷纷模仿

山西首例！废弃钢渣铺筑的高速

【课程作业】

制定一个城市垃圾发电厂的二氧化碳回收利用初步方案，包括碳利用原理、方法、主要设备，以及碳利用效益，图文并茂，不少于1500字。

第 7 章

生态系统碳汇技术

【教学目标】

知识目标 了解生态系统碳汇的概念及提出意义。
技能目标 掌握提升生态系统碳汇功能的途径和技术。
价值目标 具有增加生态系统碳汇、早日实现“双碳”目标的意识，增强人与自然和谐相处的理念。

7.1 生态系统

实践案例

碳循环公园

北京市通州区有个西马庄公园，这里是北京城市副中心的首个碳循环公园。碳循环新技术赋能，“绿废”变“绿肥”。在“双碳”目标实施的大背景下，这个碳循环公园的亮相有着特殊的意义。

何为碳循环公园？以自然之法修复自然生态的公园就是碳循环公园。

在西马庄公园中，所有植物的养护都不使用化肥和农药，而是通过生物质能碳捕集与封存技术（Bio-Energy with Carbon Capture and Storage，BECCS），将园林废弃物如枯枝落叶等进行热处理后，有效捕捉城市 CO_2 等温室气体，形成多种植源生态肥，反哺林地，增加植物生长蓄积量和林地碳储量，实现碳循环。在低碳技术中，能够实现零碳排放、负碳排放的主要有两类，一类是减碳技术，另一类是生物质能碳捕集、封存与利用技术，也就是 BECCUS。

据统计，1 吨园林修剪物可额外固定 0.37～0.45 吨 CO_2，是日常堆肥固碳量的 3.7～4.5 倍，并且能制成 60 吨液态肥。要想保证一亩林地健康，一年共需要 4 吨液态肥。而西马庄公园百亩林地一年约可产生45吨园林废弃物，可额外固定16.65～19.8吨CO_2，产生2700吨液态肥，全部可以循环利用，营养城市的“绿肺”，还可节水约30%，同时实现碳负排。除了采用先进的“碳循环技术”外，西马庄公园还配合使用树叶堆肥、枝丫粉碎等传统技术措施，确保“绿废”不出园。

城市副中心率先提出“碳循环公园”概念，不同于“近零碳公园”，后者是指公园碳排放和碳吸收值几乎相同，强调碳的吸纳数量。而碳循环公园是以公园为单位的“碳库”，实现碳元素在公园内部的循环利用和存储，一定程度上避免了碳外溢和碳浪费。碳循环公园是落实“碳循环”理念，在园林圈儿里践行“碳循环”的生动案例，为打造国家绿色发展示范区提供了副中心样板。

问题导读

（1）公园内枯枝落叶等废弃物是如何变“绿废”为“绿肥”的，通过什么过程完成碳循环的？

（2）碳循环公园的成功运行对气候变化有什么意义？

生态系统（Ecosystem）是固碳和碳汇的一种重要方式，生态系统中的动物、植物、微生物都是碳循环的重要因素。

7.1.1 生态系统的概念

生态系统是指在一定的空间内共同栖居着的所有生物（即生物群落）与其环境之间由于不断地进行物质循环和能量流动过程而形成的统一整体。

生态系统的概念是由英国生态学家坦斯利（A. G. Tansley）于1935年首次提出来的，他认为：生态系统不仅包括生物复合体，而且包括人们称为环境的全部物理因素的复合体的整个系统。这种系统构成了地球表面上自然界具有大小和类型的基本单元，即生态系统。

在具体应用生态系统这个概念时，对空间范围和大小并没有严格的限制，可大可小。小至动物体内消化道内的微生物系统，大至各大洲的森林、草原、荒漠等生物群落类型，甚至整个地球上的生物圈或生态圈都可以看作是一个生态系统。因此，生态系统的空间范围和边界是根据具体的研究问题特征而界定的。

7.1.2 生态系统的类型

受地理位置、气候、地形或者土壤等因素的影响，地球上的生态系统呈现多种多样的类型。从不同角度对生态系统有若干种划分方式，按照生态系统的环境性质和形态特征的区别，可以将生态系统主要划分为陆地生态系统和水生生态系统两大类。陆地生态系统根据地球纬度、水分、热量及光照等环境条件，又可以分为森林生态系统、草原生态系统、荒漠生态系统、冻原生态系统、农田生态系统和城市生态系统等。森林、草原和冻原生态系统还可以进一步细分，例如，森林生态系统包括温带针叶林生态系统、亚热带常绿阔叶林生态系统、热带雨林生态系统等；草原生态系统又可细分为干草原生态系统、稀树干草原生态系统和湿草原生态系统等。水生生态系统主要分为海洋生态系统和淡水生态系统，淡水生态系统包括湖泊生态系统、河流生态系统和池塘生态系统等。

在这些生态系统中，森林生态系统是陆地生态系统中最大的生态系统，约占陆地面积的22%。而在水生生态系统中，海洋生态系统是生物圈内面积最大、层次最丰富的生态系统，约占全球面积的70.8%。

7.1.3 碳循环

生物地球化学循环（Biogeochemical Cycle）可分为三大类型，即水循环（Water Cycle）、气体型循环（Gaseous Cycle）和沉积型循环（Sedimentary Cycle）。水循环是生态系统中所有物质循环的基础，没有水循环，就没有生态系统的功能，生命也将难以维持。在气体型循环中，大气和海洋是主要的物质储存库。此类循环主要是以气体形式存在的分子或化合物参与循环过程，例如氧气、CO_2、氮气等。而在沉积型循环中，岩石和土壤为主要的物质储存库，参与循环的分子或化合物是非气态形式，如磷、钙、钾、钠和镁等。气体型循环和沉积型循环都受到太阳能的驱动，并都依赖于水循环。

碳循环（Carbon Cycle），是指碳元素在地球上的生物圈、大气圈、水圈、岩石圈及土壤圈之间迁移转化和循环周转的过程。碳循环是生态系统物质循环中十分重要的循环，也是维持自然界生命活动的主要物质循环。自然生态系统深度参与着全球碳循环过程。

生态系统碳循环主要包含三个过程：生物和大气之间的碳循环；大气和海洋之间的CO_2交换；碳酸盐的形成与分解。

（1）生物和大气之间的碳循环。碳元素在生物和大气之间的迁移转化，主要是通过生物的光合作用和呼吸作用完成。首先，碳元素通过植物的光合作用储存在生物体内。绿色植物从空气中吸收CO_2，在水的参与下，通过光合作用转化为葡萄糖、果糖等单糖。同种单糖和不同的单糖再聚合形成麦芽糖、纤维素、淀粉等多糖，经过食物链的传递过程成为动物体内的含碳化合物。其次，植物和动物体内的含碳化合物一部分会通过生物的呼吸作用转化为CO_2被释放到大气中，另一部分则构成生物的机体或在机体内储存。植物和动物死后，其残体中的碳经过微生物的分解作用后，也成为CO_2排入大气。

（2）大气和海洋之间的CO_2交换。海洋可以吸收大气中的CO_2，反之，海洋中的CO_2也能够被释放到大气中。海洋吸收CO_2是通过大气中CO_2能够溶解于海水中，以及海洋中生物（如藻类）的光合作用吸收CO_2两个主要的途径。一般认为，海洋中溶解的CO_2量是大气中CO_2的50倍，海洋对大气中CO_2的吸收是平衡大气中CO_2含量的重要因素。海洋中 CO_2 释放主要是由于海洋中的动、植物残体降解产生的 CO_2，最终被释放在大气中。

（3）碳酸盐的形成与分解。大气中的 CO_2 溶解在雨水和地下水中形成碳酸，碳酸能把石灰岩变为可溶态的碳酸氢盐，并被河流输送到海洋中，海水中接纳的碳酸氢盐含量是会饱和的。

7.2 生态系统碳汇

实践案例

中国陆地生态碳汇

气候变化主要是由人为活动产生的温室气体排放引起。近年来，中国从转变经济发展模式和保护生态环境的需要出发，在降低能耗、减少温室气体排放、提升生态系统碳汇增量方面取得了举世瞩目的成绩。

研究成果显示，中国陆地生态系统在过去几十年一直扮演着重要的碳汇角色。不同类型陆地生态系统对碳的捕获能力各异，在 2001～2020 年，我国陆地生态系统年均固碳量为 10 亿～15 亿吨二氧化碳。其中，森林生态系统是固碳主体，贡献了约 80%的固碳量，而农田和灌丛生态系统分别贡献了 12%和 8%的固碳量，草地生态系统的碳收支基本处于平衡状态。

我国实施的一系列生态恢复工程对中国碳汇的影响方面做出了重要贡献。中国科学院目标性先导科技专项研究显示，2000～2010 年，我国天然林保护、退耕还林、退牧还草、长珠防护林二期、三北防护林四期、京津冀风沙源治理，6 个重大生态工程区内生态系统碳储量增加了 14.8 亿吨碳，年均碳汇强度为 1.278 亿吨碳/年。在 2001～2010 年，重大生态工程以及秸秆还田农田管理措施的实施，分别贡献了中国陆地生态系统固碳总量的 36.8%和 9.9%。

中国陆地生态系统碳汇可抵消 7%～15%的 CO_2 排放，中国正在抓紧制订 2030 年前碳达峰行动方案，支持有条件的地方率先达峰。同时，开展大规模国土绿化行动，提升生态系统碳汇能力。

问题导读

（1）为什么要提出生态系统碳汇？

（2）如何正确认识生态系统中碳储量、固碳效应及固碳潜力？

生态系统碳汇，是对传统碳汇概念的拓展和创新，不仅包含过去人们所理解的碳汇，即通过植树造林、森林管理、植被恢复等措施吸收大气中 CO_2 的过程；同时，还增加了草原、湿地、海洋等生态系统对碳吸收的贡献，以及土壤、冻土对碳储存、碳固定的维持，强调各类生态系统及其相互关联的整体对全球碳循环的平衡和维持作用。

7.2.1 生态系统碳汇的意义

通常认为生态系统碳排放（碳源）和碳固定（碳汇）即净生态系统生产力（Net Ecosystem Productivity，NEP）的表达公式为：NEP=NPP－Rh［Rh为生态系统异养生物（土壤）的呼吸作用速率；NPP为第一性生产力］。如果净生态系统生产力的值大于零，则表明该生态系统为碳汇；相反，若净生态系统生产力的值小于零，该生态系统为碳源。这一概念适用于不受干扰的自然生态系统。

随着经济的发展，人类对能源的需求不断增加，全球CO_2的排放量呈现出显著增加的趋势，到2022年2月，大气CO_2浓度已经较工业革命前增加了50%左右。2020年，全球CO_2排放前六的国家占全球CO_2排放量的66%，其中，中国的CO_2排放总量最大，达107亿吨，这主要与中国众多的人口有很大关系。但是我国的CO_2人均排放量较低，仅7.4吨，而美国的CO_2人均排放量一直位居世界第一，达14.2吨。

根据《京都议定书》，世界上无论是发达国家还是发展中国家，现在都把减少CO_2排放作为政府的重要职责。中国政府更是把节能减排作为考核各级政府必须完成的重要指标，并已取得很大成效。减少CO_2排放，是拯救地球、挽救包括人类在内的地球生命的最重要措施。《京都议定书》也强调了，要想解决碳过量排放的问题要减排和增碳汇并举。但当前在执行《京都议定书》时，往往只强调减排，忽视或轻视增汇和碳储存，或是一方面强调节能减排，另一方面又在不断增排，这就造成了减排和增汇的不协调。总之，强调节能减排的同时还应更重视增加碳汇，两者应并举。增加地球碳汇，就要珍惜每一寸土地，珍惜每一片草原、森林和湿地，保护海洋，使降碳减排和增加碳汇获得双赢。

2021年，中央财经委员会提到，要把碳达峰、碳中和纳入生态文明建设整体布局，拿出抓铁有痕的劲头，如期实现碳达峰、碳中和目标。强调“十四五”是碳达峰的关键期、窗口期，要提升生态碳汇能力，强化国土空间规划和用途管控，有效发挥森林、草原、湿地、海洋、土壤、冻土的固碳作用，提升生态系统碳汇增量。

7.2.2 生态系统的碳储量及固碳潜力

生态系统的碳储量、固碳能力及固碳潜力预测是一个复杂的科学问题。根据现有的研究结果，中国区域已经被确认的陆地植被、凋落物和0~1m深度土壤的有机碳储量约（3633±209）亿吨CO_2；其中，植被的有机碳储量为（498±119）亿吨CO_2，土壤为（2988±186）亿吨CO_2。当前，还没有被确认的深层土壤有机碳约为2667亿吨CO_2，泥炭地有机碳约为551亿吨CO_2，各类动物有机碳储量约为1亿吨CO_2。此外，1m深度的土壤无机碳约为1727亿吨CO_2，0~2m深度的土壤无机碳约1954亿吨CO_2。

不同统计方法估算的陆地生态系统碳汇效应具有很大的差异。已确认的现有陆地有机碳汇每年为10亿~15亿吨CO_2。目前，还未被确认的陆地和海洋有机碳汇功能约为每年3.46亿吨CO_2。此外，大量研究表明，我国具有较大的无机碳汇功能，初步估计为每年1.6亿~1.9亿吨CO_2。通过统筹陆地—河流—海洋国土空间规划和各种增汇技术，巩固和提升生态系统碳汇功能，有望实现中国区域生态系统自然和人为碳汇功能倍增目标，即在2050~2060年实现每年20亿~25亿吨CO_2的碳汇贡献。

陆地生态系统碳汇效应在长时间尺度上将逐渐减弱，因此，从长远来看，其固碳潜力和增汇空间是有限的；但陆地生态系统碳汇在中国“双碳”政策中仍然具有举足轻重的作用，有望为“碳中和”目标中的工业减排赢得时间窗口。植树造林、天然林保护、森林管理等生态工程措施有助于实现增汇并延长陆地碳汇服务的窗口期，但造林的时机和宜林区选择要基于科学认知和预估进行优化布局。

7.3 陆地生态系统增汇技术

实践案例

森林增汇技术——森林经营

森林经营是抵消CO_2排放的一种独特方式。森林经营是以建立稳定、健康、优质、高效的森林生态系统为目标，通过科学有效地实施各种经营措施，修复和增强森林的供给、调节、服务、支持等多种功能，不断提高森林质量，而开展的一系列贯穿于整个森林生长周期的保护和培育森林的活动。中国林科院研究团队吸收国际多功能林业和近自然经营的先进理念，结合我国实际推出了人工林多功能近自然全周期经营技术，提出按经营强度、森林类型和概况特征的国家、省（市县）、小班三个水平的经营作业法。该理论和技术支撑了全国首个森林经营规划的制定，技术成果支持北京、河北、福建等全国20个森林经营样板基地建设，总结了83个森林经营类型的示范模式案例，成为多功能森林经营成效展示和技术培训的样板，改善了森林组成和结构，促进了森林生态系统碳汇能力提高。

经过森林经营试点示范，专家认为，我国森林抚育后林木生长量平均可达到每年每公顷$7m^3$，在南方地区可突破$9m^3$。生长量的提高，为增加蓄积量奠定了基础。如果把全国平均每公顷森林蓄积量从目前的$100m^3$，提高到发达国家的$300m^3$或以上，把人工林平均每公顷蓄积量从目前的$59.3m^3$提高到发达国家的$300\sim800m^3$，碳汇可增加若干倍，不仅能持续提高森林生态系统适应气候变化的能力，而且为生态安全和国家木材安全提供重要支撑，助力实现碳达峰碳中和目标，更好发挥森林的生态、经济和社会效益。在不断扩大森林面积的同时，通过加强森林经营、提升森林质量、增加森林碳汇，我国林业将在应对气候变化、落实“双碳”目标中扮演更为重要的角色，发挥不可替代的作用。

问题导读

（1）如何实现森林固碳增汇，有哪些技术途径？

（2）立足我国自身实践，未来如何进一步科学增加森林碳库、提升森林碳汇质量？

陆地生态系统碳包括植物碳和土壤碳。全球陆地碳汇从20世纪60年代的（-0.2±0.9）亿吨增加到21世纪10年代的（1.9±1.1）亿吨。不同类型的陆地生态系统的碳平衡差异较大。在陆地生态系统碳汇中，森林生态系统是固碳的主体，贡献了约80%的固碳量，农田和灌丛生态系统分别贡献了12%和8%的固碳量。增强陆地生态系统碳汇是减缓大气CO_2浓度持续增加、实现碳中和目标的重要途径。

7.3.1 森林碳汇

全球森林面积约42亿公顷，约占全球陆地总面积的30%。森林碳汇作为陆地碳汇的主要组成部分，被认为是吸收大气中过量CO_2排放的有效途径，在维持全球碳平衡中发挥着至关重要的作用。每年每公顷树木吸收多达20吨的CO_2。

（1）碳汇造林技术。碳汇造林特指在确定了基线的土地上，以增加森林碳汇为主要目标之一，对造林和林分（木）生长全过程实施碳汇计量监测，而进行的有特殊要求的项目活动。林分（Forest Structure），指森林的内部结构特征，即树种组成、森林起源、林层成林相、林型、林龄、地位级、出材量及其他因子大体相似，并与邻近地段又有明显区别的森林地段。

碳汇造林技术整个过程主要包括造林地选择、造林地调查与基线调查、作业设计、造林施工和检查验收五个步骤。

造林地选择：结合碳汇造林关于地点的条件与要求，建设森林碳汇项目时，通常选取具有重要生态区位和生态环境脆弱的地区开展，因为林地能够连成一片，相对较为集中。通常选取无立木林地作为造林地。

造林地调查与基线调查：实施碳汇造林活动前，要对拟开展造林的地点进行造林地调查与基线调查。基线调查主要包括地表植被、土地利用状况、人为活动和碳库调查等。

作业设计：碳汇造林作业设计应按照减少造林活动造成的碳排放和碳泄漏的要求，针对整地方式、造林栽植、施肥、抚育管护等内容提出相应的措施。对造林地中的极小种群、珍稀濒危动植物保护小区要设计特别的保护措施。

造林施工：造林施工过程主要包含树种选择、整地、密度与配置、回土与基肥、栽植和抚育管护等。

检查验收：造林施工前对作业设计进行检查，发现问题及时纠正。造林施工期间，造林项目管理单位要对各项作业随时进行检查监督，严格按照作业设计规定的措施施工，减少碳泄漏。造林结束后一年或一个生长季后对造林成活率进行检查，造林3~5年后进行成林验收和造林保存率检查。

碳汇造林技术与一般造林技术相比，其目的除保护生物多样性、提高森林数量和质量、建设秀美山川外，更加突出了森林的碳汇功能，在造林地选择、基线调查、碳汇计量与监测、树种配置、造林施工、检查验收、档案管理等方面都有特殊的要求，需要调查和记录项目情景和项目活动相关内容。

（2）森林经营碳汇技术。特指通过调整和控制森林的组成和结构、促进森林生长，以维持和提高森林生长量、碳储量及生态服务功能，从而增加森林碳汇的经营活动。主要的森林经营活动包括：补植补造、树种更替、林分抚育采伐、树种组成调整、复壮和综合措施等。

根据项目所在区域和森林现状特征，为增加森林碳储量、提高森林生产力，可以采用以下一种或几种森林经营方式开展项目活动。

补植补造：主要针对郁闭度在0.5以下、林分结构不合理、不具备培育目的树种，需要在林冠遮荫条件下才能正常生长发育的林分，根据林地中目的树种的林木分布现状确定补植方法，通常有均匀补植（现有林木分布比较均匀的林地）、块状补植（现有林木呈群团状分布、林中空地及林窗较多的林地）、林冠下补植（耐荫树种）等。补植密度按照经营目的、现有株数和该类林分所处年龄段的合理密度等确定，补植后密度应达该类林分合理密度的85%以上。

树种更替：主要针对没有适地适树造林、遭受病虫或冰雪等自然灾害林、经营不当的中、幼林等所采取的林分优势树种（组）替换措施。可采用块状、带状皆伐或间伐方式，伐除不合理或病弱林木，并根据经验目的和适地适树的原则，及时更新适宜的树种。

林分抚育采伐：主要针对林分密度过大、低效纯林、未经营或经营不当林、存在有病死木等不健康林分，伐除部分林木，以调整林分密度、树种组成，改善森林生长条件。森林抚育方式包括：透光伐、疏伐、生长伐、卫生伐。透光伐在幼龄林进行，对人工纯林的抚育主要采取伐除过密和质量低劣、无培育前途的林木。疏伐是在中龄林阶段进行，伐除生长过密和生长不良的林木，进一步调整树种组成与林分密度，加速保留木的生长。生长伐是在近熟林阶段进行，伐除无培育前途的林木，加速保留木的直径生长，促进森林单位面积碳储量的增加。卫生伐是在遭受病虫害、雪灾、森林火灾的林分中进行，伐除已被危害、丧失培育前途的林木，保持林分健康环境。

树种组成调整：针对需要调整林分树种（品种）的纯林或树种不适的林分，根据项目经营目标和立地条件确定调整的树种（或品种）。可采取抽针补阔、间针育阔、栽针保阔等方法调整林分树种。一次性调整的强度不宜超过林分蓄积的25%。

复壮：采取施肥（土壤诊断缺肥）、平茬促萌（萌生能力较强的树种，受过度砍伐形成的低效林分）、防旱排涝（以干旱、湿涝为主要原因导致的低效林）、松土除杂（抚育管理不善、杂灌丛生、林地荒芜的幼龄林）等培育措施促进中幼龄林的生长。

综合措施：适用于低效纯林、树种不适林、病虫危害林及经营不当林，通过采取补植、封育、抚育、调整等多种方式和带状改造、育林择伐、林冠下更新、群团状改造等措施，提高林分质量。

（3）竹子造林与经营强化技术。竹子是高大乔木状禾草类植物，是我国南方地区十分重要而特殊的植被类型，但是竹林生长更新和经营方式与普通乔木林存在显著不同。

竹子通常被认为是一种具有巨大碳封存潜力的植物，因此可以缓解气候变化。竹子生长迅速，碳积累迅速，其广泛的根系在每年的收割中都能存活下来，这使得竹子成为一种快速再生的资源，它可以提供比天然林和人工林更多的生物量。竹子一旦成熟，每年都可以选择性地收割，用来制作各种耐用的产品，这些产品在生命周期内固定住碳，这使竹子成为一个有效的碳汇和缓解全球变暖的基于自然的重要方法。

7.3.2 草原碳汇

草原作为地球上分布最广泛的生态系统，是个巨大的碳库，草原生态系统与森林等其他陆地生态系统不同，其碳库主要集中于地下，其中约 92%的碳储存在土壤中。

我国草原资源丰富。天然草原面积约占国土面积的 40%，中国草原生态系统碳库约占世界草原总碳储量的 10%。从地区上看，中国草地 85%以上的有机碳分布于高寒地区和温带地区；从草地类型上分析，高寒草甸、高寒草原和温性草原的碳储量最大。这三类草地占全国草地总碳储量的 51.1%。值得注意的是，在高寒草地中 95%的碳储存在土壤中，约占全国土壤碳储量的49%，这主要是由于高寒地区温度低、土壤有机质分解缓慢造成的，该类草地很有可能是我国一个重要的碳汇。

增强草原碳汇功能可以通过优化草原管理方式和改进土地利用方式来实现。优化草原管理方式是增强草地碳汇功能最有效的方法，其具体措施主要包括重度退化草地的围封禁牧、补播改良，轻度和中度退化草地的浅耕翻、施肥、草原鼠害治理和草地重建等。各种改良措施的正确运用是草原碳汇恢复的关键。

7.3.3 农田碳汇

农田生态系统是巨大的碳库，是陆地碳循环的重要组成部分。利用农田固碳是一种低成本且安全的长期碳封存方法。全球耕地面积约 14 亿公顷（即占总土地面积的 12%），它在确保粮食安全和减缓气候变化方面发挥着双重作用。从地理上看，亚洲农田土壤碳储量最大，约占全球土壤碳储量的 1/3，欧洲和北美各占 21%~22%，而非洲和澳大利亚的土壤碳储量最少（加起来约占全球总量的 10%）。

农田生态系统碳汇主要由农田植被碳汇（作物碳汇）和农田土壤碳汇组成，其中，农田植被碳汇由于作物收获期较短，作物生物量碳汇效果不明显，大部分作物碳在短时间内以 CO_2的形式返回到大气中，故常被认为是零。农田生态系统的碳平衡主要通过农田土壤碳库的变化来实现。农田生态系统碳汇主要来源于该系统的土壤碳积累，即农田土壤碳汇。

农田土壤主要通过优化田间管理，以适当的农田管理措施提高土壤碳汇。常用的增加农田土壤碳汇的农田管理措施包括施有机肥、秸秆还田、免耕、休耕等。其中，免耕能够增加农田土壤不稳定碳的输入，并降低因土壤侵蚀带来的有机碳流失；施有机肥、秸秆还田能够将有机质加入土壤来增加土壤碳储量。而保护性耕作，包括少/免耕、永久覆盖、多样性复合种植系统和综合养分管理系统，是耕地碳增汇减排的主要路径。研究表明，通过大力推广保护性耕作措施，我国耕地土壤未来可增加有机碳 20 亿~25 亿吨。在实施长期相关管理措施（>10 年）后，可以检测到免耕和覆盖作物等活动能够促进土壤有机碳增加。

7.3.4 湿地碳汇

自然湿地仅占世界陆地表面的 5%~8%，然而，却储存了全球 20%~30%的土壤碳，在全球陆地碳循环中发挥着重要作用。虽然目前世界湿地是净碳汇，但碳汇的大小因气候区和湿地类型而异。从气候带来看，热带湿地的碳固存率最大，其次是温带湿地，北方湿地最低。在各种湿地类型中，滨海湿地碳汇最大，内陆湿地碳汇较小。湿地碳储量取决于湿地类型、面积、植被、土壤厚度、地下水位、营养物质和 pH 值等因素。

由于围垦、泥沙淤积、污染、水利工程、盐碱化、外来物种入侵、过牧、森林过度采伐等原因，导致湿地退化且湿地的碳库功能遭到破坏。目前，主要通过湿地的植被修复、污水处理、表层土壤的保护等方式来增强湿地的碳汇功能。

植被恢复：湿地长期处于淹水状态，因此，在湿地植被恢复中，针对常水位态下常露的滩地植被恢复，可以种植低矮的湿生植物；针对常水位下的植被带恢复，可选择高大的挺水植物；针对湿地边界的植被，可配置高大的乔木、灌木，以形成隔离带，来保护湿地内部环境；针对坡度较陡的区域，可选择根系发达的植物种植。

污水处理：湿地污染的水体改善过程中可充分发挥湿地自身的净化功能，来达到自净的目的。此外，还可增设污水处理厂，关停或搬迁部分高污染的企业，通过引水换水的方式来降低污染物的毒害作用，逐渐恢复湿地的生态功能，从而增加湿地的固碳能力。

表层土壤的保护：对湿地表土质量进行提升，有利于优化湿地植被生长环境，提升其固碳能力。还可通过改善土壤物理性质、增加土壤肥力等来实现湿地生态功能的恢复。

7.4 海洋生态系统增汇技术

实践案例

系统研发江苏典型滨海湿地固碳增汇关键技术

利用异速生长模型和森林资源清查数据，采用光合速率法预测植物固碳潜力，构建耐盐碱植物碳汇数据库、造林树种碳汇数据库、造林灌木碳汇数据库和地被植物碳汇数据库，包含造林灌木 19 种，地被植物 19 种，耐盐碱造林树种 34 种。以滨海盐碱地造林固碳、群落构建为核心目标，结合树种的耐盐碱性和碳汇能力开展苗木品种筛选，集成水文修复、盐碱土壤修复、盐沼湿地植被修复、生物资源修复等技术，构建了滨海湿地生态修复固碳增汇技术体系和操作规程。

问题导读

(1) 实现海洋固碳增汇有哪些技术途径？
(2) 我国有哪些提升海洋碳汇的典型案例？

海洋碳汇（Ocean Carbon Sink），也被称为“蓝色碳汇”或“蓝碳”，指利用海洋活动及海洋生物吸收大气中的 CO_2，并将其固定、储存在海洋中的过程、活动和机制。

“蓝碳”是相对于陆地生态系统植被固定的“绿碳”概念而被提出来的。2009 年，联合国环境规划署、粮农组织和教科文组织政府间海洋学委会发布了《蓝碳：健康海洋对碳的固定作用——快速反应评估报告》（*Blue Carbon: The Role of Healthy Oceans in Binding Carbon—A Rapid Response Assessment*），正式提出了蓝碳的概念。报告指出，在世界上每年捕获的碳，即光合作用捕获的碳中，一半以上（55%）由海洋生物捕获，报告明确了海洋在全球气候变化和碳循环过程中的重要作用。目前，海洋碳汇已成为全世界推动低碳经济、减缓和适应气候变化的重要目标之一。

海洋是地球上最大的活跃碳库，储存了地球上约 93%（约为 40 万亿吨）的 CO_2，是陆地碳库的 20 倍、大气碳库的 50 倍。海洋每年可从大气中吸收 30%以上的 CO_2，并且海洋储碳周期可达数千年，对缓解全球气候变暖、保护生物多样性起到至关重要的作用，是促进碳中和的重要途径。红树林、海草床和盐沼湿地作为三大滨海蓝碳生态系统，具有极高的固碳效率。虽然这三类生态系统的覆盖面积不到海床的 0.5%，植物生物量也只占到陆地植物生物量的 0.05%，但其碳储量却高达海洋碳储量的 50%以上。

海洋碳汇是碳中和的重要途径。实现碳中和有减排和增汇两条途径，减排是要减少向大气排放 CO_2，增汇是增加对大气中 CO_2的吸收。海洋碳汇包括碳汇渔业固碳技术和二氧化碳海底地质封存技术。

7.4.1 碳汇渔业

碳汇渔业主要指能促进水生生物的碳汇能力、清除或移出海水中溶解的 CO_2气体、影响海洋碳循环能力的过程、活动或机制的渔业生产活动。因此，可以把能够充分发挥碳汇功能、具有直接或间接降低温室气体效果的渔业生产活动泛称为“碳汇渔业”，如藻类养殖、贝类养殖、滤食性鱼类养殖、增殖放流、人工鱼礁以及捕捞渔业等。

海洋碳汇渔业包括两个方面：一是贝、藻类海洋生物的养殖，其通过贝类的钙化以及藻类等浮游植物的光合作用直接从水体中吸收碳元素产生有机碳，而形成生物碳汇移出水体；二是对以浮游生物和贝藻类等为食的掠食性鱼类的养殖，这些掠食性生物资源通过食物链、食物网机制紧密联系，维持其生长活动，待其成熟后捕获，形成可移出生物碳汇。

7.4.2 红树林固碳

红树林是生长在热带、亚热带海岸潮间带，由红树植物为主体的常绿乔木或灌木组成的湿地木本植物群落。它既是防风消浪、净化海水、维持生物多样性的“海岸卫士”，也是固碳储碳、应对气候变化的“海洋绿肺”。红树林具有很高的生产力，尤其是赤道周围的红树林由于水热条件优越，其生物量超过很多热带雨林植物生物量。同时，红树林植物根际碳循环周期长，土壤有机碳分解速率低，碳储存时间长，使红树林湿地具有很高的碳汇潜力，因此红树林是重要的碳汇。据报道，2020 年全球红树林的总面积约为 $1.5\times10^5km^2$，其固碳量约占全球热带陆地森林生态系统固碳量的 3%，约占全球海洋生态系统固碳量的 14%，在全球碳循环中起着关键性的作用。红树林的建设及其碳汇研究，是国家实现“双碳”目标、完成生态恢复的重要途径。一般运用生态工程，结合生态水文原理来达到修复目的。包括两种手段：一是设计自然状态下红树林生长所需的生态位，促进红树林幼苗定居，如通过建立防波堤、竹子保护栏、篱笆等方式来防治污泥沉积，为红树林幼苗生长创造适宜的条件；二是通过移植红树林幼苗来改造生境。

7.4.3 海草床固碳

海草是指生长于温带、热带近海水下的单子叶高等植物。海草分布于世界大部分浅海泥沙底的海岸及河口地区，并在沿海潮下带形成广大的海草床，是底栖生物、幼虾及仔稚鱼良好的生长场所和海鸟的栖息地。海草床是地球上最有效的碳捕获和封存系统之一，是全球重要的碳库。作为全球生态服务功能价值最高的生态系统之一，海草床生态系统所固定的碳是蓝碳的重要组成部分。其每年所捕获并封存于沉积物的碳总量在各类滨海生态系统中仅次于滨海盐沼，高于红树林。全球海草生长区占海洋总面积不到 0.2%，但其每年封存于海草沉积物中的碳相当于全球海洋碳封存总量的 10%~18%，海草床有机碳储量可达到 1.99 亿吨碳，每年碳埋藏量达 0.274 亿吨碳，相当于全球红树林与潮间带盐沼植物沉积物的碳储量之和。海草床碳汇强化技术主要通过借助海草床强大的自然繁殖修复能力或利用海草种子的有性繁殖来修复受污染的海草床生长环境。目前，海草床碳汇强化的方法有生境修复法、移植法和种子法。生境修复法的实质是海草床自然恢复，其关键核心技术是海藻的筛选，此方法投入少，但周期长。大型海藻碳汇功能显著，但其具有季节性强的特点。因此筛选合适的藻类并建立适宜的生态体系，可以有效利用时间及空间，周年性地改善环境。如底栖生物+藻类的立体生长模式、大型藻类龙须菜+海带周年轮作生长模式等。移植法是指在适宜区域直接移植多个幼苗或成熟的海草植物，甚至是直接移植海草草皮，从而增加海草生长面积，是成功率最高的方法。根据其移植方法可分为草皮法和根状茎法，草皮法需要大量的草皮资源，且对海床影响较大，而移植根状茎法成功率较高，是一种有效且合理的技术。种子法是利用海草有性生殖的种子来重建海草床，该方法具有易运输，对海草影响较小的特点。其中，有效播种方式及适宜的播种时间是该方法的技术核心。

7.4.4 盐沼湿地固碳

盐沼湿地是介于陆域和海洋之间的生态缓冲区域，具有很高的生产力、丰富的生物多样性和极为重要的生态系统服务功能。盐沼湿地具备很强的固碳能力，同时土壤能够捕获和储存大量的碳，其土壤碳埋藏速率为（218±24）g/（m^2·a），比森林生态系统高 40 倍左右。盐沼湿地是我国滨海湿地中面积最大的海岸带蓝碳生态系统。据估算，我国蓝碳生态系统的碳年埋藏量为 0.00349 亿~0.00835 亿吨，其中盐沼湿地约占 80%，远高于红树林和海草床，是我国蓝碳碳汇的主要贡献者。通过研究退化滨海盐沼湿地生态系统的生物修复能力，重建高质量、高碳汇型的盐沼湿地，改善盐沼地域土壤的水土保持和固碳能力，建立相应退化盐沼的固碳增汇技术体系。修复增汇技术主要包括生物措施修复和人工措施修复两个方面。生物修复措施旨在通过湿地生态系统的生物修复，改善土壤及水体环境，重建高生物量、高碳汇型水生生物群落等措施，提高盐沼湿地固碳植被的生物量，从而提高系统固碳增汇能力。如我国提出的“南红北柳”，明确提出增加芦苇、碱蓬、怪柳林等盐沼固碳植物的种植面积，从而增加盐沼湿地碳汇面积，并逐渐改善盐沼湿地土壤固碳能力，达到增加碳汇的目的。人工措施修复主要通过实行推进“退养还滩”，即减少盐沿湿地旁的滩涂养殖、围垦等活动，增加盐沿湿地生态系统的固碳空间，并针对盐沼湿地中的固碳植被进行土壤水分、养分和盐分的调控，从而达到最大化的固碳减排。

7.4.5 二氧化碳海底地质封存技术

CO_2海底地质封存技术是将 CO_2封存到海底以下的地层储存体中。大体过程是将集中捕集的 CO_2加温加压到超临界状态，将形成的高密度流体注入海底深层有不透水层阻隔的地质结构中，并使 CO_2无法进行横向迁移和侧向迁移。CO_2海底地质封存的地质体主要是废弃的油气田和深部咸水层。

CO_2海洋封存可以分为液态封存和固态封存两种方式。

液态封存法，指 CO_2以液体形式被输送到海平面以下的某个深度，以保证它的状态长期不变。这一深度的选择与液态 CO_2的密度、扩散率等性质随海水压力、温度的变化有很大的关系。这一技术的关键在于如何保持液态 CO_2在海水中的特性和长期稳定性，而不能大量溶解在海水中形成碳酸。

固态封存法就是 CO_2以固、水合物的形式封存在海底的方法。这项技术的关键在于水合物的快速形成、充分生长以及如何输送等问题。

无论 CO_2 以液态方式封存还是以固态方式封存，都不可避免地会有碳酸形成，对海洋生态环境有一定的影响。但是，适当的技术控制和处理可以使这样的影响降低到最低。

7.5 提升生态系统碳汇功能的途径

实践案例

中国第七大沙漠库布齐植树增汇项目

库布齐沙漠位于黄河几字湾的南岸，是中国第七大沙漠，其总面积有 1.86 万 km^2。30 多年前这里生态恶劣，民生贫困。当时，库布齐沙漠每年向黄河倾泻千万吨黄沙，是京津冀主要的沙尘来源地，被称作“死亡之海”。

2021 年，库布齐沙漠“五年 1 亿棵”碳汇林工程项目正式启动，即采取光伏板下种植和沙漠生态种植相结合的方式，确保每年完成 2000 万株的种植任务。工程规划分五期完成，已分别于 2021 年和 2022 年完成两期总计 4000 万株种植任务。该计划综合使用库布齐治沙企业亿利研发的微创气流植树、削峰填谷技术、甘草平移种植、无人机和飞机飞播、种质资源技术和生态大数据平台，提高了种植效率、造林精准度，并降低了成本，将在沿黄河的库布齐沙漠、乌兰布和沙漠和腾格里沙漠种植 100km 碳汇林带，有效保护黄河流域生态环境。

库布齐沙漠经过 30 余年治理，植被覆盖度从不足 3%增长到 65%，生物多样性从 100 多种恢复增长到 500 多种，沙尘灾害天气从每年 50~60 次减少到年均 2~3 次，实现固碳 1540 万吨，释放氧气 1830 万吨。

问题导读

(1) 如何才能有效地提升生态系统碳汇功能？
(2) 提升生态系统碳汇功能的最有效途径是什么？

中国生态系统碳汇功能提升的技术途径，主要依靠强化国土空间规划和用途管控，严守生态保护红线，稳定现有森林、草原、湿地、滨海、冻土等生态系统的碳储量；实施自然保护工程与生态修复工程，提升生态系统质量及碳汇功能；统筹现有天然生态系统、自然恢复的次生生态系统、人工恢复重建的生态系统等综合提升碳汇能力。

7.5.1 传统的农林业减排增汇技术途径

传统的农林业减排增汇技术，主要包括造林、再造林和森林管理、农业保护性耕作、畜牧业减排、草地和湿地管理、滨海生态工程（如蓝碳养殖业）等绿色低碳减排或增汇技术措施。

不同增汇路径产生效益的时间尺度不同。一些路径可以达到立竿见影的效果，如对泥炭地、湿地、森林、红树林等碳密度高的生态系统的保护。而另一些措施，可提供多种生态功能和服务，则需要较长的时间，如造林、再造林、湿地和泥炭地等碳密度高的生态系统的恢复、混农（牧）林系统、退化土壤的修复等。

中国传统的减排增汇潜力排名前 10 的路径为造林再造林、农田养分管理、混农（牧）林、避免薪材采伐、改进稻田管理、避免泥炭地转化、泥炭地恢复、天然林管理、最适放牧强度、种植豆科牧草。其中，到 2030 年减排潜力最大的途径为造林再造林技术。

但是，这些传统的增汇途径的潜力都是基于小范围、短时间的调查结果推测获得，存在较大的不确定性，亟待科学评估这些增汇技术的碳汇效应、时间可持续性、空间适用性、经济可行性，并分级和分类型地推荐可以大规模推广的生态工程增汇措施。

7.5.2 生态工程增汇途径

生态工程增汇模式的构建需要统筹国土空间绿化与生态环境治理，围绕提升森林、农田、草地、荒漠、内陆湿地、湖泊、滨海湿地、近海养殖业等生态碳汇功能，挖掘现有成熟技术，整合形成适用于景观、流域到区域的系统化技术模式。生态工程增汇途径是按照区域碳循环的空间格局进行增汇技术的整合，在社会系统和生态系统相互作用框架下的立地、景观到区域多尺度整合的增汇技术体系的实践应用，需要改变传统增汇技术应用的片段化、难以覆盖碳汇形成全过程的局面。

中国实施的旨在保护环境和恢复退化生态系统的六个国家重大工程项目包括三北防护林体系工程、长江和珠江流域防护林体系工程、天然林保护工程、退耕还林工程、京津风沙源治理工程和退耕还草工程，这都属于生态工程增汇的范畴，对生态系统碳储量和固碳能力提升发挥具有重要作用。这六项重大生态工程实施不仅增加了森林面积，提升了生态系统的碳储量，防止了植被与土壤的碳损失，而且显著增加了中国陆地生态系统的碳汇功能。

7.5.3 生物/生态碳捕集、利用与封存途径

生物/生态碳捕集、利用与封存途径（Biological/Ecological Carbon Capture, Utilization and Storage，Bio-CCUS 或 Eco-CCUS），是指利用生物学或生态学原理，通过提升陆地生态系统生产力来更多地固定大气 CO_2，并将其转换为有机生物质，进而作为能源、化工或建筑材料替代化石产品，或直接埋藏或地质封存。光合作用是地球上最大规模的能量和物质转换过程，是高效转换光能固定 CO_2 的自然过程，可为 Bio-CCUS 或 Eco-CCUS 提供充足原料。

IPCC 第五次评估报告指出：目前，唯一能够抵消大气中 CO_2 的大规模技术就是

Bio-CCUS。更为关键的是，没有碳捕集、利用与封存技术，减排成本将会成倍增加，估计增幅平均高达138%。在未来，我国将有10亿多吨碳排放量依靠碳捕集、利用与封存技术来实现碳中和，到2050年碳捕集、利用与封存将贡献约14%的全球CO_2减排量。

【课程习题】

1. 选择题

（1）从生态系统的物质循环角度看，人体内碳元素的根本来源是（　　）。

A. 生产者　　B. 分解者

C. 消费者　　D. 大气中的二氧化碳

（2）在生态系统的碳循环过程中，二氧化碳进入生物群落是通过（　　）。

A. 呼吸作用　　B. 光合作用

C. 蒸腾作用　　D. 自由扩散

（3）碳中和是指通过（　　）、碳捕集、利用与封存等方式抵消全部的二氧化碳或温室气体排放量，实现正负抵消，达到相对“零排放”。

A. 森林碳汇　　B. 碳源

C. 碳汇　　D. 林业碳汇

（4）碳汇是指从大气中清除（　　）的过程、活动或机制。

A. 二氧化碳　　B. 甲烷

C. 氧化亚氮　　D. 氢氟碳化物

（5）下列属于碳捕集、利用与封存的是（　　）。

A. 某研究机构发明了一种新型碳孔材料，该材料可以吸收燃烧过程中的二氧化硫，并永久封存

B. 某化工企业与国内某高校联合开发了一种催化剂，该催化剂可以催化金属铂吸附空气中的一氧化碳并且转化为二氧化碳进行无毒排放

C. 某火电厂发电过程中产生大量二氧化碳及氮氧化物，近期引入一种设备能捕获上述物质，并将二氧化碳转化为甲烷，甲烷可用于燃烧发电

D. 由于天然气燃烧产生的二氧化碳比燃烧煤炭产生的二氧化碳少，某市大力推广天然气用以减少二氧化碳排放

（6）碳汇主要分为（　　）、湿地碳汇、海洋碳汇等类别。

A. 森林碳汇　　B. 草原碳汇

C. 农田碳汇　　D. 全部都是

2. 判断题

（1）森林生态系统是陆地生态系统中最大的生态系统。（　　）

（2）生态系统碳源和碳汇通常用净生态系统生产力测度，如果净生态系统生产力的值大于零，则表示生态系统为碳源。（　　）

（3）增强生态系统碳汇是实现碳中和的必要途径。（　　）

（4）海洋碳汇是地球系统中最大的碳库，可以长期储存二氧化碳，对减缓气候变

化有着至关重要的作用。 ( )

(5) 草地生态系统、森林生态系统等陆地生态系统碳库主要集中于地上。 ( )

3. 填空题

(1) 《京都议定书》强调，要想解决碳过量排放的问题要（ ）和（ ）并举。

(2) 提升生态系统碳汇功能的途径包括（ ）、（ ）和（ ）。

(3) 中国实施的旨在保护环境和恢复退化生态系统的六个国家重大工程项目包括（ ）、长江和珠江流域防护林体系工程、（ ）、（ ）、京津风沙源治理工程和退牧还草工程。

(4) 主要的森林经营活动包括（ ）、树种更替、（ ）、（ ）、复壮和综合措施等。

【拓展案例】

中国的碳交易

【课程作业】

除文中提到的增加生态系统碳汇的技术外，碳交易作为一种减少二氧化碳排放的重要措施，也在实现碳中和方面发挥着重要的作用。简述碳交易在减碳方面的贡献，并举例说明，800~1000字。

第 8 章
工业领域碳中和技术

【教学目标】

知识目标 了解钢铁、化工、石化、水泥、有色金属行业碳排放现状和碳中和技术。
方法目标 学习工业领域实现碳达峰、碳中和的基本路径。
价值目标 深刻认识只有不断革新技术、降低工艺过程中能源损耗，才能可持续发展。

8.1 钢铁行业碳中和技术

实践案例

川西北气矿“数字油气田绿色生态产业链”

川西北气矿以企业管理转型为目标，加快全业务链低碳数字化转型步伐，建成了以物联网为基础的“云网端”基础设施系统和完整的工业控制系统，与合作伙伴共同打造“数字油气田绿色生态产业链”，研究应用数字孪生、CH_4管控、AI视觉、通信与感知一体化等成果，实现生产场站数字化覆盖率达96%，生产现场完成“全面感知、智能预警”，气田开发整体实现“自动操控、数字指挥”，有效推动了“数据多跑路，员工少跑腿，管控更高效”，助力“一级调度、分片运维”“厂区一体化协同”管理模式实践落地。

通过转型实施，优化了组织结构和用人机制，单井站整体实现无人值守，用人数较传统模式减少40%，现场人工巡检频率降低50%，实现管道—厂—站零失效。坚持“零排放、零污染”的绿色发展理念，实现年碳减排量13564吨、CH_4减排率50.78%，让“生态优先、低碳发展”成为气矿高质量发展的亮丽名片，为能源行业高效、绿色、循环、低碳发展做出积极贡献。

问题导读

(1) 我国石油行业的碳排放情况如何?
(2) 我国石油行业碳排放的来源是什么?
(3) 我国石油行业采用什么技术才能实现碳达峰和碳中和?

钢铁产业是一个资源、能源、技术、资金密集型行业，也是典型的高碳排放行业。煤炭占整个钢铁行业生产过程总能耗的70%左右，导致中国钢铁行业发展“高碳”特征非常明显。

8.1.1 钢铁行业碳排放历史趋势

中国粗钢产量2020年以10%电炉钢比达到10.65亿吨，占全球粗钢产量的56.76%，使其成为仅次于电力行业的能源消费大户和CO_2排放大户，碳排放总量约占中国碳排放总量的15%。钢铁企业作为行业发展的主体，在“双碳”目标的指引下，需要尽快开展绿色低碳转型及深度减碳工作，共同推进钢铁工业“碳达峰”目标提前实现，并为最终实现“碳中和”奠定良好的基础。

在过去20年中，中国钢铁行业体量及其碳排放量得到了显著的增长。2000年以来中国粗钢产量及钢铁行业碳排放的历史趋势如图8-1所示。中国粗钢年产量从2000年的1.29亿吨增长到2020年的10.64亿吨，增长了约7.3倍；中国钢铁行业每年CO_2的排放量从2000年的4.92亿吨增长到2019年的22.27亿吨，增长了约3.5倍。从图8-1中可见，碳排量与粗钢产量直接挂钩，二者趋势基本一致。中国钢铁行业经历了2000~2013年的迅速增长期、2014~2017年的低谷期，以及2018~2020年的回弹期，粗钢产量和碳排放量目前仍未处于绝对达峰的阶段。从碳排放结构来看，中国钢铁行业以直接排放为主，而间接碳排放（所需电和热力产生的排放）仅占全部碳排放的17%~21%。钢铁生产环节大部分来自化石燃料（以焦炭为主），可通过电气化供能的环节有限，属于较难减排的重工业部门。

从钢铁产业布局来看，中国钢铁产业主要分布在京津冀及周边地区、长三角地区、汾渭平原等地，地理位置上呈东多西少、北重南轻的分布特点，区域分布主要集中在华北地区和中东部地区，受钢铁行业生产影响，这些地区的大气污染情况较严重。从污染物排放量来看，钢铁行业在生产的过程中使用了大量的化石燃料，在排放的污染物中包括了氮化物、硫化物以及碳化物气体。由于需求量大，生产企业排污设备配置不完整，政府部门缺少对钢铁企业的生产情况和污染排放的监督治理，形成了最初的粗放式排放模式，导致整个行业的碳排放量位居前列。自2014年开始，火电行业实施节能减排升级和超低排放改造行动以后，其行业污染情况得到明显改善，而钢铁行业尽管采取了一系列节能减排、环境治理措施，因其产量较高、产能巨大，排放量下降幅度较小，经监测数据显示，钢铁行业的污染排放已经成为大气环境污染的主要来源。

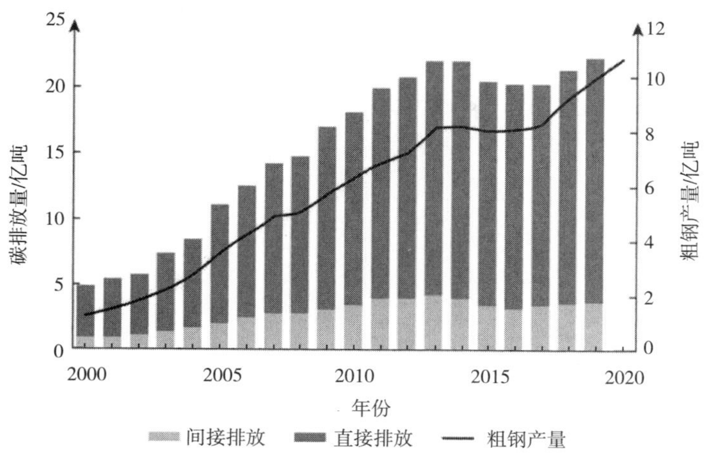

图 8-1 2000~2020 年中国粗钢产量和钢铁行业碳排放历史趋势

8.1.2 钢铁行业的主要碳排放特点

目前，我国钢铁生产典型的工艺流程有两种。一是高炉—转炉长流程，占比超 70%，应用焦炭、含铁矿石（天然富块矿、烧结矿、球团矿）和熔剂（石灰石、白云石）在高炉内生产出生铁，其能源投入 98%来自煤炭；二是电炉短流程，占比仅 10%，能源消耗主要是电能。我国钢铁规模大，产量连续 25 年保持世界第一位，其碳排放量占全球钢铁行业的 60%以上。同时，我国钢铁行业是以高炉—转炉长流程工序为主，其能源结构以煤炭为主，碳排放量大，约占全国碳排放量的 15%，是我国碳排放量最高的制造业行业，其排放来源主要是焦炭，贡献了 64%。

CO_2排放主要来自化石能源消费。钢铁行业中高炉炼铁对煤炭的需求量很大，按照折标准煤计算，中国钢铁工业购入的能源中，电力消耗仅占 6.3%，油气能源约占 1.7%，煤炭和焦炭占比高达 92.0%，远高于全国能源消费结构中煤炭所占比例（57.5%）。钢铁行业面临能源转型压力将比其他行业压力更大，因此，节能减排和降低对化石能源的需求是钢铁行业实现低碳能源转型的基础。单位 GDP 能耗及碳排放、非化石能源占比、能源消费总量控制、化石能源消费总量控制、煤炭消耗量总量和电气化比重控制等指标，将是“十四五”期间节能低碳严控的几项主要指标。从国际、国内形势来看，在碳达峰和碳中和背景下，钢铁行业能源转型窗口期已到，且压力巨大。在 2030 年碳达峰的前提下，必然倒逼钢铁行业加快转型，进一步提高新能源使用比例，提高电炉钢占比，加强氢能冶金等低碳冶金革命性工艺变革。

8.1.3 钢铁行业实现碳中和的路径

目前钢铁工业技术、制度被锁定在煤炭能源系统中，导致其发展无法摆脱高碳排放问题，而市场和产业为低碳排放做出的努力效果被削弱，出现“碳锁定”状态。只有同时进行技术和制度变革才能实现“碳解锁”。

（1）绿色布局。一是提高行业集中度。推行“宝武模式”将打造数家亿吨和5000万吨钢铁集团，提升钢铁企业集中度，有利于增加铁矿石集中采购话语权、各钢材品种的定价权，提升国际市场的竞争力，提升钢铁行业盈利水平。二是严禁新增产能产量。严格执行《钢铁行业产能置换实施办法》，控制粗钢产能不增加，充分认识工信部提出的“粗钢产量同比下降”重要意义，鼓励钢铁企业实施市场自律，主动压减产量，促进市场供需平衡。三是推行绿色物流。运输带来的实际污染物排放占钢铁行业污染物总量的30%以上。升级非道路移动机械（车间内运输机械），提高机械排放标准（或直接进行电气化或新能源改造），减少厂内物料倒运距离。

（2）绿色能源。一是推广使用绿色能源。利用太阳能、风能、氢能、地热能、潮汐能和生物能等清洁能源，推广应用非化石能源替代技术、生物质能技术、储能技术等，进一步压缩传统能源电力使用比例。二是提高余热余能自发电率。在焦化厂推广焦电一体化技术，在炼铁车间推广余热发电技术，提高绿色能源占比。三是应用数字化、智能化技术。在能源产生（发电）、输送、利用等环节实现数字化智能化控制，减少能源损耗，提高利用效率。

（3）绿色流程。一是原燃料结构优化。原料包括烧结矿、球团矿、生矿，以及在特殊情况下用到的辅助熔剂（锰矿、萤石等），燃料包括焦炭、煤炭粉等喷吹物（欧美国家也使用重油、城市垃圾、塑料及天然气进行喷吹）。燃料的碱金属含量要控制在合理范围，原料的化学成分、机械强度和冶金性能要合理优化，保证高炉冶炼流程顺利、低碳运行。二是废钢资源回收利用。目前，我国钢铁企业以高炉—转炉长流程生产工艺为主，2020年，电炉钢产量仅占比10.4%（世界平均水平为30%左右，美国为70%）。扩大再生资源在工业原料中的占比（2020年，我国钢铁积蓄量达114亿吨，废钢产生量为2.6亿吨，预计2030年我国废钢资源产生量将达4亿吨以上），有效减少初次生产过程中的碳排放（生产1吨再生钢，碳排放可降低82%以上），适当布局城市周边钢厂，利用城市矿山，打造循环钢铁生态。到2025年、2030年和2060年努力实现再生钢铁资源冶炼占比分别达到35%、55%和75%左右的水平，逐渐实现产业生态闭环。

（4）绿色循环产业生态。一是区域能源整合。进行钢厂—电厂—城市区域能源整合工程，共享电能和热能，实现区域低碳排放。实现厂级、分厂级、车间级的三级能源消耗在线、实时监测和控制，实现工艺流程能源精细管理、低碳排放。二是固废资源化利用。我国钢铁工业每年固体废物产生量达5亿吨（吨钢固废产生量约600 kg）。应该加大对钢铁企业固废产生量的精确计量（行业协会重点统计钢铁固废企业只占1/5），加强固废利用数据统计和精细化管理，完善固废统计标准和技术评价体系，建立固废回收利用数据库和风险防控体系。加大资源综合利用技术、装备和产品标准的制订和修订工作，促进固废利用新技术的推广应用和技术进步。三是推动钢化联产。在条件适合的地区推广钢铁—化工联合生产模式，实现钢铁行业转型升级、低碳绿色发展。从高炉、转炉、焦炉尾气中提取分离一氧化碳气体，作为原料生产甲醇、甲酸、乙二醇等化工产品等，也称“钢铁醇”项目。

（5）绿色低碳技术。一是推广氢冶炼技术（高炉富氢煤炭气喷吹炼铁）。将氢气代替煤炭（粉）作为高炉的还原剂（吨钢消耗还原剂焦炭 300 kg、煤炭粉 200 kg），副产物只有水，避免冶炼过程 CO_2 排放（该技术减少钢铁生产过程中约 20% 的 CO_2 排放）。氢冶炼技术能耗低、污染小、成本低，冶炼过程中产生的大量高温可燃气体可二次利用，能够自发电。二是逐步推广氧气高炉技术（炉顶煤炭气循环氧气鼓风高炉炼铁工艺）。该工艺是以现有高炉为基础，用纯氧取代空气，部分炉顶煤炭气经 CO_2 分离、加热后从炉身和炉缸喷入高炉，从而达到提高喷煤炭比、降低焦比、节约炼焦煤炭资源、减少炼焦污染和能源消耗的目的。研究表明，炉顶煤炭气循环氧气鼓风高炉炼铁可使炼铁工序燃料比每吨降低 85kg，钢铁流程 CO_2 直接排放可降低 25% 以上。国内宝武等企业正在开展有关工艺研究和技术开发，中国宝武在新疆八一钢铁将原有的 1 座 $430m^3$ 高炉改建成氧气高炉，开展工业化生产的前期试验，目前已实现 35% 高富氧冶炼目标。三是大胆尝试碳捕集技术。尝试金属有机骨架化合物新材料在碳捕集领域的应用，尽快突破低成本碳捕集技术，实现钢铁产业碳中和。

8.2 化工行业碳中和技术

实践案例

日本化工企业多举措助力实现碳中和

2020 年 10 月，日本首相承诺，该国最迟将在 2050 年之前实现净零排放。2021 年 4 月，日本表示其目标是到 2030 年将本国的温室气体（GHG）排放量从 2013 年的水平减少 46%。2021 年以来，日本各大化工企业也纷纷宣布采取措施减少温室气体排放，实现碳中和。

三井化学 2021 年 5 月宣布，计划从 2021 年 10 月开始，根据与丰田通商达成的协议，位于大阪的蒸汽裂解装置加工由芬兰生物燃料生产商耐斯特提供的生物原料。三井化学表示，通过该项目，该公司将成为日本第一家使用生物原料的裂解公司。

住友化学于 2021 年 1 月决定成立一个碳中和目标委员会和碳中和目标跨职能小组，制定到 2050 年实现碳中和的计划。近期，住友化学宣布，将推动有关材料的温室气体减排创新，并从生命周期评估的角度提供有助于碳中和的产品。

2021 年 1 月，帝人公司也提出了实现碳中和的目标，包括到 2030 年将 CO_2 排放量较 2018 年减少 20%，到 2050 年实现净零排放。公司已为资本投资计划引入了内部碳定价（ICP）系统。

三菱瓦斯化学则制定了长期温室气体减排目标，目标是到 2050 年实现碳中和。该公司计划到 2023 年和 2030 年分别实现比 2013 年基准水平减排 28% 和 36%。

除日本各大化工企业的自觉行为外，日本经济产业省（METI）及其下属机构还合作制定了绿色增长目标，以加快其国内能源转型进程。该计划涉及了 14 个具有高增长潜力的部门或行业，政府将为此向企业提供必要的政策措施和目标。日本政府表示，电解制氢将是日本的关键路线，包括东芝、东北电力和新能源及工业技术发展组织

（NEDO）在内的合作财团建成了世界上最大的制氢电解厂。

问题导读

（1）我国化工行业的碳排放情况如何？
（2）我国化工行业碳排放的来源是什么？
（3）我国化工行业采用什么技术才能实现碳达峰和碳中和？

化工行业中各子行业排放强度处于中高水平。2017 年，我国石油加工及炼焦业、化学原料及制品制造业、化学纤维制造业的碳排放强度分别为 0.51 吨/万元、0.18 吨/万元、0.05 吨/万元。未来化工企业将由产能扩张和上游配套原材料的发展模式向下游精细化、多品类、平台型的新发展模式转变。

8.2.1 化工行业碳排放特点

从碳排放产生机理出发，可以将化工行业碳排放分为两类，即能源消耗排放和工业过程排放。其中，能源消耗排放主要是指化工企业购入电力、热力时所导致的化石能源燃烧造成的碳排放；工业过程排放则与能源消耗无关，而是特定化学反应产生的排放，如合成气变换制氢、金属冶炼、玻璃水泥生产过程中的 CO_2逸散等。目前我国 CO_2年排放总量约为 100 亿吨，化工行业（石油加工、炼焦业及化学品制造业）的碳排放量不足 5 亿吨，仅占全国总排放量的 4%，要远小于电力、钢铁、水泥等耗能大户。因此，从全国维度上看，化工行业的碳排放贡献比较有限，但是在区域维度上，由于不同地区的经济发展与能源结构存在差异，单位收入化工产品的碳排放量要远高于工业产品的平均水平，也使部分地区的化工企业不得不面临来自碳排放的发展桎梏。特别是作为煤炭大省的内蒙古，由于面临能耗总量与强度“双控”考核的压力，宣布在“十四五”期间不再新批现代煤炭化工项目，更是加剧了市场对于化工行业特别是煤炭化工行业前景的担忧。如此可将化工行业碳排放的特点总结为：一是化工行业的全过程碳排放；二是碳排放总量有限但强度突出；三是煤炭化工行业面临较大的碳排放压力，亟须提效减排。

8.2.2 现代煤炭化工产业

（1）发展现状。现代煤炭化工主要包括煤炭制烯烃、煤炭制乙二醇、煤炭制芳烃等煤炭制化学品和煤炭制油、煤炭制天然气等。相对传统煤炭化工，现代煤炭化工具有装置规模大、技术含量高、能耗低、环境友好、产品市场潜力大等特点，对于发挥我国主体能源优势，保障国家能源供应安全，具有积极意义，未来具有较大的发展潜力。截至“十三五”末，我国煤炭制油产能达到 823 万吨/年，与 2015 年度相比增加了 505 万吨，增幅为 158.8%。

（2）现代煤炭化工产业的碳排放现状。参照《温室气体排放核算与报告要求第 10 部分：化工生产企业》（GB/T 32151.10—2015），化工生产企业的温室气体排放为各个核算单元的化石燃料燃烧产生的 CO_2 排放、生产过程中的 CO_2 排放和 N_2O 等其他温室气体排放，以及购入电力、热力产生的 CO_2 排放之和，同时扣除回收且外供的 CO_2 的量，以及输出的电力、热力所对应的 CO_2 量。

煤炭化工利用煤炭可分为“原料”和“燃料”两种用途。作为原料时，煤炭参与化学反应，部分碳元素进入产品转化成清洁能源或化学品，部分碳元素转化为 CO_2，少量碳元素随灰渣流失；作为燃料时，煤炭通过燃烧提供热量产生蒸汽再发电，为化工生产提供动力和能量，理论上煤炭充分燃烧后碳全部转化为 CO_2，实际应用中煤炭燃烧后灰渣会带出少量残炭。由于部分碳进入产品，因而煤炭化工生产过程具有节碳能力。目前我国现代煤炭化工典型的产业化路径有煤炭制油（含直接液化和间接液化）、煤炭制天然气、煤炭制甲醇、煤炭制烯烃、煤炭制乙二醇，基本均以煤炭气化为龙头。在实际核算时，还应考虑购入电力、热力产生的 CO_2 排放。

结合 2020 年现代煤炭化工产品的产量，可核算得到行业的碳排放情况。测算可知，2020 年现代煤炭化工产业 CO_2 排放总量约 3.2 亿吨，约占石化化工行业排碳量的 22.5%。在现代煤炭化工产业中，如图 8-2 所示，煤炭制烯烃的碳排放约占 23.3%、煤炭制油的碳排放约占 10.9%、煤炭制天然气的碳排放约占 6.8%、煤炭制乙二醇的碳排放约占 6.2%、煤炭制甲醇（不含煤炭制烯烃中的甲醇）碳排放占比最大，约 52.8%。

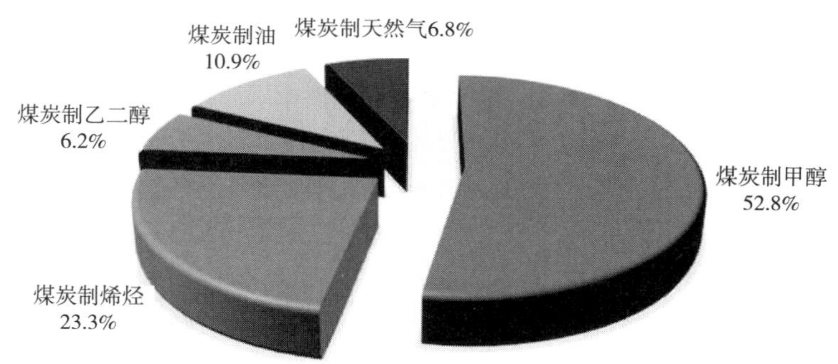

图 8-2　2020 年现代煤炭化工产业碳排放分布情况

统计各子行业的排碳结构可知，现代煤炭化工全行业 CO_2 排放中，约 33%来源于化石燃料燃烧排碳，约 3.5%来源于外购电、热间接排碳，约 63.5%来源于工艺过程排碳，工艺过程排碳主要是变换工序产生的 CO_2，在低温甲醇洗脱碳工序排放。

8.2.3　化工行业减碳措施

（1）原料替代。原料替代是减少煤炭化工行业煤炭消耗和 CO_2 排放的重要手段。以合成氨为例，目前，我国以煤炭为原料（无烟煤炭、烟煤炭和褐煤炭）制合成氨产能占合成氨总产能的 75%；而从世界范围来看，在 2000~2018 年阶段，煤炭占合成氨原料的比例仅为 28%，天然气份额稳定在 70%左右，预计到 2025 年，以天然气为原料的合成氨产能占比将上升至 74%，全部新增产能中的近 94%将以天然气为原料。我国受制于天然气资源局限和市场制约，以天然气为原料的合成氨产能增长缓慢，但可采用焦炉煤炭气作为合成氨原料（每吨合成氨产品可减少 1 吨 CO_2 排放），在促进焦化副产物综合利用的同时，减少合成氨煤炭耗及 CO_2 排放。且随着光伏、风电等新能源发展，工业绿氢的生产成本将进一步下降，未来可代替煤炭制合成气用于合成氨和甲醇等产品生产。近年来，为减少 CO_2 排放，有学者提出减少现代煤炭化工工艺中动力蒸汽、热源和自发电而配套建设的燃煤装置，将生产设备由蒸汽驱动改为电驱动，以及厂用电通过大电网取电满足，即燃料替代，尤其是绿电相对丰富的地区，预计全部替换可减少 30%现代煤炭化工 CO_2 排放。

（2）技术改造。技术改造是与时俱进的重要标识，也是煤炭化工行业煤炭耗和 CO_2 排放降低的重要措施。我国工业余热 60%可回收利用，目前回收率仅约 30%，其余以废热形式排放到大气或水体中。煤炭化工工艺过程产生大量的热媒水、热弛放气、热尾气等多种余热资源，可以用于发电。燕山石化应用低温余热发电技术实现每年节能 168 万吨标准煤炭，装置能耗降低约 5%。另外，煤炭化工落后的气化技术需要更新换代。目前我国采用固定床间歇式煤炭气化占合成氨总产能的 33.7%，气化效率低且污染较大，未来需要替换为先进煤炭气化技术。最后，智能化/自动化是煤炭化工行业发展的必然趋势，尤其是焦化行业，因其工艺环节稳定、产品产量大，若采用自动化技术能够有效地减少人力、物力和能耗。目前，焦化行业的自动捣固、装煤和出焦 SCP 一体化技术已较为成熟，但仅在山东和山西等地有部分应用，占比不足焦化企业总数的 3%。

（3）碳捕集和再利用。CCUS 技术作为 CO_2 减排重要措施之一，其发展潜力可期。从驱油封存角度考虑，我国约有 100 亿吨石油地质储存量适宜于 CO_2 驱油，预期可增采 7 亿~14 亿吨；全国的枯竭油气田、无商业价值的煤炭层和深部咸水层的 CO_2 封存潜力较大。综合考虑我国“富煤炭、贫油、少气”的资源存储状况及全球能源低碳转型的不可逆趋势，加快 CCUS 产业发展是支撑国家能源安全的必然选择。我国当前需要进一步积累经验，逐步提高 CCUS 技术水平，促进其成本下降，为实现 CCUS 的长期商业化应用做好准备。

现代煤炭化工 CO_2 的主要排放工序是净化（低温甲醇洗）排放尾气和锅炉烟气，其中净化尾气 CO_2 含量很高，基本均在 70%以上，有的甚至超过 99%，锅炉烟气 CO_2 含量为 10%~20%。可见，现代煤炭化工工艺排放的高浓度 CO_2 更易捕集利用，成本具有相对优势。

发展 CO_2 加工利用产品捕集的高浓度 CO_2，可以进一步利用加工生产化学品，实现固碳中和的目的。利用 CO_2 和氢气可合成甲醇，而甲醇又是重要的基本有机原料，下游可加工生产烯烃、甲醛、醋酸等多种化学品，目前该技术已经获得突破，多家研究机构和企业正在推进工业示范装置，未来可再生能源制氢与捕集的 CO_2 生产甲醇将是现代煤炭化工碳中和的重要手段，如果经验证的技术经济可行，规模化发展会颠覆当前 C1

化工的技术路线。此外，利用CO_2可加工生产碳酸二甲酯、可降解材料、芳烃、尿素、碳铵、纯碱、绿藻、无机盐等产品，从而实现固碳。此类技术未来将在碳中和过程中发挥重要作用。

8.3 石化行业碳中和技术

实践案例

国际石油公司碳中和目标具体行动路径

实现碳中和目标对能源行业是一次彻底的革命，加快调整生产方式减少碳排放，已成为大型石油公司的共识。在此背景下，越来越多的石油公司制定了碳中和目标路径。作为在碳中和目标布局方面处于全球领先地位的石油公司，壳牌、BP、道达尔、埃尼、艾奎诺、雷普索尔都提出了分阶段实现净零碳排放的目标路径，建立了碳排放指标体系，以及应对气候变化、实现碳中和目标的行动方案。

在改进工艺和产品方面，主要通过改进工艺提高能效，减少生产作业中的碳排放量，同时改进公司产品以帮助客户降低碳排放量。壳牌规定每年碳排放量超过5万吨的作业资产必须制订温室气体管理计划，提高自身生产作业的能效；同时针对各行业客户开发定制化的减排解决方案，帮助其减少燃料消耗和降低排放量。

在碳捕集、利用和封存技术及碳汇方面，主要通过大力开发和部署CCUS技术以及种植森林等措施，来实现碳补偿或碳抵消。壳牌提出到2035年建设25个与加拿大Quest项目规模相当的CCS设施，新增2500万吨/年的碳储存能力。埃尼提出到2030年建成储存能力达700万吨/年的CCS项目，到2050年碳储存能力达5000万吨/年；建设一级和二级森林保护项目，到2050年补偿相当于4000万吨/年的CO_2排放量。

问题导读

（1）我国石化行业的发展情况如何？
（2）我国石化行业碳排放的来源是什么？
（3）我国石化行业采用什么技术才能实现碳达峰和碳中和？

石化行业是国民经济的重要支柱产业，经济总量大，产业关联度高，与经济发展、人民生活和国防军工密切相关，在我国工业经济体系中占有重要地位。石化行业碳排放占全国的13%左右，行业尽早实现碳达峰对我国实现“双碳”目标意义重大。石化行业围绕化石资源加工转化，利用方式是以原料为主、燃料为辅，因此具有“用碳大于排碳”的特点。石化行业不仅涉及能源的生产供应，还是原材料行业的重要龙头，用碳方式复杂、排碳规模较大、减碳任务紧迫，行业尽快实施有效减排措施、实现峰值控制具有重要的现实意义。从生产侧，围绕化石资源转化，重点在于原料向低碳结构调整、转化利用向集约高效优化，强化源头减碳和过程减碳；从需求侧，有必要优化生产和消费结构，既发挥自身资源化利用方式固碳能力，实现多固碳、少排碳，又加强绿色产品生产开发，助力其他行业和社会各领域减碳。因此，石化行业在碳达峰任务中的重要作用不可小觑。

2019 年全球能源消费 144×10^8 吨油当量，其中石油和天然气分别占 33% 和 24%。2019 年，中国石油、天然气消费所排放的 CO_2 分别达到 15.2 亿吨和 5.9 亿吨，占全国总排放量的 21%。因此，中国石化行业在 2060 年“碳中和”目标下面临巨大挑战，亟须技术创新。

石化行业的碳中和技术分为碳减排、碳零排和碳负排。

8.3.1 碳减排技术路径

（1）源头绿色开发。石化行业源头绿色开发主要包括 CO_2 压裂、CO_2 驱油和 CO_2 水合物置换开采等技术，可实现碳减排并提高化石燃料产量。

（2）过程低碳利用。分子炼油技术从分子尺度优化石油加工工艺，将原料定向转化为产物分子，副产物少，能实现轻质油品和化工原料的高值化生产。分子炼油技术包括清洁汽油和清洁柴油生产技术、分子化重油加工技术和炼厂干气加工利用技术等。2002 年，埃克森美孚公司提出结构导向集成方法，建成动力学模型并应用于多个炼厂。2008 年，镇海炼化导入“分子炼油”理念，优化原油资源、资源流向和能量配置，实现了炼油和乙烯整体效益最大化。茂名石化通过干气提浓装置把炼油干气中的 C2、C3 组分分离出来，供给蒸汽裂解装置作为乙烯原料，减少燃料中 $C2^+$ 组分的浪费。

原油直接生产化学品技术是以低价值的原油为原料直接制备轻烯烃（乙烯、丙烯、丁烯和丁二烯）和芳烃等高价值的化学品，具有流程短、能耗低、投资小和化学品收率高等优点。目前，此工艺可分为四代，分别是原油直接制烯烃、优化传统技术以生产更多的化工原料、原油进入加氢裂化装置（通过脱硫、裂解、催化裂化等技术生产烯烃）、通过加氢裂化技术提高原油制化学品的转化率。

（3）减污降碳协同技术。石化行业“三废”排放量大、治理困难、技术匮乏。为实现碳减排目标，提出石化“三废”减污降碳协同技术，包括以物理法为核心的石化废水减污降碳协同技术、以回收利用为核心的石化固废和石化废气减污降碳协同技术，力争形成资源节约型、环境友好型的碳减排技术路线。

石化废水减污降碳协同技术：石化废水种类繁多且成分复杂，毒性大，含有石油类、苯系物、多环芳烃类、腈类、有机氯等多种有毒有害物质。目前常用的石化废水处理技术包括物理分离、化学转化和生物降解技术等。其中，以物理法为核心的减污降碳协同技术，可减少治理过程中的碳足迹，实现石化废水的低碳处理及资源化回收。

石化固废减污降碳协同技术：石化固废常使用焚烧、填埋处置，产生大量 CO_2 和

CH_4等温室气体。因此，将石化固废资源化或回收利用是未来石化行业“碳减排”发展方向。如石化企业产生的炉渣、灰渣可用于制造水泥建材。

石化废气减污降碳协同技术：石化行业是油气废气（VOCs）排放的重点行业，VOCs包括苯系物和轻烃类等。VOCs回收技术主要回收轻质油品储存和装卸过程中的逸散烃类，回收后的VOCs可经过分离纯化等工序加以再利用，可避免催化氧化、蓄热氧化、热力焚烧等技术处理VOCs造成的大量CO_2排放。具体回收技术包括吸收、吸附、冷凝、膜分离以及组合工艺等。目前，VOCs回收资源化技术趋于成熟，实现了商业应用。

8.3.2 碳零排技术路径

（1）可再生能源和核能发电。在碳中和目标下，从传统以化石燃料为主的火力发电向可再生能源和核能发电转变，可减少CO_2排放，减缓环境压力并满足当下的能源需求。例如，大庆油田已建成变电所300余座，采用光伏发电模式；截至2021年，吉林油田建成15MW光伏发电项目，累计发电约6.4×10^7kW·h；冀东油田已在南堡油田人工岛试验安装风光互补路灯125套，年节约用电4.6×10^4 kW·h；玉门油田建成第一座分布式光伏电站，年可发电预计可达1×10^6 kW·h。

（2）绿氢。氢是一种“碳中性”的燃料，全球商用氢气96%源自化石燃料，但化石燃料制氢会加剧温室效应。电解水制绿氢是石化行业“碳零排”重要技术路径，发展此技术路径需配置必要应急调峰发电能力和分布式电解水制氢能力。“绿氢”替代“灰氢”可有效降低CO_2排放。据中国氢能联盟预测，2050年“绿氢”占氢气来源的70%，可减排CO_2约7108吨。2010年，在江苏大丰建成了我国第一个产氢能力为120m^3/d的风电电解水制氢项目。2021年3月9日，华能四川公司与彭州市政府合作，建设2600m^3/h（标准状况）水电解制氢站、高密度储氢设备和充氢站。

（3）废弃生物质制能源化学品。生物质是唯一一种可再生的有机碳源，可替代化石资源制备生物炭、燃气以及能源化学品。如以中国73%的秸秆为原料，该技术到2050年累计温室气体减排量可达8620 Mt CO_2-eq（Mt CO_2-eq表示百万吨CO_2当量）。生物质最好的利用方式之一是制备大宗能源化学品。生物质可通过气化合成、热解、生物发酵、催化裂解等技术转化为生物柴油、生物质热解油和生物乙醇燃料等液体燃料，还可实现化学品如苯、甲苯、二甲苯等芳烃化合物的生产。

8.3.3 碳负排技术路径

生物质能碳捕集与封存技术（BECCS）属于间接碳捕集技术，与传统的CCUS技术相比，BECCS可以实现负排放，属于特殊的CCUS负碳技术类型。因此，BECCS可以降低大气中CO_2浓度。具体来说，该技术首先捕集石化工业生产过程中产生的CO_2，而后微藻利用CO_2完成自身生长，最后微藻通过气化、水热液化、热解、直接燃烧和厌氧消耗转化为沼气、生物油、合成气和生物煤炭等。然而，微藻生产燃料过程复杂，主要包括大规模种植、收获、深度脱水、油脂提取和生物燃料转化。栽培和收获过程消耗整个过程所产生能量的25%~70%，后处理需消耗15%~30%。因此，如何最大限度地减少生物燃料产品的能源投入，降低生物燃料产品的成本，是技术研发和工程集成面临的挑战。

二氧化碳利用技术主要包括：化学利用、物理应用、地质封存和生物利用等。CO_2化工应用就是利用化学法将CO_2转化为目标产物的方法。目前，已经实现了CO_2较大规模化学利用的技术主要有CO_2与氨气合成尿素、CO_2与氯化钠生产纯碱、CO_2与环氧烷烃合成碳酸酯以及CO_2合成水杨酸技术。

CO_2物理应用在饮料、啤酒等方面有很多应用。比如将CO_2用作制冷剂，在食物、空调、热泵等场所有很多应用。CO_2的物理应用还可以将其制作为干冰，干冰的冷却能力约为水的两倍，最大的特点是升华冷却时不留痕迹，无毒无害，能够用于食品的保存和运输等环节的冷却。

CO_2地质封存与利用是指将CO_2注入地层以及深水层中，利用地质条件或地下矿物生产煤层气、石油、天然气及页岩气等产品的方法。

8.4　水泥行业碳中和技术

实践案例

欧美领军水泥企业——海德堡水泥

海德堡水泥（Heidelberg Cement）承诺，到2025年，每吨水泥净CO_2排放量与1990年相比降低30%；到2030年，降低33%；2050年生产碳中和的混凝土。为实现这一目标，海德堡水泥公司已为所有工厂确定了具体的CO_2减排措施。①增加替代燃料的使用并提高能源效率；②优化窑炉和粉磨系统，降低熟料系数；③推动碳捕集、利用和贮存项目；④促进循环经济和创新产品。

海德堡于2020年12月发布消息，将在挪威布雷维克（Brevik）水泥厂建设全球水泥行业第一条全面（Full-Scale）CCS项目，预计每年可以捕集40万吨CO_2并永久封存。该项目现场工作于2022年冬季开始，并计划于2024年初结束。预期在2024年前实现CO_2从烟气中的分离，最终可以减少该厂CO_2排放量的50%。

海德堡水泥公司表示，计划通过碳捕集技术，在2030年前将位于瑞典哥特兰岛Slite的工厂建造成全球第一座碳中和水泥厂。瑞典75%用于混凝土生产的水泥是由该工厂生产的。从2030年起，该工厂每年将捕获180万吨的CO_2，捕获的CO_2将被安全运输到离岸几公里的基岩下的永久储存地点。

除碳捕集和封存项目外，海德堡水泥还在与欧洲水泥研究院合作开展全氧燃烧富集CO_2的示范、LEILAC技术应用（间接换热，然后收集碳酸盐分解的CO_2）、低碳混凝土的开发等碳减排项目。

问题导读

（1）我国水泥行业的发展情况如何？

（2）我国水泥行业碳排放的来源是什么？

（3）我国水泥行业采用什么技术才能实现碳达峰和碳中和？

由于经济的快速增长，尤其是第三世界国家基础建设对水泥需求量的激增，必然会带来水泥行业的蓬勃发展，据美国地质勘探局（USGS）的统计数据显示，2019 年全球水泥产量约为 41 亿吨，需求量比 2018 年约增长 1. 8%。全球水泥行业供小于求，市场仍存在一定的增长空间。

8. 4. 1　水泥行业碳减排形势

近几年，尽管疫情令全球经济建设进度放缓，但水泥需求量仍在不断攀升。我国自 1978 年开始发展预分解窑水泥生产技术以来，江西万年青 2000 吨/天熟料生产线于 20 世纪 80 年代建成投产，后期又相继研发出 50000 吨/天、80000 吨/天和 100000 吨/天等规模的预分解窑水泥熟料生产线，水泥熟料生产线单条及整体规模均在不断攀升。国家统计局数据显示，2020 年全国累计水泥产量 23. 77 亿吨，位居世界第一；碳排放形势持续严峻，2020 年，水泥行业在全国所有工业行业中，碳排放总量约 13. 75 亿吨，占全国碳排放总量的 13. 5%左右。

面对水泥日益增长的需求和限制碳排放的政策实施，水泥产业亟须从根本上解决碳排放的问题，否则可能会面临高额的排放费用甚至关停的风险。水泥是国民经济的基础原材料，在未来相当长的时期内，水泥仍将是人类社会的主要建筑材料。水泥行业一方面是我国重要基础产业，支撑着国民经济高速发展；另一方面又因属于高碳排放产业，亟待向低碳、绿色、环保转型。

8. 4. 2　水泥行业碳排放来源

水泥生产过程可分为原材料准备、熟料烧成和水泥粉磨生产三个主要阶段，在此过程中的能源消耗主要包括电能和热能。以上三个生产环节均需利用电能，熟料烧成阶段还要消耗大量的热能。水泥生产企业 90%的 CO_2 排放来自熟料生产（燃料燃烧和原材料之间的化学反应），其余的 10%来自原材料制备和水泥产品生产阶段。

水泥生产过程中碳排放的来源主要包括以下几个环节：①水泥生料中碳酸钙分解产生 CO_2；②熟料生产过程中煤炭、油等燃料燃烧产生的 CO_2；③生料中钢渣、煤矸石、粉煤炭灰等含有的非燃料碳在高温煅烧过程中转化的 CO_2；④协同处置废弃物过程中，替代燃料以及废弃物中非生物质炭燃烧产生的 CO_2；⑤水泥厂净购入的电力、热力对应的 CO_2。

以上几个排放来源中，生料煅烧过程中，碳酸钙和碳酸镁分解成氧化钙和氧化镁所产生的CO_2是主要来源，约占总排放量的83%，燃料燃烧紧随其后。相比之下，其他来源如电力、热力的使用，只占水泥厂CO_2排放总量的极小部分。在当前技术水平下，只要继续使用碳酸钙作为水泥熟料的生产原料，分解过程中的CO_2排放便无法降低，除非有足够的氢氧化钙、氧化钙原料（如电石渣）可直接使用，这涉及自然资源的分布及化工过程的阶段划分。

8.4.3　水泥工业碳减排路径

针对水泥工业的碳排放主要来源，碳减排技术路径主要包括能源效率提升、替代原燃料及新能源、熟料替代与新型低碳水泥、碳捕集利用和封存以及混凝土碳化等方面。

8.4.3.1　能源效率提升

能源效率提升技术包括减少化石能源消耗、降低系统电耗和提高系统余热利用效率。影响预热器系统的热效率的主要因素有旋风筒连接管道系统的气固换热效率和旋风筒的分离效率。采取合理的管道风速与结构设计，优化撒料装置，合理布置物料下料点，从而提高连接管道气固换热效果。优化旋风筒结构型式，使其具备合理的旋转动量矩，进一步提高其分离效率；另外，合理控制窑头、窑尾送煤炭风量及窑头燃烧器一次风率，减少进入系统的冷风量。

增加预热器级数：入窑生料增加一级预热，预热器出口温度降低50~60℃，达到260~270℃。根据计算，CO_2出口废气温度每降低15℃，熟料标煤耗约每吨降低1kg，故熟料烧成热耗每吨可直接降低3.3~4.0kg。考虑到熟料标煤耗的降低，烧成系统整体风量将降低，CO_2出口废气带走显热将更低，故预热器五级改六级后，熟料标煤耗每吨可降低3.5~4.5kg。

降低热耗的措施还包括：提高篦冷机热回收效率；增大篦冷机冷却风机的风量；对分解炉、烟室、回转窑、窑头罩等高温设备，采用导热系数极低的新型纳米隔热材料，可进一步降低设备的表面散热。除了先进的设计水平外，节能降耗与操作管理的关系也十分密切。通过智能化控制技术可使系统始终保持在最佳状态下运行，降低因波动引起的热耗增加。降低电耗的主要措施是原料磨粉节能改造。

经过40年的持续技术创新，中国已经是世界水泥生产高能效的先行者，熟料烧成热耗和综合粉磨电耗现有技术指标达到或超过国际领先水平。我国水泥窑5000吨/天及以上规模的水泥生产线，几乎100%采用余热发电技术。除非出现颠覆性技术，否则未来利用该技术途径减排潜力不大。

8.4.3.2　替代燃料技术

替代燃料技术具有碳减排效果显著、技术成熟度相对较高、减排CO_2成本低、对原生产系统影响小等诸多优点，已成为全球水泥行业近阶段减碳的首选工艺路线。欧洲积极推动燃料替代技术，在本土水泥生产中已经实现高比例替代率。美国高度重视燃料替代，尽管目前燃料替代率只有 14%，但是计划于 2030 年达到 35%。其他国家也在积极推动燃料替代，例如日本的水泥生产燃料替代率 2020 年已经达到 20.3%。

（1）生物质燃料。在中国 2050 年零碳情景中，生物质能将扮演有限但重要的角色，它的开发利用能缓解碳达峰、碳中和的压力。生物质提供清洁优质能源，可部分替代煤炭、石油和天然气，它既可以是能源载体，也可以作为工业生产的原料。根据《中国水泥生产企业温室气体排放核算方法与报告指南（试行）》，生物质燃料燃烧所产生的 CO_2，被视为无气候影响，不需进行核算和报告。因此生物质的燃烧为零碳排放，减碳率为 100%。

目前，作为能源的生物质主要是农林废弃物、城市和工业有机废弃物及动物粪便等。农林废弃物种类非常多，包括树枝、秸秆、稻草、花生壳、树干、棉花秸秆、茶籽壳、果壳、杂草、树叶、果木、家具厂废料、竹子及竹器加工厂废料等。根据我国农业农村部印发的《关于推进农业废弃物资源化利用试点的方案》，全国每年产生畜禽粪污 38 亿吨，综合利用率不到 60%；每年产生秸秆近 9 亿吨，生物质具有资源储量丰富的特点。

（2）垃圾衍生燃料（RDF）。RDF 是将生活垃圾经破碎、筛选、成型等工艺得到的可燃固体颗粒物。欧美日等发达国家利用 RDF 作为水泥分解炉替代燃料，采用不同的制备工艺，制成不同等级的 RDF，高品质 RDF 替代率可达 50%以上，最高达到 100%。国内基于成本因素考虑，RDF 一般由城市生活垃圾经过破碎和简单分选而来，其水分含量高、热值及灰分波动较大，作为水泥分解炉替代燃料使用，替代率普遍较低，对烧成系统生产运行及熟料质量和产量的影响较大。

国外比较典型的水泥窑替代燃料技术包括丹麦史密斯公司的热盘炉、德国蒂森克虏伯公司的水泥窑阶梯外挂炉和德国洪堡公司的旋转燃烧反应器。国外各大水泥生产跨国集团正在逐步将燃料替代技术用于海外水泥生产企业，提高集团在全球的燃料替代率。例如 2020 年，德国海德堡的燃料替代率为 25.7%、墨西哥西麦斯为 25.3%、瑞士拉法基豪瑞为 21%、日本太平洋为 14.1%。我国在利用水泥生产线协同处置生活垃圾、污泥和危废等方面已攻克了诸多技术难关，中建材、海螺、华新、金隅冀东、山水等水泥集团均开展了燃料替代应用示范，燃料替代率最高达到 30%以上。但是到目前为止，全国水泥工业的平均燃料替代率尚不足 5%。

（3）氢能。氢能容易耦合电能、热能、燃料等多种能源，并与电能一起建立相联相通的现代能源网络，显著增加电力网络的灵活性。目前，日本、韩国、欧美等国高度重视氢能产业的发展，不同程度地将氢能作为能源创新的重要方向。海德堡、拉豪、CE-MEX 等国际知名水泥公司均把氢能技术列为重要目标方向，大力发展氢能技术，早在几年前就进行技术布局和研发，并且有半工业化的试验运用。目前，德国海德堡水泥公司的子公司汉森水泥公司在水泥窑中使用 20% 的氢气、70%的生物质燃料和 10%的甘油，但氢能利用技术的相关设备并未有详细报道。

在我国，2019 年氢能首次被写入《政府工作报告》；2022 年 3 月发改委正式发布《氢能产业发展中长期规划（2021—2035）》，明确氢能是低碳转型的重要载体，是国家能源的重要组成部分。在我国实现碳中和过程中，氢能将会在我国工业领域减碳进程中扮演重要角色。但由于经济性等原因，各个水泥集团及研发机构对氢能煅烧水泥熟料的研究尚处于起步阶段。

氢能作为替代燃料可以降低煤炭使用比例，积极探索氢能在水泥行业的碳减排领域的作用，开展氢能替代煤炭生产水泥熟料关键技术的研究，对水泥行业的碳减排具有重大意义。建材行业作为能源、资源消耗型产业，产业的绿色低碳发展必然离不开氢能的应用。

8.4.3.3 二氧化碳捕集与利用

利用 CCU 技术将水泥窑废气中的 CO_2 捕集后，其可作为一种原料资源销售给有关的化学企业、食品（饲料）企业、光伏企业等用于生产甲醇、人造燃料、化学产品、干冰、制冷、发泡、光伏级 EVA 树脂、人工淀粉等产品。CO_2 的开拓利用技术已经显现成效，而且正在继续扩大开创之中。CCU 不仅有利于水泥企业降低捕碳成本，还能增加销售 CO_2 的经济收益，投资回报比较快，助力水泥企业转型为同时生产水泥和 CO_2 两种产品的联合工厂。

8.5 有色金属冶炼行业碳中和技术

实践案例

中国铜业四家企业领跑铜铅锌冶炼行业能效水平

工信部发布 2022 年度重点用能行业能效“领跑者”企业名单，中国铜业所属西南铜业、赤峰云铜，驰宏会泽冶炼、驰宏综合利用等 4 家企业分别领跑铜、铅、锌冶炼行业能效水平。其中，西南铜业连续 4 年蝉联铜冶炼能效“领跑者”。

长期以来，中国铜业及所属企业将节能降碳作为转变经济发展方式、推动企业高质量发展的重要抓手。该公司加强科技创新，优化能源消费结构，强化固体废物综合利用，提高资源综合利用效率，在能源管理、节能技术的推广运用和持续投入方面采取有力措施，取得显著成效。

四家企业始终将清洁生产、节能减排及资源循环利用作为企业可持续发展的命脉，建设能源管理中心，建立能源管理体系并通过认证，持续改进能源管理绩效，不断提升技术水平和设备运行效率，强化污染物排放管控，提高资源循环利用水平。综合能耗、煤炭耗逐年降低，废气、废水、废渣循环利用吃干榨尽、变废为宝，充分发挥循环经济产业链的整体优势，实现了资源循环利用和节能效益的最大化。同时利用深入推进能源管理标准化体系建设，开展能耗对标提升工作，深度挖掘节能潜力，实施硫酸低温余热回收、硫酸电除雾器降耗等节能减排项目。通过变压器改造、变频技术与连锁控制系统运用，引进高效、节能型双螺杆式空气压缩机，自主开发焙尘浸出工艺等节能技术改造，降低过程能源损耗，不断提高锌冶炼直收率，实现收益节能双丰收。

问题导读

（1）我国有色金属冶炼行业整体的发展情况如何？
（2）有色金属冶炼行业碳排放的来源是什么？
（3）有色金属冶炼行业采用什么技术才能实现全国性的碳达峰和碳中和？

2020年我国十种有色金属产量达到6168万吨，有色金属行业的二氧化碳总排放量约6.5亿吨，占全国总排放量的6.5%。其中，铝冶炼行业排放占比77%左右，铜铅锌等其他有色金属冶炼业约占9%，铜铝压延加工业约占10%。

8.5.1 有色金属工业碳排放现状

我国是世界最大的有色金属生产国和消费国，有色冶金一直以来和钢铁、化工、建材等传统行业被重点管控。有色金属工业碳排放具有以下显著特点：

（1）有色金属工业碳排放相对集中，铝冶炼行业碳排放占有色金属工业的76%；

（2）我国有色金属资源禀赋差，现行技术能耗高、碳排放量大；

（3）冶炼使用可再生能源及再生金属占比低；

（4）锂电、光伏等新兴载能产业发展迅速，硅锂镍等新兴载能金属冶炼的碳排放量将显著增加。上述碳排放特点决定了有色金属工业低碳技术路径。

有色金属有64种，有色金属工业常以生产量大、应用较广的十种金属（铝、铜、铅、锌、锡、镍、锑、汞、镁及钛）进行产量统计。我国十种有色金属产量自2002年开始已连续21年位居世界第一。2020年我国十种有色金属中，原铝产量3708万吨，约占有色金属的60%，铜、铅、锌产量分别为1003万吨、644万吨和643万吨，分居第二、三、四位。据有色金属工业协会统计，2020年我国有色金属工业CO_2排放量约6.6亿吨，其中有色金属冶炼、压延加工、采选分别排放$CO_2$5.88亿吨、0.63亿吨、0.09亿吨，分别占比89%、10%和1%，因此有色金属冶炼是有色金属工业碳排放的重点。在有色金属冶炼中，铝冶炼行业CO_2排放量约5.0亿吨（其中氧化铝0.7亿吨、电解铝4.2亿吨、再生铝0.1亿吨），占有色金属工业总排放量的76%，后续依次为锌冶炼和镁冶炼，分别为0.24亿吨和0.17亿吨，铝冶炼行业是有色金属工业CO_2减排的核心。有色金属工业碳达峰主要取决于电解铝的产量。2018年我国确立了4500万吨电解铝产能上限，预计电解铝在2025年前后达到峰值，电解铝产量约4100万吨，CO_2排放量约4.6亿吨。综合预测，2025年有色金属工业将实现碳达峰，碳达峰峰值为7.5亿吨，较2020年增长0.9亿吨。锂电储能和光伏发电作为新能源的重要支撑，金属再生减污降碳优势明显，均是实现碳中和目标的重要举措，预计锂、镍、钴、硅等新兴载能金属及金属再生产业将加速发展。据预测，到2035年，锂电需求量达1050GW，距2020年增幅达483%；光伏需求量达1310GW，距2020年增幅达390%。

有色冶炼行业碳排放源分为间接排放和直接排放。间接排放系指电力和热力产生的碳排放，如有色金属电解及高温电炉等冶炼用电产生的碳排放，排放比例约占68%。直接排放主要包括：

（1）碳原料：碳作为反应物产生的碳排放，如铝电解过程用碳素阳极，硅冶炼、钛冶炼用碳等，排放比例约占12%；

（2）碳燃料：化石燃料燃烧产生的碳排放，如高温窑炉及蒸汽生产等，排放比例约占15%；

（3）其他：工艺过程产生的碳排放，如碳酸钙分解制石灰产生的 CO_2 等，约占5%。

由此可知，有色冶炼行业减碳关键在于：用可再生能源代替火电，实现清洁能源替代；发展先进低碳技术与装备，降低碳原料和碳燃料用量；实现金属再生利用，从源头削减碳原料和碳燃料用量；对有色金属工业产生的 CO_2 进行捕集和利用。

8.5.2 有色金属工业实现碳中和的途径

有色金属工业实现碳中和的主要途径有使用清洁能源、提高能源利用率和发展CCUS技术等。

8.5.2.1 使用清洁能源替代传统化石能源

有色金属工业的碳排放主要由化石能源消耗引起，矿石自身产生的碳排放相对较少。2020年，我国一次能源消耗总量将近50亿吨标准煤炭，有色金属工业能耗约占全国总能耗的6%，约3亿吨标准煤炭。有色金属工业消耗的能源主要为煤炭、石油、天然气等化石能源，其中还包括相当一部分的电能。清洁能源如氢能、太阳能等在有色金属工业中还未能实现大规模应用。清洁能源不产生温室气体，对环境友好，因此大力推广清洁能源在有色金属工业中的应用可从根本上解决碳排放的问题。

有色金属工业冶炼用电主要用于金属电化学提取及高温电炉加热。电化学方法因具有环境污染少、利于综合利用等显著优势，其在有色金属工业中得到广泛应用，如工业上铝、铜、铅、锌、镍等大宗金属均采用电化学方法提取。电化学过程对用电稳定性要求高，因此迫切需要突破新能源与电化学过程高效融合互动关键技术，形成新能源与电化学过程生产负荷、火力发电的协调运行策略，促进源网荷优化协调控制，实现新能源就地消纳，大幅提高电化学过程绿电能源自洽率。

8.5.2.2 提高能源利用率

（1）开发新工艺，淘汰落后工艺。有色冶金工艺可谓百花齐放、百家争鸣。我国有色金属工业经过数十年的发展，基本上拥有世界上所有已知的冶金工艺，但各冶金企业发展状况不同，部分企业仍使用落后的生产工艺，造成能源大量浪费。在实现碳中和的进程中，有色冶金企业应逐步淘汰落后工艺，采用新工艺，降低能源消耗，提高能源利用率。例如，铜熔炼应优先采用先进的富氧闪速及富氧熔池熔炼工艺，替代反射炉、鼓风炉和电炉等传统工艺；氧化铝优先发展选矿拜耳法等技术，逐步淘汰直接加热熔出技术；电解铝生产优先采用大型预焙电解槽，淘汰自焙电解槽和小型预焙槽；铅熔炼优先采用氧气底吹炼铅工艺及其他氧气直接炼铅技术，改造烧结鼓风炉工艺，淘汰土法炼铅工艺；锌冶炼优先发展新型湿法工艺，淘汰土法炼锌工艺。

（2）提升关键设备设计制造水平。扩大有色金属工业单体规模，采用大型、高效的节能设备，提高能源效率；优化核心设备结构，改进炉内燃烧气氛，保证燃料充分燃烧，提升燃烧效率和传热效率；加强炉窑保温，降低散热损失。

（3）发展热能梯级利用技术。发展热、电、冷联产热能梯级利用技术，充分回收不同品位的热能并加以利用，最大限度地节约能源，降低能耗。

8.5.2.3 金属再生利用

再生金属与原生金属相比，生产过程碳排放有显著降低。再生铝的碳排放约是原生铝的3%~5%，再生铜的碳排放约是原生铜的21%。随着有色金属工业快速发展，金属矿产原生资源快速消耗，而可开采资源越来越少，我国铝、铜、铅、锌的资源对外依存度分别为60%、70%、30%及20%，行业可持续发展将逐渐依赖于再生资源。有色金属再生利用对我国有色金属工业资源安全保障、可持续发展以及节能环保具有重要支撑作用，是有色金属工业实现碳达峰、碳中和的重要路径。

“十三五”期间，我国再生有色金属产量达 6917 万吨，占新中国成立以来累计产量的 40%，在全国有色金属总产量的比例稳定在 25%左右。2020 年我国再生有色金属产量达到 1450 万吨，其中再生铝产量 740 万吨，占铝产量的 20%；再生铜 325 万吨，占精炼铜产量的 32.4%；再生铅 240 万吨，占铅产量的 37.25%；再生锌产量 80 万吨，占锌产量的 12.5%。欧美日等发达国家金属再生产业发达，2020 年美国再生铝、再生铜占铝、铜产量的比例分别超过了 70%和 50%，日本的铝、美国的铅已经实现 100%由再生金属原料供给，欧洲的再生铅产量已达 80%以上。

有色金属再生利用主要有三类技术：第一，保级利用技术，即将有色金属相关材料产品进行重新加工，使其再生为可重新使用的新材料。第二，降级利用技术，将有色金属材料在完全废弃之前用在其他可以利用的领域，使在其生命周期内可利用的价值得到充分利用。第三，化学分解再循环利用技术，即通过化学方法对相关有色金属材料进行分解，再对分解之后的金属进行分别回收。

8.5.2.4 二氧化碳捕集与利用

有色金属工业排放的烟气温度高、成分复杂，且部分还含氟化氢、碳氟化物等有害成分，这给 CCU 技术的实施带来了极大难度。我国有色金属工业开展 CCU 起步较晚，进展也较为缓慢。有色金属工业碳排放源中，电解铝过程 CO_2排放量最大，因此电解铝 CO_2烟气的净化与利用是未来有色金属工业 CCU 技术发展重点。

有色金属工业产生的固废也是有效的碳捕集原料，如氧化铝生产过程中产生的赤泥固废具有强碱性，可用于捕集 CO_2、制备生物质能碳汇材料等。如中国科学院过程工程研究所采用亚熔盐法将赤泥与粉煤炭灰联合处理提取氧化铝后，富硅相转化成为生态碳汇材料，在盐碱地改良、沙地治理等方面显示了良好的应用前景。

【课程习题】

1. 选择题

(1) 我国钢铁行业的碳排放量最大的来源是（　　）。

A. 电能　　B. 煤炭气

C. 煤炭　　D. 天然气

(2) 在我国水泥行业中，排放量最大的来源是（　　）。

A. 燃煤　　B. 原材料煅烧

C. 水泥包装　　D. 烟气脱硝

(3) 在我国炼油行业中，二氧化碳排放量最大的来源是（　　）。

A. 裂化炉　　B. 催化裂化装置

C. 加氢裂化器　　D. 重油加氢裂化器

2. 判断题

(1) 我国有色金属资源禀赋差，现行技术能耗高、碳排放量大。（　　）

(2) 生物能源与碳捕获和存储技术可以实现二氧化碳负排放。（　　）

(3) 煤炭是我国工业生产中最主要的能源，但煤炭燃烧所产生的氧化物排放量较低。（　　）

3. 填空题

(1) 化工行业的减碳措施包括（　　）、（　　）和（　　）等。

(2) 节能减排的方式有很多种，如提高能效、（　　）、工艺改进、（　　）和（　　）等。

(3) 碳捕集和再利用技术包括（　　）、（　　）、膜分离和（　　）等。

【拓展案例】

欧洲钢企：豪掷千亿欧，猛攻碳中和

【课程作业】

简要论述水泥生产企业（日产2000吨水泥熟料）产生碳排放的来源、产量，可以采样的碳捕集、利用与封存等方式，不少于1000字。

第9章
交通运输领域碳中和技术

【教学目标】

知识目标 了解能效提升、燃料替代和绿色能源替代技术的原理和意义。
方法目标 学习交通运输领域碳中和的路径和方法。
价值目标 认识能源结构调整对交通运输领域碳中和的重要意义，理解科技是第一生产力的价值内核。

9.1 交通运输发展概述

实践案例

高铁的碳中和之路

2008年8月1日，在北京奥运会即将开幕的时刻，中国第一列高铁——京津城际铁路正式开通运营，它以最高350km/h的速度标志着中国正式迈入高铁国家行列。截至2023年11月底，我国高铁营业里程4.37万公里，在我国铁路总里程中占比28.1%，最高时速可达487.3km（中国和谐号CRH380，暂居全球第二位），极大地方便了出行，让高铁真正走入了寻常百姓家。时速超过1000km的超级高铁也正在向我们走来，相信未来的铁路运输又会出现让人意想不到的突破。

高铁除了快，在“双碳”目标的背景下，高铁还做了哪些低碳策略呢？

（1）电力驱动保高效。高铁跑那么快，是烧油还是耗电的呢？或许我们坐上高铁时会有这样的疑问。高铁是由电力驱动的，其实不止高铁，一些速度比较快的列车也是采用电力驱动方式。因为电力驱动具有一次性载客数量大、无污染、动力足等优势。

有资料显示，时速为350km的高铁每小时的耗电量约为9600kW·h，每公里的耗电量仅为27.4kW·h；如果时速为250km的话，高铁运行一小时，耗电量约为

4800kW·h，但也可以供某“一晚低至一度电”的空调开上13年。中国高铁的人均百公里能耗为大客车的50%，和飞机相比更是仅为飞机的18%。而在一些铁路线上，例如南广高铁，复兴号动车组在250km/h的运行速度下，从南宁到广州的人均百公里仅消耗2kW·h。

（2）优化货物运输结构，压缩碳排放。近年来，随着快递行业的发展，铁路在货物运输上的优势逐渐凸显，相比公路运输，铁路有着载货能力大、运输效率高、运输成本低的特点。为了压缩碳排放，铁路部门在“公转铁”“散改集”等模式上更是下了大力气，在源头上完善交通运输体系，充分发挥港口、货站等定点货物集散地优势，整合线路点对点的货运需求，提高运输能力。通过增加货物运输量减少更高耗能的公路货运量，进一步压缩碳排放，实现节能减排。

（3）推动智能高铁建设，实行电子客票服务，减少碳排放。“双碳”目标的实现离不开科技创新。作为“十三五”期间的重大自主创新成果，“复兴号”高铁列车充分体现了科技创新对绿色、高效、智能铁路建设的重要性。在智能高铁建设上，铁路部门加大了对低碳技术的应用，在建设初期就明确低碳环保的发展目标，减少碳排放。同时，铁路部门还大力推动电子客票服务，大大减少对纸质客票的依赖，减少纸张消耗，让铁路的发展更加绿色、更加低碳环保。

（4）加快绿色生态长廊建设，美化铁路两侧环境，努力做到碳中和。为了打赢“蓝天保卫战”，实现铁路企业碳中和，近几年的铁路建设越来越注重铁路周边用地绿化建设，努力发挥行业优势，以“连起来、厚起来、茂起来、美起来”为目标，投入人力、物力、财力用于林带种植、缺株补种、日常养护等，在铁路沿线两侧筑起一道绿色屏障。

问题导读

（1）从消费者的角度谈谈，高铁为什么能成为非常受欢迎的交通方式？

（2）除了上述几点，高铁对碳中和还有哪些贡献呢？

人类总是在不断地创造历史、创造生活。据记载，两千多年前，有一位名叫奚仲的管车大夫，他研制了用两个轮子架起车轴，车轴固定在带辕的车架上，车架上带有车厢，用来盛载货物。最初的时候是用人来拉或推车行走的，随着动物的驯化，人类用马和牛拉车，使车辆从人力车变为畜力车。人类经历了漫长而辉煌的马车时代，马车成为当时最重要的公共交通工具。可是，马车跑得不快，货物拉得不多，养马又麻烦，远远不能满足人们劳动和生活的需要。在漫长的劳动实践中，人类先后又创造了风力车和发条车，但没有达到实用的程度。

从1769年法国人尼古拉斯·古诺成功地制造出世界上第一辆依靠自身动力行驶的蒸汽动力车，到1886年德国人戴姆勒和迈巴赫研制出的“无马之车”，时速达到“惊人”的18km，自此诞生了世界上第一辆汽车。之后虽然汽车速度和技术逐步提升，但替代马车之路并非一帆风顺，有政府、民众、经济等众多因素干扰。直到1896年，因为英国政府无法忍受马车的“马粪”污染而选择了污染更小的汽车，再加上汽车一骑绝尘的时速，历史的车轮终于滚滚向前，汽车成为城市交通的主要工具，直至今天。

9.1.1 蒸汽机运输

世界第一次工业革命起源于英国，而后波及欧美主要国家，具有划时代的历史意义，对人类社会的演进产生了空前深刻、巨大的影响，并促使工业革命国家先后由农业国变成工业国。18世纪中叶，英国科学家瓦特改进的蒸汽机进入实用化、商业化之后，在手工业工厂引起一场巨大的生产变革。以蒸汽机为动力，驱动作业机械，替代原来的人力手工作业，引发了从手工劳动向动力机器生产转变的技术飞跃。由单人分散生产到集中式工厂化大生产，极大地提高了劳动生产率，使人类工业生产进入初期机械化时代。除了纺纱机和大型轨道“火车”外，还出现了以蒸汽机为动力的拖拉机，在地头用绳索牵动犁，从事耕地作业。这股潮流从英国传播到整个欧洲，19世纪传播到北美洲，随后影响到世界各地。这就是以蒸汽机为代表的世界第一次工业革命。第一次工业革命实质上是工业和农业动力的革命，即蒸汽机引发的机器革命，是手工业的机械化革命。

科学家和工程师通过对热力学和热学的研究提高了蒸汽机的效率，但是蒸汽机本身有难以克服的缺点。首先，由于蒸汽机的锅炉需承受高压，必须用结实的材料制造，使蒸汽机很笨重，蒸汽机操作复杂。其次，锅炉的燃烧需有经验的人专门看管，蒸汽机启动慢、不能随意停止，蒸汽机锅炉容易爆炸、危险性大。更大的缺点是由于先天结构，蒸汽机热效率低，一般只有5%~8%，最好的也不过10%~13%，故其煤炭消耗量大，导致CO_2排放量较大。由于蒸汽机的锅炉和汽缸是分离的，锅炉在外面燃烧，把燃料的热能传给蒸汽机后再转化为机械功。这种外部燃烧的热损失较高，因此蒸汽机的效率难以提高，即使运用先进技术也无法避免大量的碳排放。

蒸汽机车是利用蒸汽机把燃料（一般用煤）的化学能变成热能，再变成机械能，而使机车运行的一种火车机车。1814年，英国人乔治·斯蒂芬森发明运行了第一台蒸汽机车，从此开始，人类加快了进入工业时代的脚步，蒸汽机车成为这个时代文化和社会进步的重要标志和关键工具。

9.1.2 内燃机运输

在蒸汽机发展的同时，有人开始研究把外燃改为内燃，也就是不用蒸汽作为工作介质，利用燃烧后的烟气直接推动活塞运动，把锅炉和汽缸合并起来，这就是内燃机。如果说蒸汽机的发明过程始于工艺方面的成绩，然后又与当时刚萌芽的热学理论相结合从而得到逐步改善及发展，而内燃机的发明则是先从理论方面提出，再经多人不断的反复实践与试验才得到成功。

内燃机的发明始于煤炭气机的出现，当时欧洲一些城市需要供应照明煤炭气，为煤炭气机的出现提供了一定客观条件。1678 年法国人浩特佛勒（A. Hautefuille）首先提出了煤气机的技术理念，后续又在欧洲诸国陆续提出了等压燃烧原理、煤炭气压缩及电点火等技术方案。经过长达 180 多年的发展，1862 年法国工程师鲍·德·罗沙（Beau de Rochas）在对内燃机热力过程进行理论分析后得出，内燃机如要提升热效率，需对空气与燃料蒸气的混合气进行预压缩，由此提出了等容燃烧的四冲程循环。1876 年德国工程师奥托（N. A. Otto）基于该原理制成了第一台先预压缩可燃混合气，之后进行等容燃烧的单缸四行程往复活塞式内燃机。奥托本人并非理论家，但在长达三十余年的实践过程中取得了重大成果，该等容燃烧的热力循环亦被称作奥托循环（Otto Cycle）。自此，内燃机终于诞生，以此为基础的汽油机也被制造和不断改进。奔驰公司迅速把汽油机用于汽车等陆用载具上，从而开始了对汽油机的广泛应用。

内燃机车被广泛应用之后，蒸汽机车逐渐被淘汰。蒸汽机被淘汰的原因有很多，但是最关键的原因是热效率低，煤炭产生的热量只有极少量用在了机车的前进上，剩下的都浪费了。以前进型火车（热效率 10%，在蒸汽机中效率较高）为例，每行驶 300km，需要 30 吨煤炭和 50 吨水，造成了巨大的能源浪费。而内燃机的热效率可以达到 30%~40%，从理论和实践层面都实现了对蒸汽机的全面超越。再加上燃油在气缸内燃爆，比蒸汽机更轻型化、便利化，让内燃机车迅速占领市场，成为交通运输的主流。

内燃机从诞生至今逾百年的发展历程，充分展示了其在现代社会国民经济、国防建设和人民生活各个领域中的优势，成为迄今为止在工程技术层面占据主导地位的热功转换装置，亦是目前与人们生活关系最为密切、最为熟悉的常规热力发动机。

9.1.3 电力运输

1866 年，德国人西门子制成了发电机；1873 年，比利时人格拉姆发明大功率电动机。发电机和电动机的发明，使电力在工业生产和社会生活中得到广泛应用，人类社会进入电气化阶段，和内燃机共同促进了第二次工业革命的发展，电力对人类社会具有重大意义。电动机机型更小巧灵活，与作业机配套性能更便利，特别是输变电技术使电力实现了远距离输送，形成大区域电网。不同地域都可以靠输变电技术使用电力。

电力系统的快速发展使得火车迅速更新换代，电力机车应运而生。电力机车，亦称电力火车，指从外界供电系统撷取电力作为驱动能源的轨道机车，其电力来源包括架空电缆、第三轨或电池等。电力机车启动加速快，爬坡能力强，牵引列车时速可达几百千米，这些性能比蒸汽机车和内燃机车要优秀很多。电力机车另一个重要的优点是运行时没有空气污染和碳排放，所有的碳排放都来源于发电厂的能电转换，将蒸汽机车、内燃机车不可控、不好处理的分散型污染转为发电厂可控可处理的集约型污染。此外，发电厂除了采用煤炭发电（煤炭电转换率约 40%）等传统化石能源外，还可用水力、风力、太阳能等清洁能源进行发电，环境污染和碳排放量大大降低。目前，新能源汽车市场的迅猛发展代表着汽车行业内燃机到电动机的一次新变革，随着各国对新能源汽车的政策支持和民众的逐渐接受，新能源汽车时代正在一步步走来。

值得一提的是，交通运输工具的升级都是工业革命的产物，而历次工业革命均以能源的革新利用为核心。蒸汽机的能源最初是煤炭、木材等，内燃机的能源是石油、天然气，电动机的电力能源有煤炭、水能、天然气、核能及可再生能源等，三者的对比如表 9-1 所示。从碳排放和碳中和角度看，能源转换率都是每代交通工具技术升级的核心。目前，交通运输领域在全球范围内贡献了约 25%的温室气体，其中 72%来自公路运输。2022 年，我国交通运输领域占全国终端碳排放的 15%，过去 9 年的年均增速在 5%以上。因此，需要通过能效提升、燃料替代和清洁能源替代等方法降低交通运输领域的碳排放。

表 9-1　蒸汽机、内燃机、电力运输对比

类型	蒸汽机	内燃机	电力运输
能源	煤炭、木材	石油、天然气	煤炭、水能、天然气、核能及可再生能源
原理	外燃产生蒸汽驱动	内燃直接驱动	能源产生电，电力驱动
能量转换率	热效率 5%~8%	热效率 30%~40%	煤炭电转换率约 40% 电机效率超过 90%
汽车行驶万公里碳排放	数倍于内燃机	约 1.6 吨①	约 0.95 吨②
行驶过程中有无污染	有	有	无
行驶过程中有无碳排放	有	有	无

①以每 100km 耗油 6.31L 的 A 级燃油车计算。
②以每 100km 耗电 14kW·h 的 A 级电动车计算。

9.2　提升能效——现有技术的升级

实践案例

第二类永动机永远不能实现——卡诺循环

第一次工业革命时期，蒸汽机稳稳处于时代的中心位置。但是，那时候的人们也发现蒸汽机工作的过程中需要消耗大量煤炭，工作效率极低。因此，100%热机效率的第二类永动机也就成为无数科学家和工程师追求的研究课题。事实证明这是不可能的。

1820 年，法国工程师卡诺设计了一种工作于两个热源之间的理想热机——卡诺热机，如图 9-1 所示。卡诺热机从理论上证明了热机的工作效率与两个热源的温差相关。卡诺循环效率如下式：

$$\eta = 100\% - \frac{T_2}{T_1} \tag{9-1}$$

式中：T_1是高温热源的温度；T_2是低温热源的温度。

因为不能获得 $T_1 \to \infty$ 的高温热源或 $T_2 = 0\ K$（-273℃）的低温热源，所以，卡诺循环的效率必定小于1。德国人克劳修斯和英国人开尔文在研究了卡诺循环和热力学第一定律后，提出了热力学第二定律，即“不可能使热量由低温物体传递到高温物体，而不引起其他变化”和“不可能从单一热源吸收热量并把它全部用来做功，而不引起其他变化”两种表述。因此，第二类永动机是不可能制成的。

简单地理解，热就像水一样，水向低处流，热往凉处走。热的流动就像一个瀑布，这个瀑布动力强不强，要看上游和下游的高度差，并且从高温向低温流动的过程中必然有热损失。研究表明热机的运行过程中，大部分的热量都被损失了。

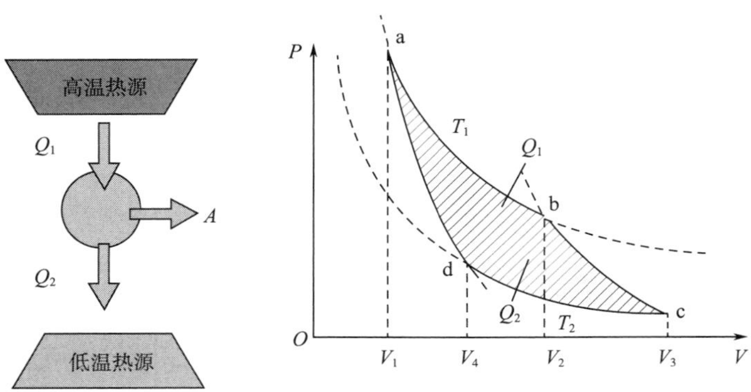

图 9-1　卡诺循环示意图及热效率

卡诺循环沿 a—b—c—d—a 方向进行，其卡诺循环的热效率可以表示为：

$$\eta = \frac{A}{Q_1} = \frac{Q_1 - Q_2}{Q_1} = 1 - \frac{Q_2}{Q_1} \tag{9-2}$$

式中：Q_1是工质从高温热源获取的热量；Q_2是工质传递给低温热源的热量；A是完成卡诺循环对外界输出的净功。

问题导读

（1）根据卡诺循环，应如何提高热机的效率呢？

（2）除了热机效率，还有其他哪些可以提高交通工具能效的技术？

以汽车为例，整个汽车的运行过程就像人体的食物摄取、消化、吸收等基本的生理过程。如果将汽车比作人体，燃料就相当于我们的食物，消化过程相当于燃料燃烧过程（化学能转变为热能），动力传导相当于我们的神经系统，将能量转变为人体的运动。一个人（一辆车）要减碳，可以提高消化功能（发动机效率）、直接摄入人体所需的热量（电气化）和消耗热能（轻量化）。

9.2.1 发动机效率提升

内燃机是将液体燃料或气体燃料和空气混合后，直接输入发动机内部燃烧产生热能再转变为机械能的装置，是碳排放的主要来源。根据《〈中国制造〉2025 重点领域技术路线图（2015 版）》中的要求，2025 年要实现 50%以上采用混合动力的车辆。预计在未来一段时间内，内燃机仍是汽车动力总成的一部分。因此，在采用传统发动机的情况下，需要进一步采用各种技术解决方案提升发动机效率。目前领先的内燃机减排技术及其削减效果如表 9-2 所示。

表 9-2 轻型汽车内燃机碳减排技术

发动机技术	碳排放削减/%	存在问题和收益
阿特金森循环	3~5	最大功率和扭矩降低
可变气缸停缸技术	10~15	噪声、增动
稀薄燃烧缸内直喷	10~20	高 NO_x和 PN 排放
可变压缩比	10	污染物排放
火花辅助压燃点火	10	—
汽油直喷压燃点火	15~25	高 HC、低 NO_x、碳烟和排气温度
喷水	5~10	高 HC、低排气温度
预燃室燃烧	15~20	高 PN
均质燃烧	15~20	高 PM
专用废弃再循环	15~20	需稳定的高稀释 HC 捕集
两冲程柴油发动机	25~35	需 DPF+SCR
反应性压缩点火	20~30	运输负载范围降低

注 PN，颗粒物数量；PM，颗粒物质量；HC，碳氢化合物；DPF，柴油颗粒过滤器；SCR，选择性催化还原。

9.2.2 动力系统电气化

汽车动力系统指将发动机产生的动力，经过一系列的动力传递，最后传到车轮的整个机械布置过程。

混合动力汽车（Hybrid Electric Vehicle，HEV），采用内燃机和电动机作为混合动力源来提供车辆运行所需能量。相对于传统单一的动力，这种混合动力有着更好的节能减排效果，并且还能够有效提升车辆的运行性能。

根据内燃机是否与驱动轮有直接的机械连接，可以将混合动力汽车分为串联式混合动力汽车、并联式混合动力汽车以及串并混联式混合动力汽车。

根据动力分配比例，混合动力汽车可分为轻度、中度和重度三类混合动力车型。轻度混合动力是以发动机为主要动力源，电机作为辅助动力，主要采用带式传动兼顾启动和发电功能的电机；中度混合动力是在车辆加速和爬坡时，电机可向车辆行驶系统提供辅助驱动转矩，主要采用集成启动/发电一体式电机；重度混合动力是以发动机和电机作为动力源，且电机可以独立驱动车辆正常行驶。

9.2.3 汽车轻量化

汽车轻量化是指在保证汽车的强度和安全性能的前提下，尽可能地降低汽车的整备质量。汽车轻量化是降低能耗、减少排放的最有效措施之一。例如汽车每减少100kg，可节省燃油 0.3~0.5 L/（100 km），可减少 CO_2 排放 8~11 g/（100 km）。此外，实现汽车的轻量化，还有利于改善汽车的动力性、舒适性和操纵稳定性。

车身轻量化技术主要包括三个方面，如图 9-2 所示。

（1）结构优化。1970 年后，随着计算力学和计算机硬件的发展，美国通用等汽车公司探索了将有限元法应用于汽车设计的可行性。20 世纪 90 年代，大型计算机辅助工程（Computer Aided Engineering，CAE）、Fluent 等软件逐步发展成熟，在交通工具的结构设计中的应用日益增多。2000 年后，CAE 已广泛应用于汽车零部件和整车结构设计。结构优化设计经历了尺寸优化、形状优化、拓扑优化、多学科设计优化等阶段。

（2）轻量化材料。除了结构优化设计之外，轻量化材料的开发和应用是当前汽车轻量化技术的另一主要研究方向。轻量化材料的研究是目前国际上汽车材料领域最活跃的研究方向之一。目前研究较为广泛的轻量化材料包括：高强度钢、铝镁合金、碳纤维复合材料等。例如，空客 A380 通过在中央翼盒使用复合材料，相比原有铝合金结构减重 1.5 吨。

（3）先进工艺。在大量采用高强度钢、铝镁合金、塑料和复合材料等轻量化材料和结构来实现汽车轻量化的同时，与之相匹配的制造工艺也得到了应用。例如，钛合金具有非常高的比强度和其他优异的性能，但是其高制造成本成为限制其应用的最大因素。因此先进的 3D 打印技术、焊接技术等是实现轻量化的关键。

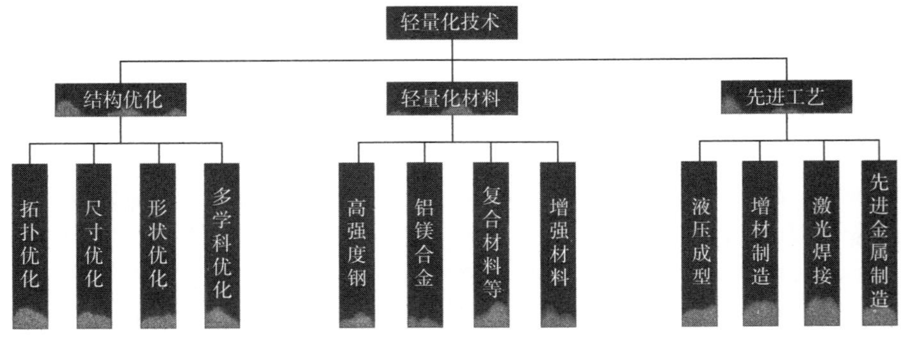

图 9-2 轻量化技术的分类

9.3　交通运输使用更清洁的燃料

实践案例

山西煤炭之殇

煤炭支撑山西省生产总值的“半壁江山”。2012 年，煤炭工业对山西省经济的贡献率为 56.6%。山西煤炭资源丰富，全省总面积为 15.7 万 km^2，含煤炭面积为 5.7 万 km^2，占近 40%。全省 118 个县级行政区中，94 个县地下有煤炭，91 个县有煤炭矿。

自 2012 年煤炭价开始大跌，每吨下降 200 多元，下降幅度达 31%，山西经济发展的“黄金十年”被迫终结。此外，“十三五”期间，山西省煤炭总产能由 14.6 亿吨/年减少到 13.5 亿吨/年，煤炭矿数量由 1078 座减少到 900 座以下。山西省的生产总值此后多年一直是全国倒数。

是什么造成了山西的“煤炭”运?

（1）煤炭资源面临枯竭威胁。2000~2004 年，仅全省重点煤炭矿已有“一局十七矿”衰老矿井关闭破产。之后，随着开采强度的进一步加大，矿井衰竭程度更甚，2005~2020 年的 16 年间，五大国有重点煤炭企业有 32 处矿井面临资源枯竭，生产能力衰减 5400 万吨，需要新安置转产工人 10 万余人。

（2）山西生态环境日益恶劣。据统计，山西因采煤炭形成的采空区达到 2 万 km^2，相当于山西 1/8 的省土面积，全省 3500 多万人中，300 万人受灾。至 2020 年，煤炭开采导致生态环境经济损失至少达 850 亿元。山西省发改委 2008 年进行摸底调查的结果显示，改革开放以来，山西累计生产原煤炭近百亿吨，造成矿山地面塌陷、地裂缝、滑坡、崩塌约 2146 处，3309 个村庄受到影响，1082km^2 的耕地、42.6km^2 的林地遭到破坏。

在煤炭行业的低迷情形下，山西省着力开发煤层气，寻找新的经济增长点。煤层气是一种典型的低碳清洁能源，中国煤层气地质资源量仅次于俄罗斯和美国，位居世界第三，而山西省煤层气年产量占全国的 95%以上。2022 年山西省规模以上工业法人单位累计抽采煤层气 96.1 亿 m^3，约占全国同期煤层气产量的 83.2%，煤层气让山西重新发出了响亮的“声音”!

问题导读

（1）是什么造成了煤炭这个燃料逐渐淡出历史舞台?

（2）现在有哪些绿色的替代燃料呢? 哪种燃料更具有前景?

通过使用低碳或无碳的燃料可以从源头减少交通领域的碳排放。替代燃料主要包括生物燃料、甲醇汽油、液化天然气和氨等清洁燃料。

9.3.1 生物燃料

德国工程师鲁道夫·狄塞尔（Rudolf Diesel）早在1892年发明内燃机之初就曾设想用花生油作为驱动燃料。诞生于1908年9月27日的第一辆福特T型车成品最初是由乙醇驱动的。自1987年世界环境与发展委员会在《我们共同的未来》报告中第一次阐述了可持续发展的概念后，发展生物燃料的理念赢得了国际社会的广泛支持。生物燃料（Biofuel）由生物质原料转化而来，包括生物气体燃料（生物氢）、生物液体燃料（生物柴油）和生物固体燃料（薪柴）。生物燃料作为一种碳中性燃料（Carbon-Neutral Fuel）具有可持续性，所以往往被认为是化石燃料的理想替代品。常用化石燃料和生物燃料的能量密度和碳排放减少量如表9-3所示。

表9-3 常用化石燃料和生物燃料的能量密度和碳排放减少量

燃料	来源	能量密度/（MJ/kg）	碳排放减少量/（kg·CO_2/MJ）
柴油	原油	48.6	0.000
无铅汽油	原油	51.6	0.000
无烟煤炭	煤炭	31.0	0.000
生物柴油	油菜	43.7	0.074
生物乙醇	小麦	35.0	0.080
木炭	木材	29.0	0.253

我国应用于交通运输领域的生物燃料主要包括生物柴油、生物航空煤油和乙醇汽油，分别替代柴油、煤油和汽油。

（1）生物柴油。生物柴油是指植物油、动物油、废弃油脂或微生物油脂与甲醇或乙醇经酯转化而形成脂肪酸甲酯或乙酯，生物柴油的分子量与柴油较为接近，有较好的相溶性，可单独或与传统柴油混用于机动车，是优质的传统柴油替代燃料。生物柴油的动力、效率、拖力、爬坡能力以及十六烷值、黏度、燃烧热、倾点等性能均与普通柴油相当。生物柴油的制备方法主要包括物理法、化学法和生物法。

（2）生物航空煤油。2013年4月24日，中国自主研发生产的以1号生物航煤为燃料的商业客机在上海首次试飞成功。该生物航煤以餐饮废油为原料，“地沟油”从此变废为宝。至此，中国成为继美国、法国、芬兰之后第四个拥有生物航煤自主研发生产技术的国家。

生物煤油主要利用动植物油脂、木质纤维素和微藻等原料，使用加氢技术和催化技术制备生物航空煤油。由于其与航空煤油性质仍有一定差异，目前主要以低于1∶1的体积比与传统化石航空燃料混合，应用于航空器中。

生物航空煤油生产工艺主要包括加氢法、气化—费托合成法、生物质热裂解和催化裂解法等，其中加氢法和气化—费托合成法较为常用。然而，生物航空煤油受原料来源不稳定、生产工艺和生产成本高的限制，目前尚不能广泛应用。

（3）乙醇汽油。乙醇汽油可以用玉米、小麦等粮食作物和甘蔗、木薯、红薯、高粱、甜菜等非粮作物通过生物发酵方式来生产，也可以利用植物纤维经过预处理、无机酸或纤维素酶水解再通过生物发酵方式来生产。将燃料乙醇按照一定比例与普通汽油掺混，即调和成乙醇汽油。按照我国的国家标准，乙醇汽油是用 90%的普通汽油与 10%的燃料乙醇调和而成，称为 E10。

相比于传统汽油汽车，E10 汽油汽车尾气排放的典型大气污染物和 CO_2 均有下降。其中，碳氢化合物（HC）下降 11%，NO_x 下降 0.2%，颗粒物下降 35%，CO_2 下降 3%。根据《关于扩大生物燃料乙醇生产和推广使用车用乙醇汽油的实施方案》要求，我国已于 2020 年在全国范围内推广使用车用乙醇汽油。

9.3.2 甲醇汽油

甲醇性能与汽油接近，是可以用于点燃式发动机的低碳清洁燃料。国内甲醇生产原料主要为煤炭、天然气和焦炉气，其中煤炭制燃料甲醇是劣质煤炭资源的清洁化、合理化利用，符合我国“富煤炭贫油”的国情。而且，甲醇汽车与汽油车相比，动力性增强、加速性能好、更清洁环保。甲醇汽车的 CO、HC、NO_x 排放可减少 30%~45%，PM2.5 的排放成倍下降。最重要的是甲醇汽车使用经济性较好，从试点的初步效果来看，使用甲醇燃料可使汽车节约燃料费用 5%~33%。

甲醇汽油是指国标汽油、甲醇、添加剂按一定的体积比经过严格的流程调配成的甲醇与汽油的混合物。甲醇掺入量一般为 5%~30%，其中以掺入 15%为最多，称 M15 甲醇汽油，它可以替代普通汽油，是主要用于汽油内燃机机车的车用燃料。

9.3.3 液化天然气

液化天然气（LNG）是船舶传统化石燃料的主要替代品之一。LNG 是天然气压缩、冷却至其凝点温度后变成的液体，其主要成分为 CH_4，用于专用船或油罐车运输，使用时重新气化。

使用 LNG 的船舶全生命周期内可实现高达 21%的碳减排。但是，CH_4 为 LNG 的主要化学成分，在 LNG 运输和加注等过程中的泄漏和逸散均会导致碳排放。

9.4 绿色能源替代含碳燃料

实践案例

中国汽车出海：欧洲成“新战场”，跨界打造“国车国运”

2022 年年底，在全国最大汽车滚装码头里，2600 多辆国产品牌汽车排起长队，跟随滚装船发往世界各地。自 2022 年以来，我国汽车出口快速增长，11 月我国汽车出口高达 37 万辆，同比增长 70.51%，创历史新高。

2022 年 12 月 7 日，在大洋彼岸的另外一边，作为 250 辆订单中的首批，45 辆北京魔方登陆世界第一大汽车港口——德国不来梅哈芬港，正式迈出了进军欧洲的步伐。《中国经营报》记者从北汽集团方面获悉，“今年 1~9 月，北汽整车出口超过 8.2 万辆，同比增长 30%。截至目前，北汽商用车与乘用车销售网络遍布全球 110 多个国家，超过 2000 家分销网点为世界各地消费者提供产品和服务。”

而另一边，哈弗 H6 PHEV 最强动力版全球首发仪式在南美大陆“桑巴国”巴西的里约热内卢盛大举行。与此同时，长城汽车还发布“ONE GWM”全球品牌行动纲领。“ONE GWM”全球品牌以一个 GWM 品牌为核心，打造以 GWM 母品牌统领品类的聚合渠道。这是长城汽车“生态出海”模式在海外落地的又一重大目标举措。

目前，红旗、比亚迪、名爵等中国汽车品牌，纷纷吹响出海的号角，以千帆竞发之势，勾勒出中国汽车出海路线图。北汽集团表示：“欧洲是汽车的发明地，也是我国汽车工业曾经可望而不可即的绝对高地。纵然中国汽车随着技术的进步，让‘走出去’已成大规模与快速之势，但敲开拥有百年积淀的欧洲市场大门，依旧是巨大的挑战。”

目前，新能源汽车在中国自主品牌汽车“走出去”的里程上正在扮演重要角色。数据显示，2022 年前 11 个月，国产新能源汽车出口 67.9 万辆，同比增长 1.2 倍。随着新能源汽车大踏步走出国门，欧洲和北美正成为中国汽车出口的两大增量市场，我国汽车产品的国际市场地位进一步得到巩固。

问题导读

（1）新能源汽车和燃油车相比，真的可以减少碳排放吗？
（2）绿色能源主要包括哪些？
（3）我国为什么要大力发展新能源汽车？

绿色能源替代可有效减少交通运输工具的碳排放，并将分散排放改为集约排放，大大降低固碳成本，对环境保护也具有重大意义。本节主要介绍纯电动及氢燃料汽车。

9.4.1 纯电动交通工具

得益于电池技术的高速发展，近年来纯电动产品层出不穷。纯电动技术包括纯电动汽车、纯电动船舶、电动飞机等，其中纯电动汽车应用最广泛。

纯电动汽车试制车辆的驱动力全部由电机提供，电机的驱动电能来源于车载可充电蓄电池或其他电能储存装置。纯电动汽车技术主要包括电池、电气、电控等，如表 9-4和图 9-3 所示。

表 9–4 纯电动汽车的核心技术

主要技术类别	具体技术
蓄电池技术	1. 开发能量密度高、经济成本优、安全性高、使用寿命长、充放电功率大的动力蓄电池 2. 梯次利用和回收利用重点关注具有普遍适用性的有价金属元素浸出、分离富集和萃取分离等技术研究，充换电技术、热管理技术和电子电气技术等
驱动电机技术	1. 高效和低成本驱动电机设计与制造工艺 2. 电磁材料多域服役特性，多物理场协同正向设计，电磁部件物理底层建模，以及大数据自动优化算法的电机设计技术
电控技术	整车控制器、电机控制器和动力电池管理系统等网络化控制系统

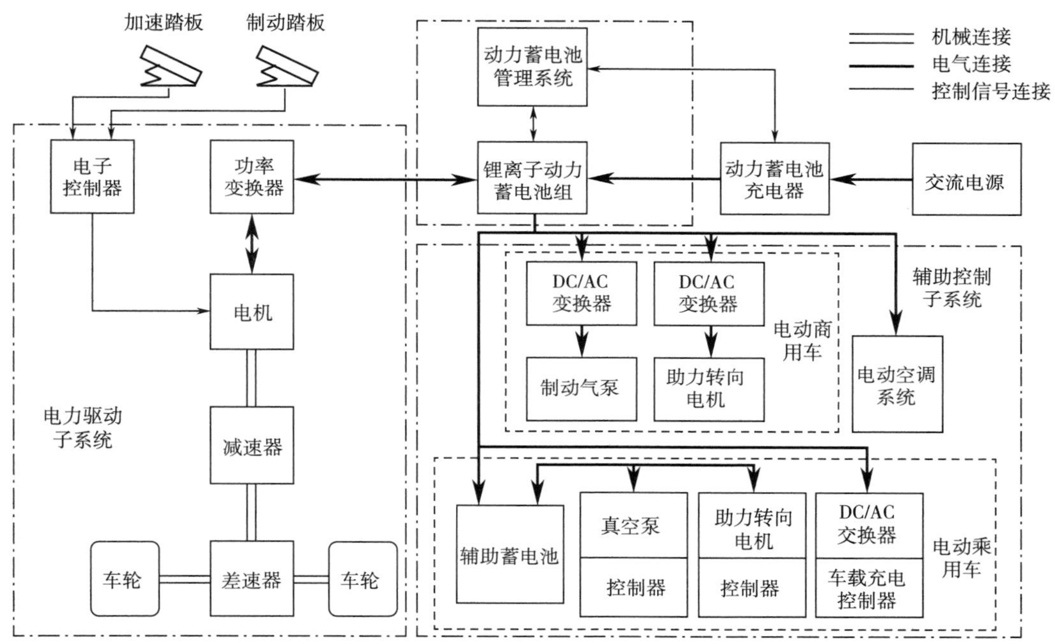

图 9–3 纯电动汽车的基本结构

汽车电动化是交通运输部门大气污染物和 CO_2 协同控制的措施。为准确和充分地掌握电动汽车能源使用和碳排放的数据，需要从生命周期的角度出发，考虑上游燃料、材料生产过程、车辆运行、报废等各个环节的碳排放。

根据中国汽车工程学会研究报告，从我国整体情况来看，使用全国平均水平电力时，纯电动汽车相比汽油汽车具有显著的碳排放削减效果，削减比例为 21%～33%。而在可再生能源占比较高的南方区域电网下，碳排放的削减比例可上升至 35%～46%。有学者分析对比了全生命周期的纯电动汽车和天然气网约车的碳排放，结果表明在当前某市网约车成本现状和目前我国电力结构的前提下，纯电动网约车较天然气网约车在经济成本以及碳减排方面均具有一定的优势，其中在使用阶段，纯电动网约车的 CO_2 间接排放量约为天然气网约车尾气 CO_2 排放量的 53%，因此纯电动汽车对于降低 CO_2 气体排放具有较为突出的优势。

9.4.2 氢燃料动力车

凭借零污染、能量高的特性，氢能被认为是实现交通运输领域脱碳减排的重要能源。氢燃料可直接在内燃机中燃烧做功，也可用于氢燃料电池发电，更多的是将氢注入氢燃料电池中，应用于氢燃料电池汽车。

氢燃料电池的工作原理是将氢气和氧气分别供给电池内部的阳极和阴极，氢气通过阳极在催化剂的作用下生成一个带正电荷的氢离子和一个带负电荷的电子，氢离子透过电解质到达阴极并且与氧气结合生成水，而阳极中的电子只能通过外部电路到达阴极形成回路，最终产生电流。氢燃料种类繁多，通常按照电解质的不同分为碱性燃料电池、磷酸型燃料电池、熔融碳酸盐燃料电池、质子交换膜燃料电池和固体氧化物燃料电池。

氢燃料电池汽车及其配套技术已被纳入我国新能源汽车的“三纵三横”体系，被重点进行发展。自 2015 年以来，我国氢燃料汽车呈现总体上升的趋势，2022 年我国氢燃料电池汽车销量 5009 辆，创历史新高。随着市场的扩大，我国未来几年的氢燃料电池汽车仍然有巨大前景。

需要指出的是，虽然氢燃料电池汽车在车辆运行阶段碳排放为零，但在上游制氢过程中需投入大量资源和能源，其整个生命周期会带来碳排放和其他环境影响。如以电网电力（主要有燃煤发电，风电和水电等可再生能源）为能源的电解水制氢的氢燃料电池为例，其全生命周期的碳排放目前还高于汽油汽车，而全部使用可再生电力作为能源的电解水制氢和生物质制氢带来的碳减排可分别达到 90% 和 80% 以上。因此，能源结构优化仍是未来交通运输领域碳中和技术发展的关键之一。

【课程习题】

1. 选择题

(1) 下列交通工具中，在第一次工业革命浪潮中诞生的是（　　）。

A. 马车　　B. 蒸汽机车

C. 内燃机车　　D. 电动汽车

(2) 下列选项中，不能提升热机效率的方法是（　　）。

A. 让燃料与空气混合充分，使燃料燃烧得比较完全

B. 在设计与制造热机时要不断改进与创新，以减少能量的损失

C. 尽量减少热机内部各部件间的摩擦

D. 尽量增加热机的工作时间

(3) LNG 的主要成分是（　　）。

A. 丙烷　　B. 甲烷

C. 乙醇　　D. 氢气

（4）下列不属于绿色能源技术的是（　　）。

A. 纯电动汽车　　　　B. 氢燃料电池汽车

C. 氢燃料内燃机车　　　　D. 柴油车

2. 判断题

（1）热机的效率最高可以接近100%，实现燃料的最大的转化。（　　）

（2）煤炭属于不可再生资源，且污染严重，因此不是绿色能源。（　　）

（3）我国的乙醇汽油中燃料乙醇的含量为20%。（　　）

（4）纯电动汽车和氢燃料电池汽车都属于绿色交通运输工具。（　　）

3. 填空题

（1）混合动力汽车主要包括（　　）、（　　）和（　　）三类。

（2）生物柴油的制备方法有（　　）、（　　）和（　　）。

【拓展案例】

我国将发展新能源汽车上升为国家目标

【课程作业】

绿色出行是一种潮流，除了有绿色交通外，还需要合理的规划和选择。请根据自己的实际情况，制订一次跨省的绿色出行计划，并谈谈本次出行计划与传统出行方式相比，出行效率和碳排放有哪些不同。

第 10 章
建筑领域碳中和技术

【教学目标】

知识目标 了解绿色建筑、装配式建筑的概念，了解建筑领域绿色技术发展对人类社会发展的重要性；学习建筑领域落实“双碳”目标技术的路径。

方法目标 学会利用低碳绿色建筑材料、建筑方法实现碳中和的基本方法。

价值目标 通过使用低碳绿色建筑材料，利用装配式一体化施工技术的学习，培养城市可持续发展理念和意识。

随着全球城镇化发展，建筑领域的能源、资源消耗量整体呈现持续上升趋势，相应的碳排放量也持续攀升。建筑领域的碳排放包括隐含碳排放和运行碳排放。其中，隐含碳排放来自建材生产、建造与拆除过程，而运行碳排放可分为直接排放和间接排放。直接碳排放来自建筑物内部化石燃料的燃烧过程，如炊事、生活热水、壁挂炉等的燃气使用和散煤炭使用；间接碳排放来自外界输入建筑的电力、热力。本章主要介绍建筑绿化系统碳负排技术、低碳绿色建筑材料减排技术、装配式建筑碳零排技术、建筑能源系统碳零排技术。

10.1 建筑绿化系统碳负排技术

实践案例

绿色低碳建筑——四川省建筑科学研究院科技楼

“四川省建筑科学研究院科技楼改造项目”是西南地区首个三星级既有建筑绿色改造项目，也是四川省“智能建筑”及“建筑领域成套技术应用”示范项目。该项目先后被四川省住房和城乡建设厅列为四川省既有建筑节能改造示范项目，国家“十三五”

科技支撑计划项目示范工程，成都市发展和改革委员会绿色低碳示范项目，以及华夏“好建筑”示范项目称号等。

该项目以“节约资源、低成本、低能耗、精细化”为设计理念，以“共享、平衡”为设计原则，采用了被动式建筑节能设计、屋顶+垂直绿化、空气质量在线监测与控制、雨水回收利用、建筑加固及消能减震技术、太阳能光伏发电技术等一系列绿色建筑技术措施，通过综合加固、环境改善等手段，将原本建于20世纪80年代的科技楼由十一层增为十三层，建筑面积由约8000m^{2}增至约15000m^2。同时，通过该项目的成功实施，建科院拥有了夏热冬冷地区既有公共建筑加固改造的系统处理经验，为既有建筑加固改造市场的开拓打下了技术基础，提供了参考范例。

问题导读

（1）绿色低碳建筑对实现碳达峰、碳中和有何重要影响？

（2）绿色低碳建筑在实现碳达峰、碳中和目标上，有哪些重要指标体现？

10.1.1 绿色建筑的内涵

“绿色建筑”的“绿色”，并不是指一般意义的立体绿化、屋顶花园，而是代表一种概念或象征，指建筑对环境无害，能充分利用环境自然资源，并且在不破坏环境基本生态平衡条件下建造的一种建筑，又被称为可持续发展建筑、生态建筑、回归大自然建筑、节能环保建筑等。绿色建筑评价体系共有六类指标，由高到低划分为三星、二星和一星。

绿色建筑的室内布局十分合理，尽量减少使用合成材料，充分利用阳光，节省能源，为居住者创造一种接近自然的氛围。以人、建筑和自然环境的协调发展为目标，在利用天然条件和人工手段创造良好、健康的居住环境的同时，尽可能地控制和减少对自然环境的使用和破坏，充分体现向大自然的索取和回报之间的平衡。

10.1.2 生态建筑技术

（1）建筑立体绿化技术。建筑立体绿化技术主要是围绕构件及建筑本身的主体结构所形成的绿化技术，包含屋顶绿化、墙体绿化、半地下室绿化三个方面。在国际的涵盖面上，屋顶绿化包括屋顶种植，还包括一切不与地面、土壤相连接的特殊空间的绿化。墙体绿化一般存在于与基础砌筑的人工植物种植槽中，在夏季，墙体绿化的设计能更好地隔热，还能降低辐射带来的影响；在冬季，墙体绿化不仅不会影响到墙面太阳辐射热，还能给予一定的保护效果。

悉尼垂直绿化公寓（One Central Park）便运用了建筑立体绿化技术。植物在烈日下发挥遮热、断热与冷却的作用。另外，由于植物蒸腾作用带走室内热量，也可实现建筑的整体降温。这有效降低了建筑在夏季的冷负荷，减少了空调能耗，降低了碳排放，并且植物本身能够吸收 CO_2，进一步降低建筑碳排放。

（2）建筑垃圾资源化再生利用技术。建筑垃圾资源化再生利用技术，从再生骨料、再生混凝土及砂浆、建筑垃圾在道路工程中的应用等领域对建筑垃圾进行再利用。

上海市虹桥枢纽作为资源利用生态道路核心技术的一部分，其建设过程中产生的建筑垃圾及渣土等就有 800 万 m^3左右。通过使用建筑垃圾资源化再生利用技术，近 50 万 m^2的建筑垃圾及渣土在道路工程中得以转化应用。目前有一些代表企业，骨料资源化利用率可以超过 95%。

10.1.3 天然建筑材料技术

低碳建筑的设计提倡使用可再生能源的建筑材料来达到建筑设计生态化，更多地使用可再生能源建材等天然节能型材料。天然建筑材料主要分为两种，第一种是天然的有机材料，如木材、竹、草等来自植物界的材料与皮革、毛、兽角、兽骨等来自动物界的材料；第二种是天然的无机材料，如大理石、花岗岩、黏土等。

2022 年全球十大碳中和建筑案例基本信息、主要建材和技术亮点如表 10-1 所示，注重建筑结构体系的优化是其最主要的特点。其中，建筑类型覆盖了办公、酒店、教育、住宅、农宅、公寓等，从 1 层到 11 层不等；大部分建筑以木质结构为主，或是以木材为主的复合结构（如预制厚纤维混凝土、钢木结构等）。

表 10-1 2022 年全球十大碳中和建筑案例

序号	项目名称	项目地点	类型	层高	主要建材	建筑技术亮点
1	鲍霍夫大街酒店	德国/路德维希堡	酒店建筑	4 层	木材	装配式建筑，5 天建成木质预制模块
2	浮动办公室	荷兰/鹿特丹	办公建筑	3 层	木材	太阳能电池板、海水源热交换系统、自遮阳、木质结构
3	Paradise CLT 办公室	英国/伦敦	办公建筑	6 层	木材	采用复合层压木质材料
4	Telemark 发电厂	挪威/西福尔-泰勒马克郡	办公建筑	11 层	木材	光伏系统、倾斜屋面、固定外遮阳等
5	A-Block 建筑扩建	加拿大/安大略省	教育建筑	5 层	木材	光伏系统、木质结构
6	被动式住房	英国/约克	住宅	低层	—	空气源热泵、光伏系统等
7	Flat House 公寓	英国/剑桥郡	住宅（农村平房）	1 层	大麻预制混凝土板	新型建筑材料：预支厚纤维混凝土（大麻），2 天建成
8	GSH 酒店扩建	丹麦/博恩霍尔姆岛	酒店建筑	3 层	木材	几乎全部采用木质材料、交叉层压木材结构，太阳能光热系统、绿电

续表

序号	项目名称	项目地点	类型	层高	主要建材	建筑技术亮点
9	无足迹住宅	哥斯达黎加/某一村庄	住宅	2层	钢材、木材	装配式建筑、木质装饰面浮动钢结构、室内外空间功能灵活变换、太阳能光热系统、绿电
10	CLT 公寓楼	美国/波士顿	公寓	5层	木材	交叉叠层木材（CLT）板、太阳能光伏、保温外墙、CLT 屋顶天棚

在各种建筑材料中，木材是唯一具有可再生、可自然降解、固碳、节能等环境特征的材料。木结构建筑在节能环保、绿色低碳、防震减灾、工厂化预制、施工效率等方面突显更多的优势。

从建材生产阶段来看，与仅使用钢筋混凝土的基准建筑相比，木材的使用，可使碳排放降低 48.9%~94.7%。

另外，秸秆建材的发展势头也十分迅猛。秸秆建材是指以农作物秸秆为主要原材料，按照一定的配比，添加辅助材料和强化材料，通过物理、化学或两者结合的方式，形成具有特殊功能和结构特点的建筑材料的统称。秸秆建材具有无辐射、无污染、无毒害的众多优点，且建筑物的结构十分稳定。当前秸秆建筑材料主要为秸秆砖、秸秆人造板材（分为使用胶黏剂和不使用胶黏剂）、秸秆水泥基复合材料。

天然建筑材料固碳技术的应用使建筑不仅在建造生产过程中的碳排放大大减少，且建筑运行时自身也能够发挥吸碳作用，有效减少建筑碳排放。2017 年 7 月，缅甸落成超过 $700m^2$ 的绿色建筑，几乎全部由秸秆建材建造而成。在缅甸夏季高温多雨的气候条件下，秸秆建筑群的建造和使用未受影响。

南洋理工大学新体育馆是新加坡乃至东南亚首个采用现代工程木结构层压胶合实木（Mass Engineered Timber，MET）为主要材料的大型建筑，于 2017 年 4 月投入使用。MET 是可持续性能最优良的建筑材料之一，在建筑材料中碳耗量最小，而且拆除后可重复利用。与混凝土相比，MET 施工轻便，减少了对重型建造设施的需求。南洋理工大学新体育馆采用了两种形式的 MET，即 72m 大跨度弧形屋面结构及其他部分梁柱构件采用层板胶合木，以及墙体、楼板和室内装饰等采用正交胶合木。不仅如此，建筑结构的建造工期也比传统方法缩短了 33%。

10.1.4 建筑集成碳捕集技术

目前，关于建筑碳捕集技术的研究非常有限。有学者研究了建筑集成碳捕集（Building Integrated Carbon Capture，BICC）的可能性，将建筑物的外墙设计为从空气中吸收 CO_2 的人造叶子，并转化成对环境无害的有用副产品。研究表明，BICC 在物理上是可以构建的，并且可以与其他技术（如碳纤维转盘）整合，以降低大气中 CO_2 浓度。

此外，碳捕集与封存技术已在国内外新型低碳建材中有了一定的应用。这种技术将含氢氧化钙、硅酸二钙、硅酸三钙等矿物成分的胶凝材料在低水胶比条件下经过碳化养护，最终将 CO_2 以盐酸盐的形式稳定地固定在材料中。

以麻制建筑保温材料汉麻混凝土（Hempcrete）为例，汉麻混凝土是一种将工业大麻茎和石灰、水等混合而成的建筑保温材料，此种植物纤维材料相比其他墙体填充的保温材料而言，具有很好的固碳性能。同时，该材料兼具重量轻、强度高、防潮、防火、隔音、隔热、抗震、耐腐蚀、环保等特点，近些年已在英国、法国、美国、澳大利亚等国得到广泛应用。

10.2 低碳绿色建筑材料减排技术

实践案例

武汉市青山区绿景苑小区——国家康居示范工程

2005 年，武汉市青山区绿景苑小区，正式通过住建部专家组验收，成为全湖北省第一个国家康居示范工程。此次验收，专家组给绿景苑小区打出的总分，位居全国已验收的 18 个康居示范工程小区之首，2007 年又获得“第六届中国土木工程詹天佑奖”。评审专家表示，作为湖北省首个康居示范工程，绿景苑小区的建设对地区住宅产业技术的发展将起到显著推动作用，发挥明显的社会、经济及环境效应。绿景苑小区在建设中共选用了 62 项成套技术，凸显“节能、环保、安全、健康”四大特色。由于采用了建筑节能、设备节能和太阳能节能，小区节能效果达到 50%以上。

武汉市青山区绿景苑小区应用绿色建筑材料，并采用了多项节能技术和新型墙体技术，如粉煤炭灰加气混凝土砌块、外墙外保温隔热技术、屋面保温隔热技术、中空塑钢门窗、太阳能热水器与建筑一体化技术、太阳能电池草坪灯、太阳能电池路灯、户式中空玻璃、地板辐射采暖技术、PP-R 给水管、UPVC 排水管、SBS 防水卷材、外墙涂料等。其中的绿色建筑材料在小区节能中起到十分重要的作用，主要体现在外墙外保温隔热技术、塑钢双层中空玻璃窗、屋面保温隔热技术等方面。同时对生活污水进行再处理，处理后的水继续用于小区绿化及小区水景观。

问题导读

（1）为什么要开发出具有“节能、环保、安全、健康”特色的低碳绿色建筑材料？

（2）绿色建筑材料应用于建筑领域如何实现碳中和？

低碳建筑材料技术是指开发和应用具有低碳排放、高性能、高耐久性、高循环利用率等特点的建筑材料的技术，如低温烧成水泥、再生混凝土、生物质复合材料等。

10.2.1 绿色建筑材料的概念

绿色建筑材料，又称绿色建材、生态建筑材料、环保建筑材料和健康建筑材料。绿色建筑材料是采用清洁生产技术生产的建筑材料，不用或少用自然资源和能源，大量使用工农业或城市固态废弃物，具有显著的节能性、环保性、无害性、健康性等特点，在使用期间有利于环境保护和人类健康保护，其整体使用周期后可以达到优化回收利用的目的。总而言之，绿色建筑材料是一种无污染、不会对人体造成伤害的建筑材料。

10.2.2 绿色建筑材料的特点

由于绿色建筑材料自身具有显著的节能、环保以及绿色无污染等优点，所以这种绿色建筑材料受到了建筑市场的广泛关注，已经被应用于不同类型的建筑工程施工中。绿色建筑材料与传统建筑材料相比，应具备如下基本特征：

（1）低消耗。绿色建筑材料生产尽可能地少采用天然资源作为生产原材料，而应大量使用尾矿、垃圾、废渣、废液等废弃物，对环境造成的污染影响较小，效果十分理想。

（2）低能耗。绿色建筑材料在土木工程生产以及实际生产中运用低能耗的制造工艺和无污染环境的生产技术。该材料兼具防水、质量轻盈以及高强度的特点，在施工搬运中不需要耗费大量的能量。

（3）轻污染。在绿色建筑材料生产过程中，不使用卤化物溶剂、甲醛及芳香族烃类化合物，产品不得用含铬、铅及其化合物的原料或添加剂，且不得含有汞及其化合物。绿色建筑材料可以降低生态污染，有效改善环境。

（4）多功能。绿色建筑材料产品应以改善居住生活环境、提高生活质量为宗旨，即产品不仅不能损害人体健康，还应有益于人体健康，具有多功能化，如灭菌、抗腐、除臭、防霉、隔热、阻燃、调温、调湿、防辐射等功能。

（5）可循环利用。绿色建筑材料可以将工业废弃物“变废为宝”，可循环或回收再利用，不会产生污染环境的废弃物，可以为社会做出贡献，而且会减少二次污染。

（6）高性能。绿色建筑材料的性能比传统的材料高几个档次，操作较为便捷，其中轻质、高强度的混凝土运用十分广泛。

10.2.3 绿色建筑材料的分类

我国绿色建筑材料的种类比较多，总体上可以被分为环保型、安全型、节能型、可回收利用型四大类。第一类是环保型，这类绿色建筑材料的特点是可以减轻对生态环境的影响，是一种绿色健康的节能材料。第二类是安全型，这类绿色建筑材料的优势是安全健康，对人体没有任何影响。第三类是节能型，这类绿色建筑材料的优势是可以显著减少对能源的消耗，无论在应用过程中还是在工程投入使用后，所消耗的能源都特别少。第四类是可回收利用型，这类绿色建筑材料在使用结束以后可以重新应用到别的工程中，这样就极大减少了能源消耗，同时也非常有利于控制材料成本。

加大绿色建筑材料在土木工程施工中的推广和应用，有助于不断优化建筑用能结构，提高建筑节能水平和新能源利用水平，实现建筑全生命周期的绿色低碳发展。目前，新型绿色建筑材料主要包括绿色混凝土、绿色保温隔热材料、绿色防水材料、绿色墙体材料以及绿色装饰装修材料等。

（1）绿色混凝土。混凝土是土木工程建设施工中必不可少的一种材料，几乎覆盖了土木工程建设的各个环节。而混凝土在生产、运输、使用过程中因对资源过度开发、大量消耗能源以及造成环境污染和生态破坏，与地球资源、地球环境容量的有限性以及地球生态系统的安全性之间的矛盾日益尖锐，对社会经济的可持续发展和人类自身的生存构成严重的威胁。因此，绿色混凝土是材料科学与技术的进步和社会可持续发展的必然产物，是具有环境协调性和自适应特性的先进土木工程材料。例如汉麻混凝土就是一种绿色混凝土。

绿色混凝土的环境协调性指对资源和能源消耗、对环境污染很小和循环再生的利用率较高，自适应特性则是具有满意的使用性能，能够较好地改善环境，具有感知、调节和修复等机敏特性。目前，绿色混凝土主要分类为绿色高性能混凝土、再生骨料混凝土、环保型混凝土和机敏型混凝土等。

（2）绿色保温隔热材料。传统保温隔热材料的热绝缘性能较差，无法满足现代居民的实际需求，使用新型绿色保温隔热材料可以有效降低能耗，提高建筑物的保温隔热性能。目前市场上绿色保温隔热材料的种类很多，如发泡聚苯乙烯保温材料、发泡胶保温材料和酚醛泡沫等。由水泥和发泡聚苯乙烯碎石所制成的发泡聚苯乙烯保温层通常放置于防水层与混凝土面层之间，在保温的同时也可以起到绝缘作用；相比于预制混凝土顶层保温层，发泡胶保温层的制作成本更加低廉；由酚醛泡沫材料所制成的新型绿色保温隔热材料绿色环保、无毒无害、节能降碳，同时隔音性能也较好。

（3）绿色防水材料。绿色防水材料在满足最基本的防水功能前提下，还能起到防潮、保温等效果。按照组成材料分类，主要分为沥青类防水材料和合成高分子防水材料。通过向沥青中掺加矿物填充料和高分子填充料进行改性后，研究和开发出沥青基防水材料。新型高分子防水材料是通过石油化工和高分子合成技术研制出来的产品，具有高弹性、延伸性好、耐老化、使用寿命长和可单层防水等诸多优点。按照材料的外观形态分类，防水制品可以分为防水卷材、防水涂料和密封材料等。防水卷材是将沥青类或高分子类防水材料浸渍在胎体上，以卷材形式制成的防水材料产品。防水涂料是把黏稠液体涂在建筑物的表面，经过化学反应，溶剂或水分挥发而形成一层薄膜，使建筑物表面与水隔绝而起到防水密封的作用。密封材料填充于建筑物接缝、门窗四周、玻璃镶嵌处等部位，是一种水密性和气密性较好的材料。

（4）绿色墙体材料。墙体施工是土木工程消耗资源最多的一个环节，从长远来看，发展绿色墙体材料是我国墙体材料产业发展的基本方向，也是发展绿色建筑的迫切要求。当前可应用于土木工程墙体施工中的绿色建筑材料主要包括固体废弃物生产绿色墙体材料、非黏土质新型墙体材料、高保温性墙体材料三类新材料。例如煤矸石空心砖、高掺量烧结粉煤灰砖、石膏砌块和墙板等材料，既能保证墙体的强度，还可以起到隔音和保温的作用，更重要的是减少了整体施工对材料的消耗，为推进能源、资源的高效合理利用，实现废弃物资源化奠定基础。墙体设计是决定建筑保温隔热性能的一个重要因素，有效减少建筑外墙热能对住宅本身的影响是建筑保温隔热的关键，在土木工程施工中通常采用以下两种方法增加墙体的保温隔热性能。①在建筑物外墙覆盖保温隔热材料。目前最常用的是外墙保温板，外墙保温板包括菱镁质泡沫外墙保温板和岩棉外墙保温复合板两种，两种材料同时使用可以有效提升建筑的保温隔热性能。②建造双层墙体系。将建筑物外墙设计为双层墙体系，在墙体中间置入保温材料以防止热传递。

（5）绿色装饰装修材料。新型装饰材料是新开发出的具有环保、节约、保温等性能的装饰材料，使用该材料有助于环境保护和人身健康，可把对环境造成的危害降到最低。当前建筑建设中常见的三种新型装饰装修材料具体如下：①硅藻泥。硅藻泥是一种十分特殊的材料，一般由硅藻土、碳酸钙、凹凸棒土、膨润土、钛白粉、羟丙基甲基纤维素等纯天然的材料制造而成，具有丰富的矿物质，且质量柔软，吸附能力极强，不含有害物质，还有净化空气的作用，能够有效清除装修后残留在空气中的甲醛、苯等有害物质。②液态壁纸。液态壁纸是一种水性涂料，与一般涂料油漆不同，其有着较好的抗污能力，能够保持墙面整洁，防潮和抗菌的能力也极其优秀；与普通纸质壁纸相比，液态壁纸耐用性极高，不易产生害虫，且开裂概率极小。③软木地板。软木地板由橡树木表皮制成，能够循环利用，橡树表层被剥掉后，短时间内能够再次循环生长，从而使制成的软木有着较强的防腐性能，极其适合用作地板和保温层。

10.2.4　绿色建筑材料应用的必要性

在土木工程建设中应用绿色建筑材料，契合了当前我国经济转型的要求，对经济的可持续发展与社会的进步具有很重要的作用和影响，这主要体现在以下三个方面：

（1）更加符合现代消费者的健康消费观和使用需求。随着时代的进步与发展，当前人们的需求已从基本的物质生活层面向精神生活层面转变，绿色环保理念深入人心，人们对建筑物的要求不仅仅是安全美观，也越来越重视其环保性能。土木工程建设中用的材料是否环保对居民的身心健康有着直接的影响，而绿色建筑材料的应用降低了环境污染、降低了业主居住过程当中的噪声污染、光污染、水资源污染，满足了消费者的需求。

（2）促进建筑行业的可持续发展。随着经济的快速发展，建筑工程规模不断扩大，传统的建筑材料污染环境、消耗大量资源、增加能耗，而且保温性能和室内环境健康性能差。因此，我们必须重视绿色环保理念，加大绿色建筑材料在土木工程建设中的应用力度，促进技术创新，做到节约资源、保护环境。绿色建筑材料不仅绿色环保，还有可循环利用的特点，提高了建筑材料利用率，降低了建筑工程的成本投入。此外，应用新型绿色建筑材料还可以增加建筑的多样性，改善建筑的外观，提高建筑材料的安全耐用性，进而提升建筑工程项目的生态效益、社会效益和经济效益，推动建筑领域的可持续发展。

（3）符合国家经济转型的要求。在新时代背景下，建筑行业在我国经济建设中扮演着极其重要的角色，当前我国经济也步入了转型的关键时期，各个行业在这样的背景下面临着改革，建筑行业同样如此。在此背景下，建筑行业以往的一次性建筑经济发展模式不再适用当前经济发展形势，而是要追求可持续发展经济与多次利用发展经济模式。目前，建筑行业正在朝智能化、绿色化的方向发展，以缓解能源和资源紧张、提高环保效能，这符合全生命周期管理的实际要求，可以显著提高建筑的环保水平。在进行土木工程施工过程中，应用绿色建筑材料，能够减少对自然资源的耗费与浪费，进而能够提高建筑材料的利用价值与经济效益，这在我国经济转型的背景下是十分有益的。

10.2.5 绿色建筑材料实现碳中和的应用

“双碳”目标为我国建筑材料产业的转型发展提供了动力和舞台。资料显示，全球源自建筑全过程（包含建筑材料的制造、运输、施工及建筑运行等阶段）和运营的 CO_2 排放占全球与能源相关碳排放的比重超过 60%，建筑领域是实现整体碳达峰的关键一环。也可以说，没有建筑材料生产过程和建筑功能的技术进步，就无法实现建筑行业绿色和低碳的发展。“双碳”目标对高能耗、高排放的建筑行业节能环保工作提出了更高的要求，进一步提升建筑材料绿色化水平是建筑材料领域科学研究和产业发展的重要方向。绿色建筑材料在建筑领域的碳中和目标能否如期完成，其减排技术路径具体包含以下三方面。

（1）加大绿色建筑材料在建筑结构中的应用力度。土木工程项目的建设周期较长，且从外到内采用的建筑材料种类多，功能要求不一。在人们日益增长的环保理念、审美要求、功能需求下，绿色建筑材料满足了土木工程项目的综合要求。从外部来看，绿色建筑材料可以满足建筑项目的节能、保温隔热等作用；从经济性来看，可在满足美学效果的同时降低成本。

首先，分析绿色建筑材料的保温隔热性能。我国的南北地区的气候差异大，绿色建筑材料可以减少极端天气对居住环境的影响。如南方地区的气候温度较高，绿色建筑可以降低、阻隔室外环境向室内的热量传递；而在北方地区，绿色建筑材料可以控制室内外温差，自动调节温度，也能够减少对空调的依赖性。因此，绿色建筑材料的保温隔热性能对整个社会的发展和环境生态建设都有理想的作用。在建筑外墙保温工程施工中，所选用的保温材料主要有以下三种。

①一些粉末状的粒体聚合物，这些粒状聚合物材料应当按照与其相关的原料比例直接对其进行加工配制，然后对这些粒状聚合物质进行充分的加热搅拌。

②由一些粒状粉末和其他液体所混合组成的粉状聚合物，这些聚合物质在经过充分地加水或者搅拌后，就可以投入使用。

③由防水材料石英与硅藻岩砂、水泥等其他防水材料物质一起进行防水混合所形

成的各种防水材料聚合物。

建筑的室内外墙保温层的原材料用的是一种复合的保温材料，起到的主要作用就是将气体辐射、传导，降低由于对流作用造成的大量热流在其流动时的热量散失速度。目前，在大型建筑室内外墙保温建筑原材料中，最常见的品种就是泡沫聚苯乙烯、泡沫塑料纤维、泡沫外墙保温材料、纳米孔碳化硅泡沫保温材料等。

其次，绿色建筑材料还能够减少辐射，提升居住的安全性，通过科学的建筑结构和形态设计，可减少地质灾害等负面影响，保障人们的居住安全。如将绿色建筑运用到筒体建筑中，可实现减震的效果。

最后，绿色建筑的成本不高，虽然建筑材料中运用了大量的高新技术，但是很多原材料都是废弃物，不会对环境造成二次污染，还能够实现资源二次利用。

（2）加大绿色建筑材料在建筑室内装饰的应用力度。随着我国现代社会的不断发展和进步，人们对建筑物的要求也不单单局限于居住用途，对建筑物的美观性和舒适性也有了更为明确的要求。传统的建筑材料在环保方面的运用性能不高，一些材料在使用时可能释放有害气体，对人体造成伤害。因此，在室内装饰设计期间须选择符合国家标准的绿色产品。新型绿色建筑材料，不仅兼具了美观性与实用性的要求，而且环保性优势非常显著。比如，绿色建筑材料在建筑内部装修中的应用，就可以在有效增强生活环境舒适感的同时，实现了控制噪声源头、隔湿隔热的目的。目前，我国土木工程中常用的装修类型的绿色建筑材料主要有以下三种。

①生态陶瓷建筑材料。主要应用于坐便器、洗脸台等部位。由于早期生产的装修材料在生产环节中就存在着能源消耗过大、污染严重等问题，所以，人们研发出了感光水龙头等节能环保性能突出的产品，促进了建筑室内装修节能环保水平的全面提高。

②生态木质建筑材料。与传统的混凝土材料相比，生态木质材料作为一种天然的建筑材料，在建筑工程施工中发挥着至关重要的作用。施工企业在建筑工程施工过程中，不管选择哪种类型的施工材料，都必须根据建筑工程建设施工的实际情况，控制施工材料的质量，才能在确保绿色建筑材料功能充分发挥的同时，推动我国土木工程行业的稳步发展。

③新型抑菌材料。在建筑室内装修中，可以采用抑菌复合隔离涂料、抑菌新型墙体装饰材料，这两种材料可以有效抑制细菌的产生及微生物生成，起到杀菌的作用，从而为居民提供一个更安全、更舒适的居住环境，提高室内环境的舒适性。如以无机材料为载体，与具有抗菌性的银、铜、锌等过渡金属的离子、氧化物或光催化材料（ZrO_2、TiO_2）等复合而成的抗菌产品，就是新型的抑菌材料。

绿色建筑材料还可用于室内的装修、橱柜以及五金等。采用绿色建筑材料可以省时省力，而且建筑的质地较轻，承重结构较为理想，也能够作为室内隔断的重要材料。更重要的是，运用绿色建筑材料能够满足更多非传统的建筑设计需求，让居住的人们生活得更加舒适、幸福。

（3）优化绿色建筑材料在建筑中的顶端设计。绿色建筑材料可应用于土木工程项目建设的各个方面。在顶端设计中，绿色建筑材料因其自身的优点，如比传统建筑材料具有更好的力学性能而得到广泛应用。绿色建筑材料的优点明显，但依旧无法替代一些传统的材料，设计时应结合实际的使用环境和客观施工规律，进而保障发挥绿色建筑材料的优势，保证其运用价值。

在顶端设计中，设计人员要了解建筑材料的各项指标，以及建筑项目对建筑材料的主观、客观要求，既要遵循国家的各项标准、行业的各项规范、地方的建设规章制度等，还要按照先进的技术筛选材料，保证绿色建筑材料的优势得到充分发挥。例如在高层建筑的顶层设计中，应结合城市的规划和建筑的结构予以设计，设计要考虑线条是否流畅，是否符合规划需求，建筑和周围的环境是否协调，是否体现了相应的理念等。若选用 M 型钢筋桁架楼承板，就需要考虑承重结构以及设计的美观性，让绿色建筑材料可以充分发挥其优势。从城市的规划需求角度来讲，绿色建筑材料具有节能、耐久、质地轻等特点，综合性能比传统的建筑材料效果更好。

10.3 装配式建筑碳零排技术

实践案例

中国最南装配式建筑——中国南极长城站

中国南极长城站是中国在南极建立的第一个科学考察站，是中国为对南极地区进行科学考察而在南极洲设立的常年性科学考察站。

中国南极长城站于 1985 年建成，装配式钢结构，采用聚氨酯复合板、快凝混凝土等新材料新工艺和便于运输和施工的集成方法，由赛博思总设计师卞宗舒完成建筑设计、结构设计、施工组织设计。长城站的两栋主体建筑，从浇灌混凝土地基、安装钢框架、组装墙板，到内装修等十几道工序，仅墙板就 500 多块，螺栓 15000 多个，经过 25 天轮番攻坚，长城站主体工程完成。七天七夜建成两栋主体房屋的外壳，三天三夜完成内部装修，气象站、冷冻房、储油罐等主要工程建设也相继完成。

外国科考队员盛赞“中国创造了神话般的南极速度”。经历 45 天奋战，长城站胜利完工，功能俱全，原计划的“夏季站”因此改变为“全年站”，在南极建站史上再创“一步到位”的奇迹。

长城站自建站以来，现已初具规模，有各种建筑 25 座，建筑总面积达 4200m^2。其中包括办公栋、宿舍栋、医务文体栋、气象栋、通讯栋和科研栋等 7 座主体房屋，还有固体潮观测室、地震观测室、地磁绝对值观测室、高空大气物理观测室、卫星多普勒观测室、地磁探测室等，以及其他用房，如车库、工具库、木工间、冷藏室和蔬菜库等。

问题导读

（1）南极站建设为什么使用装配式建筑？

（2）南极站的建设过程面临哪些困难和挑战？

（3）考察站的功能设计和选址与常用民用建筑相比有什么不同？

按照国家要求，到2026年，我国装配式建筑占新建建筑的比例将达到30%。装配式建筑不仅是建造工法的改变，而且是建筑业基于标准化、集成化、工业化、信息化的全面变革，承载了建筑现代化和实现绿色建筑的重要使命，也是建筑业走向智能化的过渡步骤之一。

10.3.1 装配式建筑的概念和分类

（1）基本概念。一般来说，装配式建筑是指由预制部件通过可靠连接方式建造的建筑。装配式建筑有两个主要特征：一是构成建筑的主要构件特别是结构构件是预制的；二是预制构件的连接方式是可靠的。

按照装配式混凝土建筑、装配式钢结构建筑和装配式木结构建筑的国家标准定义，装配式建筑是指“结构系统、外围护系统、内装系统、设备与管线系统的主要部分采用预制部品、部件集成的建筑”。这个定义强调装配式建筑是四个系统（而不仅仅是结构系统）的主要部分采用预制部品、部件集成的。

雅典帕特农神庙是著名的古典装配式建筑，悉尼歌剧院是著名的现代装配式建筑，日本大阪北浜公寓是当代最高的装配式混凝土建筑。帕特农神庙的结构系统是由石材部件装配而成的；悉尼歌剧院和北浜公寓的结构系统和外围护系统是由预制混凝土部件集成的。

中国知名装配式建筑有：湖州喜来登温泉度假酒店，2016年9月竣工；杭州来福士广场，商业综合体，2017年4月交房；西安绿地中心，超高层写字楼，17万 m^2，地下3层，地上57层，270m双子塔；广州周大福金融中心，总高530m，地上111层，地下5层；安徽合肥滨湖惠园，面积215亩，采用住宅产业化建造模式；青岛世园会植物园，钢结构；万科金域缇香，普通住宅，引入工业化住宅建造工艺，预制了楼梯、叠合楼板、隔墙板等；合肥天门湖公租房；乐清体育中心。

（2）现代装配式建筑的主要类型。装配式建筑按主体结构材料分类，有装配式混凝土建筑、装配式钢结构建筑、装配式木结构建筑和装配式组合结构建筑。古典装配式建筑有装配式石材结构建筑和装配式木结构建筑。

装配式建筑按高度分类，有低层装配式建筑、多层装配式建筑、高层装配式建筑、超高层装配式建筑。

装配式建筑按结构体系分类，有框架结构、框架剪力墙结构、筒体结构、剪力墙结构、无梁板结构、空间薄壁结构、悬索结构、预制钢筋混凝土柱单层厂房结构等。

装配式混凝土建筑按预制率分为：小于5%为局部使用预制构件；5%~20%为低预制率；20%~50%为普通预制率；50%~70%为高预制率；70%以上为超高预制率。

10.3.2 装配式建筑发展

建筑源于自然，现浇建筑的始祖是蜜蜂、沙漠白蚁和金丝燕。蜜蜂用分泌出来的蜂蜡建造蜂巢。有一种沙漠石蜂用唾液和小沙粒混合成“蜂造混凝土”建造蜂巢。胡蜂和大黄蜂则用嘴嚼木质纤维，使纤维与唾液黏合，犹如造纸工艺一样，制作纸浆纤维材料建造蜂巢，如图 10-1 所示。澳大利亚有一种沙漠白蚁，用粪便和沙粒混合成“蚁造混凝土”，能建造 3 m 高的蚁巢，相对于体长，这么高的蚁巢相当于人类上千米的摩天大厦，比世界最高建筑 828 m 高的迪拜哈利法塔还要高。金丝燕用唾液、湿泥和绒状羽毛建造名贵的燕窝，这些“鸟造混凝土”的原理与钢筋混凝土一样，树枝或羽毛承担拉应力，湿泥和唾液干燥后形成的胶凝体承受压应力。南美洲有一种鸟称作灶鸟，用软泥建造鸟巢的过程就像 3D 打印一样。

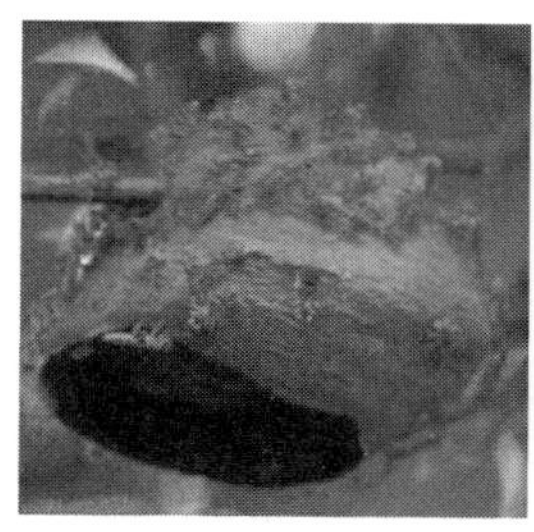
（a）蜂造混凝土

（b）蚁造混凝土

（c）鸟造混凝土

图 10-1　蜂造/蚁造/鸟造混凝土

装配式建筑的鼻祖是红蚂蚁、园丁鸟和乌鸦。红蚂蚁用松针、小树枝、树皮、树叶秸秆等建造很大的蚁巢，是带有屋顶的下凹式“建筑”。南美洲有一种园丁鸟，会用树枝盖带庭院的房子。乌鸦在树上用树枝搭建窝巢。

（1）古代装配式建筑。古代装配式建筑是指人类进入农业时代开始定居，到 19 世纪现代建筑问世，这段时间的装配式建筑。人类进入农业时代定居下来后，石头、木材、泥砖和茅草建造的真正的建筑开始出现了。古代时期人类不仅建造居住的房子，也建造神庙、宫殿、坟墓等大型建筑。住宅有砖石（早期主要是泥砖）砌筑建筑和木结构建筑，许多木结构住宅是装配式。

庙宇、宫殿大都是装配式建筑，包括石材装配式建筑和木材装配式建筑。如古埃及、古希腊和美洲特奥蒂瓦坎的石头结构柱式建筑，中世纪用石头和彩色玻璃建造的哥特式教堂。

中国和日本的木结构庙宇、宫殿等，都是在加工场地把石头构件凿好，或把木头柱、梁、斗拱等构件制作好，再运到现场，以可靠的方式连接安装。古埃及和美索美洲的金字塔其实也是装配式建造物。

（2）现代装配式建筑。现代建筑是工业革命和科技革命的产物，运用现代建筑技术、材料与工艺建造。世界上第一座大型现代建筑——1851 年伦敦博览会主展览馆——水晶宫，就是装配式建筑。

自由女神像是法国人在美国建国 100 周年时赠送给美国人民的，于 1886 年建成。自由女神像是铸铁结构，铸铜表皮。铸铁结构骨架和铸铜表皮都是在法国制作的，漂洋过海运到美国安装。结构由著名的埃菲尔铁塔的设计者埃菲尔设计。自由女神像是世界上最早的装配式钢结构金属幕墙工程。

早在20世纪20年代的欧洲，德国就提出建筑工业化理念，1933年在住宅区进行大规模的推广应用，目前，装配式小型住宅在德国市场上最受欢迎。法国建筑的装配率已达到75%，俄罗斯采用预制混凝土结构率达50%，欧洲其余各国为35%~40%。20世纪30年代，伴随快速的城市化进程带来的需求，美国国内大力推进建筑工业化发展。1971年，美国编制的《PCI设计手册》在国际上引起广泛的影响，对世界装配式产业的全过程具有指导性意义。

1968年，日本提出装配式住宅的概念，通过立法保证了构件质量，并在一系列政策和标准的背景下形成了统一的模数标准，实现了装配式建筑标准化、批量化、多样化的发展。2008年，日本采用装配式建设技术建造的东京塔，高达58层，标志着其预制装配式结构的高质量发展。同时，东京塔先后在几次地震中都经受住了考验，验证了装配式建筑结构的可靠性、稳定性。

国内建筑工业化推行较晚。2003年，建设部发布《工程建设标准体系》，推动了建筑产业标准化的初期发展。2015年，住建部正式发布《工业化建筑评价标准》，首次明确“工业化建筑”“装配率”和“建筑部品”等专业术语，进一步完善了我国工业化建筑基础理论，对我国建筑工业化发展起到促进作用。2017年，《工业化建筑评价标准》进一步修订并更名为《装配式建筑评价标准》。

10.3.3 装配式建筑的优势

传统建筑在设计建造过程中存在诸多问题，其设计、生产、施工相互脱节，生产过程连续性差；以单一技术推广应用为主，建筑技术集成化低；以现场手工、湿作业为主，生产机械化程度低，材料浪费多，建筑垃圾量大，环境污染严重；工程以包代管、管施分离，工程建设管理粗放，资源、能源利用率低；工人技能素质低，工程质量难控制等。

与传统建筑相比，装配式建筑采用的是标准化设计思路，结合生产、施工需求优化设计方案，设计质量有保证，便于实行构配件生产工厂化、装配化和施工机械化。构件由工厂统一生产，减少现场手工湿作业带来的建筑垃圾等废弃物；构件运至现场后采用装配化施工，机械化程度高，有利于提高施工质量和效率，缩短施工工期，减少对周边环境的影响；采用信息化技术实施定量和动态管理，全方位控制，效果好，资源、能源浪费少，节约建设材料，环境影响小，综合效益高。装配式建筑生产方式与传统建筑生产方式的比较如表10-2所示。

表10-2 装配式建筑生产方式与传统生产方式的对比

比较项目	传统生产方式	装配式建筑生产方式
建筑工程质量与安全	现场施工限制了工程质量水平，露天作业、高空作业等增加安全事故隐患	工厂生产和机械化安装生产方式的变化，大大提高产品质量并降低安全事故隐患

续表

比较项目	传统生产方式	装配式建筑生产方式
施工工期	工期长，受自然环境条件及各种因素影响大，各专业可能不能进行交叉施工；主体封顶仍有大量工作	构件提前发包，现场模板和现浇湿作业少；项目各楼层之间并行施工；构件的保温及装饰可在工厂一体集成，现场只需吊装
经济性	人工费、管理费较高，保温材料无法实现与建筑物同寿；建筑能耗较大，材料浪费严重	构件制作造价随模具周转次数增加而降低；现场工人减少；材料可多次利用；由于构件实现标准化、模数化，材料损耗减少；预制工期短，可缩短投资回收期
劳动生产率	现场湿作业，生产效率低，只有发达国家的 20%～25%	住宅构件和部品工厂生产，现场施工机械化程度高，劳动生产效率较高
施工人员	工人数量多，专业技术人员不足，人员流动性大，工人素质、技术水平参差不齐，人员管理难度大	工厂生产和现场机械化安装对工人的技能要求高，人员较固定，施工操作技术水平有保证，机械化程度高，用工数量少，人员管理容易
建筑环境污染	建筑垃圾多、建筑扬尘、建筑噪声和光污染严重	工厂生产，大大减少噪声和扬尘，建筑垃圾回收率提高
建筑品质	很大程度上受限于现场施工人员的技术水平和管理人员的管理能力	构件由工厂生产，多道检验，严格按图施工生产，生产条件可控，产品质量有保证，工艺先进，建筑品质高
建筑形式多样性	受限于模板架设能力和施工技术水平	工厂预制，钢模可预先定制，构件造型灵活多样，现场机械吊装，可多种结构形式组合成型

10.3.4 “双碳”目标下装配式建筑的技术发展

基于“双碳”目标，选择合理的装配式建筑结构形式，合理应用装配式建筑技术，是减少建筑工程项目的全生命周期能耗的关键。具体来说，装配式建筑的技术发展有以下三个方向。

（1）提高装配式建筑的围护结构热工性能。装配式建筑围护结构的热工性能是建筑节能的关键，应满足我国相关的设计标准，并按照热工性能指标进行节能评价。设计装配式建筑围护结构时，应全面考虑建筑结构采暖和制冷总负荷的影响。

（2）发展装配式建筑在屋面与外窗节能的应用。一般来说，装配式建筑屋面结构采用的形式有保温层面板、屋面瓦面板、EPS-复合保温面板以及防水面板。此类屋面是直接固定在建筑墙面上的，为了保护屋面保温层，通常会在屋面上涂一层大约 25mm 厚的水泥砂浆。为达到节能效果，一般采用塑钢作为外窗的框架，采用双层中空玻璃作为面板，这种双层玻璃能够有效地起到保温的作用。

装配式建筑的地面在进行处理的时候通常按照自下而上的顺序来进行。建筑的地面面层的厚度为 20mm 时，可以利用水泥砂浆来找平层，建筑的地面面层的厚度>60mm 时，应该使用复合式的保温面层。

（3）构建有效的绿色装配式建筑技术标准体系。构建绿色装配式建筑技术标准体系，可以强化绿色装配式建筑技术的发展潜力，对于发展起步较为缓慢的产业而言，内部完善的标准体系可优化各项工作流程，为绿色装配式建筑发展提供相应的技术支持。因此，构建完善的绿色装配式建筑技术标准体系非常重要。首先，相关企业可针对市场经济发展动态和行业内部的经济行情，结合技术特征优势，努力开发涵盖装配设施、维护手段、产业结构的建筑体系标准，逐步提高绿色装配式建筑标准化水平，重点打造出一系列配套化技术标准体系；其次，应进一步完善绿色装配式建筑和部件之间的模数体系，重点研究和开发符合建筑工业化生产要求的绿色装配式结构体系，实现装配式构件产品成套集成，有利于推进我国绿色装配式建筑结构体系协调统一发展。

10.4 建筑能源系统碳零排技术

实践案例

天津零碳建筑——中新天津生态城公屋展示中心

中新天津生态城公屋展示中心集众多先进环保技术于一身，如屋顶太阳能光伏板提供足够使用的电能、基于烟囱效应的通风系统实现室内外空气循环、利用导光筒折射和反射太阳光为室内照明、地源热泵为建筑内供热制冷等。整栋建筑的面积为3467m^2，通过应用先进建筑技术、多种可再生能源实现零碳排放，成为天津首座零碳建筑。

菱形建筑结构充分吸收太阳光，地热能与通风保证了体感舒适，灯具亮度根据室内光照亮度自动调节，还有一套控制系统对整栋建筑进行集中管理。这套系统对建筑内部所有设备能耗进行集中监控与管理，从而进一步降低能耗、节约资源。随着全球不可再生资源的不断消耗，能源危机猛然敲响了人类的生存警钟，中新天津生态城公屋展示中心无疑发挥了很好的示范作用。有了中新天津生态城公屋展示中心这个零碳建筑的成功案例，太阳能、风能——这些可再生、无污染且储量巨大的能源，更能激发天下有识之士的信心，更好地各展才智、开发利用，减少CO_2之类温室气体的排放，保护人类赖以生存繁育的地球。

问题导读

(1) 为什么“光伏和风电成为中国碳中和生力军”?

(2) 风能源会成为碳中和中节能建筑的风向标吗?

建筑是用能大户，全面提高建筑电气化水平，一方面，能有效减少化石燃料的直接燃烧，进而降低建筑用能的碳排放；另一方面，电气化程度越高，建筑直接利用可再生能源的可能性越高。太阳能建筑一体化技术、风能与建筑表皮结合技术、热泵式空调技术、生物质锅炉技术和相变蓄冷/蓄热技术广泛用于建筑能源系统零碳技术。

10.4.1 太阳能建筑一体化技术

太阳能建筑一体化技术是指通过被动与主动方式于建筑层面利用太阳能的技术。

（1）太阳能被动式利用技术。太阳能被动式利用技术是充分利用建筑本身的自然潜能，对建筑周围遮阳、通风等均是被动利用太阳能的技术。通过建筑朝向，吸收太阳热能，起到保暖效果；利用建筑的合理布局、内部空间加强空气对流与室内采光，降低建筑能耗；利用节能环保材料对太阳热能进行蓄存，有利于能源的转化。该技术可以有效降低建筑的制冷、供热、通风、照明能耗，达到降低建筑碳排放的目的。

（2）太阳能主动式利用技术。太阳能主动式利用技术主要是通过太阳能板实现光—电转换和光—热转换，使太阳能得以利用，以承担生活供热和供电。每 $15m^2$ 太阳能热水集热器和 $12m^2$ 太阳能热风集热器可在一个冬季时段为住户提供超过18900MJ热量。在满足建筑49.7%能耗贡献率的条件下，可保证平均 $70m^2$ 空间供暖，相当于节约1054kg标准煤炭。

城市地面空间小，而建筑表面为太阳能光伏板的大面积铺设提供了可能。设计开发可与建筑融合的高效光伏组件，推广“光伏建筑一体化”技术是充分利用太阳能资源、建设低碳可持续建筑的有效途径。此外，还可通过在屋面铺设大面积太阳能光电板，扩大太阳能采集面积、优化铺设角度，将太阳能资源最大化利用。建筑屋顶层可装设可随季节变换和调整角度的叶片造型光电板，它能够根据外界条件，实时调节自身角度，最大化利用太阳能资源，为建筑提供充足的电力，极大地降低建筑能耗，实现建筑碳减排。

（3）“光储直柔”用能系统。相比于传统能源结构，可再生能源波动性高、随机性大。为适应新型能源结构，“光储直柔”用能系统是应对上述挑战的重要途径。该系统是在光伏建筑一体化建设基础上，在建筑用能方面推广设备电气化与全直流化，开发直流供配电关键设备与柔性化技术；在建筑蓄能方面实现分布蓄电常态化，实现建筑用电总量与用电时间柔性可调。如在建筑周边全面配置智能充电桩，白天吸纳光伏发电和接受电网低谷电，同时向电动车供电，夜间向建筑供电，为建筑用电高峰期调峰提供保障。“光储直柔”将区域能源系统与建筑能源系统耦合，通过“源—网—荷—储”多维匹配，实现可再生能源高效利用。

现阶段，国内已建设多个“光储直柔”示范项目。以一栋居住建筑及其周边公共设施为例，探究社区“光储直柔”系统的应用可行性与节能减碳潜力。该项目采用光伏板发电，铺设于公共区域屋顶，可产生约180kW电能。蓄能侧配备容量为300~600kW·h的集装箱式储能系统，并建设400~600kW充电桩，满足社区多向供电。用电侧包括建筑用电与公共区域用电，建筑内采用楼宇全直流方式用电，社区公共区域采用直流照明与供电，共约有1000kW直流负荷。在直流微网建设上实现多微网互联互通，实现直流电网间平衡与互补。通过综合能源服务的模式创新实现分布式光伏、储能、充电桩、建筑用能与电网的友好互动，保证系统高效稳定运行。

澳大利亚新南威尔士大学的泰瑞能源技术大楼是本科生和工程专业研究生的教育中心。技术大楼建筑面积约 16000m^2，其中运用了多项构造减碳技术，曾获得澳大利亚绿色建筑委员会颁发的六星绿星设计等级。该大楼设有一个第三代光伏发电系统，功率为 800kW。大楼顶部铺设有 1100m^{2}的 150kW 光伏阵列，与第三代光伏发电系统共同连接到校园电网，其设计目标是减少 55%的 CO_2排放。在目前的条件和内部负荷下，泰瑞能源技术大楼光伏产电不仅能够自给自足，在白天还能向校园电网输出电力。

10.4.2 风能与建筑表皮结合技术

风能具有无污染、低成本的特点，其利用形式包括被动式和主动式两种方式。

（1）风能被动式。建筑自然通风是最常用的被动式形式之一，是一种利用室外风力造成的风压，以及室内外温差和高度差产生的热压使空气流动的通风方式。通过风洞实验和计算流体力学模拟等方法，优化建筑结构与布局，合理利用建筑自然通风潜力，可减少建筑的通风能耗与碳排放。

此外，开发利用风能的装配式外墙保温装饰板，具有削弱外墙风力和热量转化的有益效果：保温板为曲面结构，可对寒风流起到导流作用，减少外墙冷空气向室内扩散，同时风筒设计能转化风力为动力，进一步消耗外墙风力强度；风力转化成的动力能带动摩擦结构产生热量，提高外墙温度，进一步增强保温效果，减小冬季热量损失。计算表明，单个板材结构依靠风能可使温度提高 4.86℃，当用于严寒地区外墙时，墙体温度可提高 11.25℃。

（2）风能主动式。风能主动式利用是将风力发电装置与建筑结合，为建筑提供额外电能。为强化局部风能，提出了非流线体型、平板型、扩散体型等建筑集中器模型，充分利用屋顶风、风洞风和风道风。

例如，巴林世界贸易中心三座直径为 29m 的屋顶风力涡轮，可满足大厦每年11%~15%的耗电量；广州珠江大厦高 303m，设备层最大风速可达 10m/s，可有效为涡轮机提供动力，产生电能。

风能发电设备还可与建筑表皮结合，使其在满足正常的建筑围护结构功能的同时，产生额外的电能，减少建筑的碳排放。该技术适合应用于高层建筑。上海中心大厦作为一栋超高层建筑就采用了建筑风力发电一体化技术。在大厦外幕墙上，有与其整合在一起的 270 台 500W 的风力发电机，每年可以产生 118.9 万 kW·h 的绿色电力，有效减少了上海中心大厦的电力消耗。

10.4.3 热泵式空调技术

在动力驱动下，热泵是可通过热力学逆循环连续地将热能从低温物体（或介质）

转移到高温物体（或介质），并用于制冷或制热的装置。利用热泵技术，能将低温热源的热能转移到高温热源，从而实现制冷和供暖。

（1）太阳能直驱式空气源热泵。太阳能和热泵技术是节约常规化石能源使用最有前途的两种方式，两者有机结合的太阳能直驱式空气源热泵更能达到优势互补的目的。由于太阳能受季节和天气影响较大且热流密度低，各种形式的太阳能直接热利用系统在应用上会受到一定的限制。因此，热泵技术得到广泛的重视。太阳能直驱式空气源热泵系统的光伏阵列，能将接收到的太阳能转化为直流输出的电能，随后直流输出的电能通过具有最大功率点跟踪和基于后端压缩机负载频率进行变频调控的光伏逆控一体机，控制光伏组件输出自适应于其最大功率点，使其始终能够高效率运行，给空气源热泵机组提供能量来源。

以江苏某绿建设计的三星办公楼为例，其采用一级太阳能直驱式空气源热泵（Air Source Heat Pump，ASHP），系统中设置多台模块化 ASHP 机组并联。该办公楼建筑面积为 6758m^2，且位于夏热冬冷、室外温度相对较高的南通市。该办公楼设置自动监测系统，能对热泵系统机组及水泵关键参数进行实时监测，使空气源热泵实际制热能效比（COP）值达到 2.8，与普通冷水机组相比，提升了能源利用效率，减少了建筑碳排放。

（2）水源热泵。与空气源热泵定义近似，水源热泵机组是以水为冷（热）源，制取冷（热）风或冷（热）水的设备。水源热泵机组的工作原理实质上就是在夏季将建筑物中的热量转移到水源中；在冬季，则从相对恒定温度的水源中提取能量，水源热泵的能效比通常在 4.0 左右。例如，上海世博会场馆采用黄浦江水源和地源热泵空调系统，夏季用黄浦江水作为空调冷却水，冬季利用土壤储热提取地源水进行供热。与燃气供热相比，年运行一次能耗可减少 40%～60%，年运行费用可减少 50%～70%，年运行能耗节省 5740 MW · h。

（3）地源热泵。地源热泵机组是以土壤/土地等为冷（热）源，制取冷（热）风或冷（热）水的设备。如图 10-2 所示，地源热泵技术就是通过管路设备将浅层地热源中的低品质热量转化为高品质热量，并应用于建筑的供热、制冷，地源热泵的能效比通常在 4.0 左右。

以能源与环境设计先锋奖（LEED）金奖建筑成都来福士广场为例，其地下室、电影院区域，包括两栋写字楼的供冷和供热，借助的都是地源热泵。根据计算，与锅炉供热系统相比，采用地源热泵系统要比电锅炉加热节省 2/3 以上的电能，比燃锅炉节省约 1/2 的能量。由于其热源更为稳定，与普通中央空调相比，地源热泵的制冷、制热效率要高出 40%左右，有效降低了建筑碳排放。

大型公共建筑可采用地埋管式地源热泵式空调，兼顾供热、供冷功能。其中地源热泵出水温度设置为两套，即高温出水设备配备干湿风机盘管和热辐射供冷暖，标准出水设备用于新风系统的冷却除湿。地源热泵的使用，使建筑能够用最少的能源满足建筑的冷热负荷需求，如表 10-3 所示。

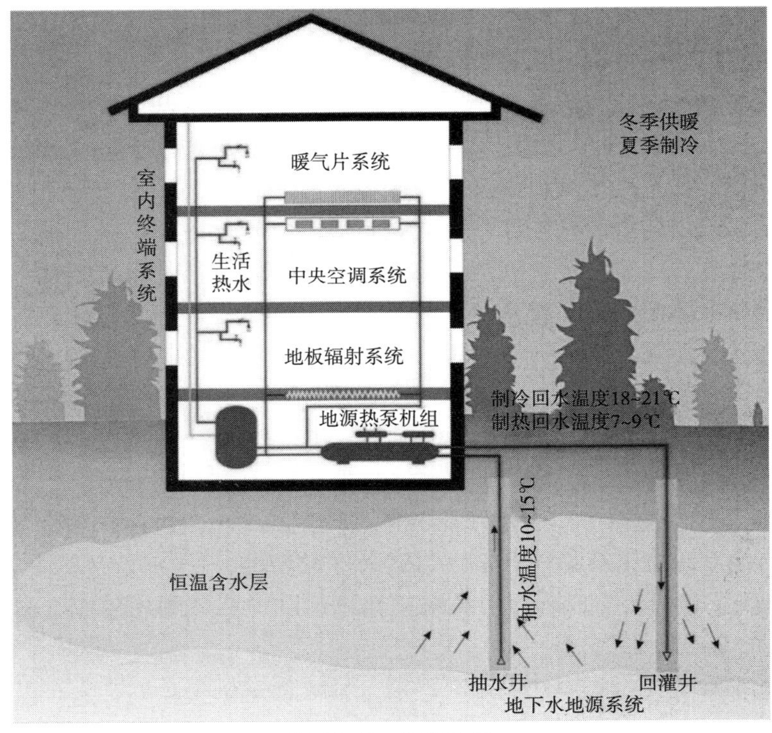

图 10-2 地源热泵

表 10-3 各类热泵的对比

项目	地源热泵	水源热泵	太阳能直驱式空气源热泵
原理	利用地下常温土壤或地下水温度相对稳定的特性，通过输入少量的高品质能源（如电能），运用埋藏于建筑物周围的管路系统或地下水与建筑物内部进行热交换，实现低品质热能向高品质热能转移的冷暖两用空调系统	利用从地球表面浅层的水源，如地下水、河流和湖泊中吸收的太阳能和地热能而形成的低品质热能资源，采用热泵原理，通过少量的高品质电能输入，实现低品质热能向高品质热能转移的一种技术	一种利用高品质能使热能从低品质热源流向高品质热源的节能装置。空气作为热泵的低品质热源
特点	利用可再生的地热能资源，经济、有效、节能，环境效益显著	水热容量大，传热性能好，一般水源热泵的制冷供热效率或能力高于空气源热泵	制热效率高
功能	供暖+空调+生活热水	供暖+空调+生活热水	供暖+空调
投资	高	高	低
运行能效	能效比可以到 4.0	能效比可达 3.5~4.4	受环境影响，需要太阳能提供电力作为辅助热源
适用地区	适用于建筑密度比较低的公共和住宅建筑；一次性投资及运行费用高，可能带来地质问题	适用于有持续水源区域	供暖效率随室外温度的下降而下降，在严寒地区不宜使用
安装要求	热交换是在地下进行的，必须通过地下打井进行热量传输，因此需要有足够的场地实现能量交换	合适的水源是使用水源热泵的限制条件，水源必须满足一定的温度、水量和清洁度	不需要设专门的冷冻机房、锅炉房，机组可任意放置在屋顶或地面

10.4.4 生物质锅炉供热技术

生物质锅炉以生物质能源作为燃料，可分为蒸汽锅炉、热水锅炉、热风炉、导热油炉等。

燃料主要以玉米秸秆、小麦秸秆、棉花秆、稻草、树枝、树叶、干草、花生壳等生物质废弃物为原料，经粉碎后加压、增密成型制成。生物质燃料的加工成本低、利润空间大，价格远远低于原煤炭，可代替煤炭。

按照用途，生物质锅炉可分为两类：热能锅炉和电能锅炉。生物质热能锅炉直接获取热能，而生物质电能锅炉又将热能转化成了电能。其中，生物质热能锅炉应用最广泛且技术比较成熟。

以黑龙江省某小镇集中供热项目为例，该项目供暖面积为 23.5 万 m^2，通过集中供暖锅炉装备技术改造，用一台 14MW 秸秆直燃锅炉替代了 10 吨老式燃煤锅炉热源。项目推广建设每个供热期消耗秸秆 1.48 吨，替代煤炭 8225 吨，减排 CO_2约 1.5 万吨；年生产生物质炭灰 2600 吨，替代化肥 43 吨，减排 CO_2约 300 吨。

10.4.5 相变蓄冷/蓄热空调技术

（1）微胶囊相变悬浮液蓄冷技术。相变材料具有较高的储能密度，储能能力是同体积显热物质的 4~5 倍。将相变材料微胶囊化是一种新型的相变材料封装技术。该技术将导热系数较低的相变材料包裹到更具亲水性的高分子复合物壳体内。微胶囊化封装技术可以提高相变材料的蓄冷能力。由于相变材料具有特定的相变温度范围，所以相变材料可作为蓄冷介质使用在空调系统中，能够使蒸发器获得较高的蒸发温度，从而提高系统的使用效率，降低设备能耗。

微胶囊相变悬浮液蓄冷技术可应用于太阳能空调系统中，如图 10-3 所示。白天太阳能集热器可以吸收太阳辐射热能驱动制冷机运行，产生制冷效果。在没有冷负荷需求的时候，冷量储存在蓄冷箱体内，箱体内的相变材料会吸收冷量而发生相变。当用户末端需要提供制冷效果时，温度较高的冷冻水从室内将热量送至蓄冷箱体，箱体内固态的相变材料吸收热量发生相变，释放冷量给冷冻水，再由冷冻水供给用户。这种系统可以在太阳能充足的时候蓄冷，在夜晚或者日光不充足的时候使用，并且可以在太阳辐射最大的时候集中蓄冷，使效率得到优化，降低建筑能耗。

（2）带相变蓄热器的空气型太阳能供暖技术。带相变蓄热器的空气型太阳能供暖技术的系统主体由空气型太阳能集热器、集热器风机、相变蓄热器、负荷风机及辅助加热器组成。空气在太阳能集热器和相变蓄热器之间、相变蓄热器和负荷之间形成两个循环回路。相变蓄热器包含多个供空气流动的矩形断面的通道，这些通道相互平行并由相变材料隔开。相变材料蓄存日间的太阳能，并在夜间通过热通道向内送风，以满足夜间房间热负荷的需要。

以内蒙古某空气式太阳能相变热泵供暖项目为例，该项目采用空气式太阳能热泵

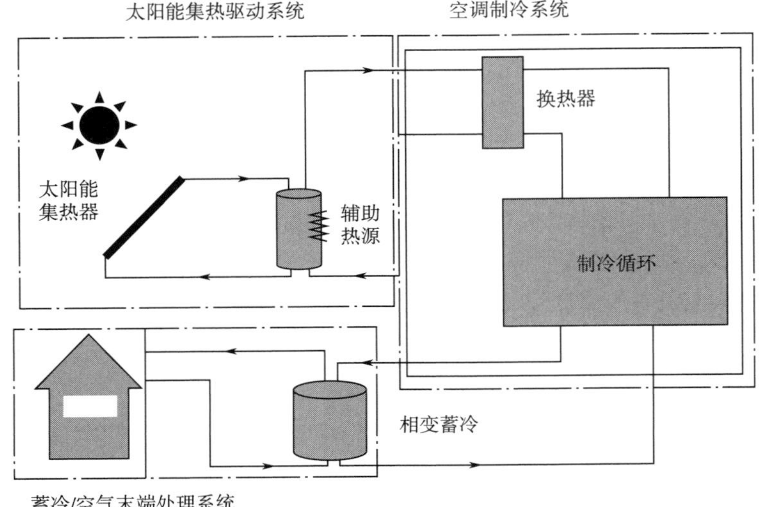

图 10-3　相变蓄冷太阳能空调系统图

供暖系统代替原有的电锅炉为某建筑供暖。根据通辽市的气候特点，该系统由空气源热泵系统承担建筑的主要热负荷，太阳能集热器产生的热量作为热泵系统的主要低温热源，在无太阳能时，热泵系统也可从环境中吸取热量，电加热器作为辅助热源，保障室内供暖的连续性及舒适性。太阳能集热器、热泵系统及其辅助设备放置在屋顶，供暖末端采用散热器和风机盘管。系统制热能效比为 2.6~4.3，受气候条件及环境温度影响较大，平均值为 3.6，相对于单一空气源热泵供暖，整体能效较高，节能效果显著。

【课程习题】

1. 选择题

(1) 以下技术中属于节能与能源利用技术的是（　　）。

A. 已开发场地及废弃场地的利用　　B. 高性能材料

C. 高效能设备系统　　D. 节水灌溉

(2) 绿色建筑的“绿色”应该贯穿于建筑物的（　　）过程。

A. 全生命周期　　B. 原料的开采

C. 撤除　　D. 建设实施

(3) 节能建筑就是（　　）。

A. 低能耗建筑　　B. 绿色建筑

C. 智能建筑　　D. 低碳建筑

(4) 可再生能源利用技术中不包含（　　）。

A. 太阳能光热系统　　B. 太阳能光电系统

C. 地源热泵系统　　D. 带热回收装景的给排水系统

(5)（　　）侧重于从减少温室气体排放的角度，强调采取一切可能的技术、方法和行为来减缓全球气候变暖的趋势。

A. 低能耗建筑　　B. 绿色建筑

C. 智能建筑　　D. 低碳建筑

（6）（　　）指依据当地的自然生态环境，运用生态学、建筑技术科学的根本原理和现代科学技术手段等，使人、建筑与自然生态环境之间形成一个良性循环系统。

A. 生态建筑　　B. 绿色建筑

C. 智能建筑　　D. 低碳建筑

2. 简答题

（1）从技术实现难度、技术应用效果等角度，论述在建筑运行过程中有哪些环节是建筑碳减排的重点。

（2）除本章已提及的校园建筑碳减排案例，试查找相关资料，在校园中还有哪些建筑碳减排实例？你认为哪些减排案例对实现零碳校园具有示范意义？

（3）当前中国各地区太阳能资源并不均衡，我国哪些地区适合广泛采用太阳能建筑一体化技术？太阳能资源不丰富的地区又该如何利用太阳能？

（4）试查找国外绿色建筑评价体系，对比分析我国绿色建筑评价体系还应增加哪些指标，请提出你的改进意见。

（5）从建筑全生命周期角度出发，建筑运营碳排放和建筑隐含碳排放谁更重要？为什么？

（6）相比于建筑建造、构造与环境营造碳减排技术，建筑能源系统碳零排技术和建筑绿化系统碳负排技术有哪些特点？

【拓展案例】

西门子“水晶大厦”

【课程作业】

搜集 10 个世界著名绿色建筑，用 600~1000 字阐述它们之间的相同点和不同点。

第 11 章 碳中和决策支撑技术

【教学目标】

知识目标 了解碳排放监测技术的分类；熟悉碳达峰碳中和相关政策文件；掌握碳排放核算基础知识。

方法目标 学习建立并完善碳排放核算体系的方法，了解我国碳达峰、碳中和的工作成效。

价值目标 中华文明历来强调天人合一、尊重自然，通过对我国碳中和政策的解读，认识到应对气候变化是人类共同的事业。

11.1 碳排放监测技术

实践案例

“北溪”天然气

2022 年 9 月 26 日，俄罗斯向欧洲出口天然气的两条管道“北溪-1”和“北溪-2”均出现泄漏点，相关地点同时被监测到发生爆炸。丹麦和瑞典 9 月 30 日发布的一份报告说，影响波罗的海“北溪”天然气管道的 4 起泄漏事件是由相当于数百公斤炸药的水下爆炸引起的。其中一次爆炸产生了相当于 2.3 级的地震，瑞典南部 30 个测量站都探测到此次爆炸。当地时间 9 月 30 日，挪威大气研究所表示，“北溪”天然气管道泄漏后，该地区上空形成大片 CH_4 云并不断蔓延、扩散，截至当天，已有至少 8 万吨 CH_4 气体扩散到海洋和大气中。联合国环境规划署 9 月 30 日说，这可能是有记录以来最严重的一起 CH_4 泄漏事件。

相对于 CO_2，CH_4 在大气中的寿命短得多，最多只能存留 12 年，而 CO_2 可以存留一个多世纪。但是 CH_4 对于辐射的吸收能力却比 CO_2 高出许多，其单位强度是 CO_2 的 20

倍以上。在20年的维度里，一吨CH_4对全球变暖的加速影响与大约85吨CO_2相似。最新研究报告显示，迄今为止，CH_4对观察到的全球变暖的贡献将近达到三分之一。因此在近些年，CH_4的减排也是缓解全球变暖进程中的重要议题。

除了加速全球变暖，CH_4在大气中也可以通过参与一系列复杂的光化学反应，从而导致近地表臭氧的产生。

而此次泄漏对于海洋生态的影响仍然是未知的。对于海洋生物来说，值得注意的可能不是CH_4，而是天然气中的杂质。天然气中的一些化学物质，尤其是芳烃类物质，例如苯，虽然含量很低，但对于海洋生物来说却是致命的，其毒性足以让很多种群遭遇灭顶之灾。

问题导读

（1）CH_4与温室气体的关系是什么？

（2）CH_4泄漏的危害有哪些？

（3）温室气体如何监测？

作为世界上最大的碳排放国之一，中国的碳排放变化引起了世界各国的关注。碳排放监测是指碳排放数据和信息的收集过程，监测方法的选取是监测制度建设的关键。发展可靠的碳排放监测技术，准确而全面地获取碳排放数据，可以为碳减排措施的制定及其减排效果评估提供有力的技术支撑。

目前，国际上主流的碳排放监测方法大致可分为两大类：在线监测技术和基于核算的方法。前者直接测量CO_2排放，后者通过排放因子或物料平衡法核算不同领域活动导致的CO_2排放。我国自2008年起陆续建成16个国家背景监测站，其中11个站点能实时监测CO_2和CH_4，部分背景监测站还开展了N_2O监测。在具备条件的福建武夷山、四川海螺沟、青海门源、山东长岛、内蒙古呼伦贝尔5个站点完成了温室气体监测系统升级改造，改造后CO_2、CH_4监测精度达到世界气象组织全球大气监测计划针对全球本底观测提出的要求。本节主要介绍在线监测技术、遥感观测技术、大数据监测平台及空、天、地一体化的检测网络。

11.1.1 在线监测技术

在线监测又名直接测量法，受人为因素干扰少，具有原理简单、计量简便、操作方便、运行成本低及可高效收集数据的优点，因此被广泛应用于固定污染源排放企业的CO_2浓度监测，如钢铁、电力、水泥和危险废物处理等工业领域。目前这些领域的CO_2浓度在线监测技术主要包含烟气排放连续监测技术和光学检测技术。

11.1.1.1 烟气排放连续监测技术

烟气排放连续监测设备的建设和运用，是我国在节能减排方面的重要举措，位于我国节能减排三大体系之中，并占据着重要的地位。烟气排放连续监测技术借助连续排放监测系统（Continuous Emission Monitoring System，CEMS），采用高精度电化学气体传感器，通过传感器、光谱分析等技术，连续、自动地监测环境中的 CO_2、CH_4、NH_3、N_2O 浓度等参数并得到碳排放量，精度高、响应速度快、重复性好，可实现碳排放核算的实时化、自动化。同时，利用实时监测数据，建立基于监测数据的碳排放核算方法体系，可进一步提升碳排放核算数据的准确性和实时性。

美国环保署清洁空气市场部（CAMD）于 2009 年启动了强制性温室气体报告项目制度，该项目所覆盖的电力企业普遍采用在线监测法来监测 CO_2 排放。从国内来看，随着 2018 年政府机构改革，我国应对气候变化的工作调整至生态环境部，碳排放控制与大气污染物排放控制的协同治理工作更加受到重视。自 2013 年底，超过 14000 家国家重点监控企业被要求安装 CEMS 并开展污染物在线监测。国内主要高耗能企业特别是大型火电厂，对 SO_2、NO_x 和颗粒物等污染物的在线监测已相对成熟，可以借助相对便捷的方法使现有 CEMS 实现 CO_2 排放连续在线监测。

以烟气排放连续监测系统在火电企业的碳排放监测中的应用为例，在线监测系统被直接安装在发电机组尾部烟道处，监测化石燃料燃烧产生的 CO_2 排放和脱硫过程中的 CO_2 排放。采用烟气取样、预处理、再测量方式进行数据测量，系统主要由烟气取样模块、浓度检测模块和其他模块等部分组成，详细组成如图 11-1 所示。

（1）烟气取样模块由网格化采样探头、采样伴热管线及混合+预处理模块组成，主要用于获取排放烟气样本。

（2）浓度监测模块由碳浓度和氧传感模块组成，采用 MODEL1080 烟气分析仪测量 CO_2 浓度，并同步测量 CO 和 O_2 浓度。

（3）其他模块由数据采集与运行控制模块、数据处理与统计模块、数据库模块及上位机显示模块组成，主要用于处理数据，并按照不同时间序列如小时、天、月、季等对碳排放进行计算、统计、存储及在线实时显示。

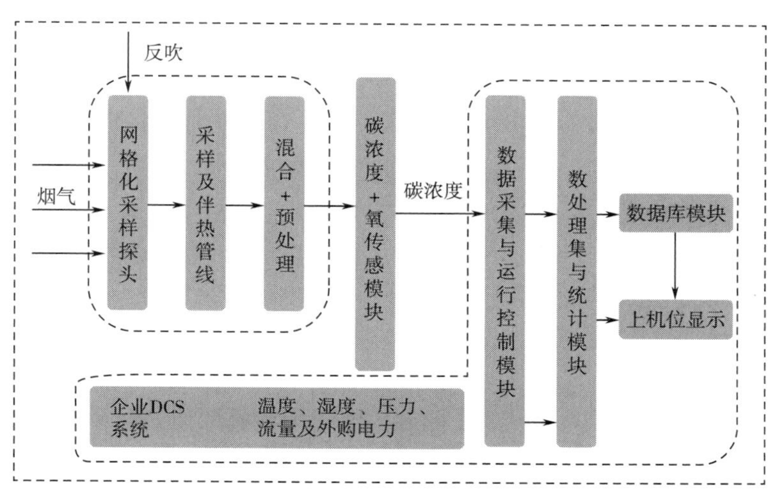

图 11-1　碳排放在线监测系统组成示意图

11.1.1.2 光学检测技术

随着生产发展过程中日益复杂及精准的检测需要，以光电检测和计算机联用为基础的光学检测技术成为连续在线检测技术中的突出代表并受到广泛青睐。非接触测量方式、高灵敏度、高精度、响应时间短及实时显示等优点，使其能够实现对高温、高粉尘、强腐蚀性等工业现场环境下CO_2的在线检测，目前主要应用于环境监测、化工及电力等领域。

现代的光学检测技术主要基于分子吸收光谱原理，根据光强被气体吸收的程度计算待测气体的浓度。在实际应用中，为了获得准确的测量结果，满足测量精度的要求，减轻温度、压力、干扰组分吸收等对光的衰减程度影响，需要对传统吸收光谱进行改进，因此发展起来了一系列的现代光学检测技术。常见的现代光学检测技术有可调谐半导体激光吸收光谱技术（TDLAS）、傅里叶变换光谱技术（FTIR）、差分光学吸收光谱技术（DOAS）、差分吸收激光雷达技术（DIAL）和非分散红外检测技术（NDIR）等，其中部分技术已经实现了对CO_2的定量分析。

新兴的光学检测技术在检测距离、速度和非接触测量等方面的优势，使其未来必将成为各行业领域碳排放检测的理想工具。但由于发展时间较短，光学在线检测CO_2排放技术仍有许多不足亟待解决，TDLAS 在工业过程中的检测研究仍主要停留在简单的温度、压力模拟阶段，现场粉尘和震动等恶劣环境会对测量结果产生较大的影响和干扰，甚至无法测量；FTIR 的精度和准度会严重受到温度、压力及湿度等环境因素的干扰，因此限制了其在对于测量精度要求比较严格的工业现场的应用；复杂的技术和高昂的成本在一定程度上限制了 DIAL 的发展，目前相关研究仍停留在仿真模拟阶段，离实际应用仍存在很长的距离；NDIR 无法消除碳氢化合物和水汽的干扰，从而需要对预处理方案进行优化，减少响应时间，提高检测的实时性。

因此，未来还需要进一步探讨研发具有良好现场环境适应性和较高经济性的光学碳排放检测技术及监测系统，为碳排放在线检测技术的发展及应用提供科学的支持与保障。

11.1.2 遥感观测技术

遥感（Remote Sensing，RS）是指一切远距离无接触的探测技术，涉及地学、生物学、航空航天、电磁波传输和图像处理等多学科。遥感观测技术具有稳定、连续、大尺度观测等优点，以及周期性观测和大面积覆盖获取地面信息的特点，因此可以提供一种实时、动态、综合性强的环境资源信息，通过反演算法获得大气CO_2浓度数据，提供了从区域尺度观测大气碳源、碳汇的新视角，有助于减小温室气体浓度地面观测在空间代表性上的不确定性。

大气CO_2浓度依赖于观测和模拟，随着大气探测和模型模拟技术的飞速发展，遥感观测全球或区域内大气CO_2浓度溯源碳排放的方法成为评估温室气体减排成果的有效方法之一。大气中的CO_2、O_2等分子吸收了部分由太阳辐射而来并经过地面反射回太空的近红外至短波红外波段的能量，形成了独特的CO_2吸收光谱。利用 GOSAT（日本）、

OCO-2（美国）和 TanSat（中国）等专用碳卫星仪器设备，对反射回来的近红外光谱强弱程度进行接收并记录，根据光谱曲线的深度和形态，结合气压、温度等关键信息，将大气悬浮颗粒等干扰因素排除后，应用高精度的反演算法，可以定量计算出卫星观测路径上的 CO_2 柱浓度。

在大气 CO_2 浓度的反演中，波段的选择是需要面对的首要问题之一。为获取高精度的大气吸收光谱，就必须使用碳卫星的传感器——CO_2 探测仪，一般选择 1.61μm、0.76μm 和 2.06μm 三个大气吸收光谱通道。1.61μm 波谱区对近地表 CO_2 浓度较为敏感，且波谱吸收曲线不会因 CO_2 浓度的增加而接近饱和，还可以避免其他气体的吸收干扰，是主要的 CO_2 吸收带。0.76μm 波谱区的 O_2 吸收带和 2.06μm 波谱区的强 CO_2 吸收带，用来限制大气气溶胶的影响，且 O_2 的 A 带还能测量出用于计算 CO_2 的地表气压。由于不同卫星的成像需求不同以及传感器规格不同，每颗卫星都需要一个独立的波谱反演算法。

11.1.2.1 GOSAT 碳卫星

2009 年，日本首次发射世界第一颗温室气体专用卫星 GOSAT，空间分辨率为 10.5km×10.5km（18700 采样点/天），采用傅里叶变换光谱仪，设计 4 种 CO_2 浓度反演算法，即 ACOS 算法、UoL 算法、RemoTeC 算法和 NIESFP 算法，以上算法均采用基于最优估计理论的全物理反演模型算法，主要包括：观测光谱预处理、正演模型系统、分子吸收光谱数据库、大气和地表参数化模型、先验信息、迭代算法、同步反演状态参量、云检测方法、数据质量评估方法和经验偏差修订等。2018 年，日本发射GOSAT-2 卫星，作为 GOSAT-1 的直接继承者，GOSAT-2 卫星旨在利用更高性能的传感器探测更高精度的温室气体浓度数据。

11.1.2.2 OCO-2 碳卫星

2014 年，美国发射世界上第二颗温室气体观测专用卫星 OCO-2（轨道碳观测 2 号），其空间分辨率由 GOSAT 的 10.5km×10.5km 进一步提升到了 1.29km×2.25km（500000 采样点/天），采用 3 通道光栅光谱仪。经过全物理反演模型算法的 8 次迭代升级后，OCO-2 的误差精度缩小到 1~2ppm。

11.1.2.3 TanSat 碳卫星

2016 年，我国首颗碳卫星 TanSat 成功发射。为了实现精准的 CO_2 探测和 XCO_2 反演，TanSat 搭载了两台有效载荷：高光谱温室气体探测仪（ACGS）、云和气溶胶探测仪（CAPI）。装载 CO_2 光栅光谱仪，具有 CO_2 弱吸收带通道（1.594~1.624mm）、CO_2 强吸收带通道（2.042~2.082mm）和 O_2-A 吸收带通道（0.758~0.775mm）三个光谱通道，星下点分辨率达到了 2km×2km。

2022 年，中国首颗陆地生态系统碳监测卫星“句芒号”成功发射。“句芒号”碳卫星将广泛应用于陆地生态系统碳监测、陆地生态和资源调查监测、国家重大生态工程监测评价、大气环境监测和气候变化中气溶胶作用研究等工作，其通过激光、多角度、多光谱、超光谱、偏振等综合遥感手段，探测和测量植被生物量、大气气溶胶、植被叶绿素荧光等数据，助力我国对森林、草原、湿地和沙化土地等的统计监测核算能力建设，显著提高我国陆地遥感定量化水平，为我国实现碳达峰、碳中和目标提供重要的遥感支撑。

为了满足高精度的CO_2探测需求，CO_2探测仪与碳卫星平台配合，通过天底、太阳耀斑和目标三种模式，分别针对全球陆面、海洋和目标研究区域不同路径上CO_2的吸收光谱开展精确探测。为保证不同观测模式下所获取光谱数据的精度，碳卫星在飞行过程中需要通过不断调整姿态，以完成载荷在轨进行对日、对月定标。此外，遥感卫星反演测算大气CO_2浓度还需要多个大系统进行配合，主要包括卫星运载、发射、测控及应用系统。碳卫星成功发射运行后，依托风云系列地面接收站接收数据，大气物理学家对数据进行高精度的反演计算，经过国际碳柱总量地面观测网（TCCON）的站点数据验证，结合“自上而下”的集合卡尔曼滤波碳通量反演系统，才能最终成为大气CO_2观测数据，后续形成遥感数据产品共享发布。

11.1.3 大数据监测平台

大数据时代的到来，各行业已从传统的计算科学发展时代进入数据统计分析利用时代。大数据是指在一定时间范围内无法用常规软件工具进行捕捉、管理和处理的数据集合，需要通过各种处理模式，算法才能够产出海量、高增长率和多样化的具有决策力、洞察发现力和流程优化能力的信息资产，是实现碳中和目标的重要抓手。

11.1.3.1 大数据碳排放监测平台

（1）智慧能源及碳排放监测管理云平台系统。智慧能源及碳排放监测管理云平台系统由监控云平台、工程技术团队、设备服务团队三大部分组成，其中监控云平台包含数据处理中心、Web 交互界面、大屏幕投影等，是智能能源及碳排放监测系统的核心；工程技术团队是为了进一步大量增加数据采集点和设备维护而建立的工作团队；设备服务团队是为了适应不同客户的需求和对系统持续优化更新的需要而设立的，如图 11-2 所示。

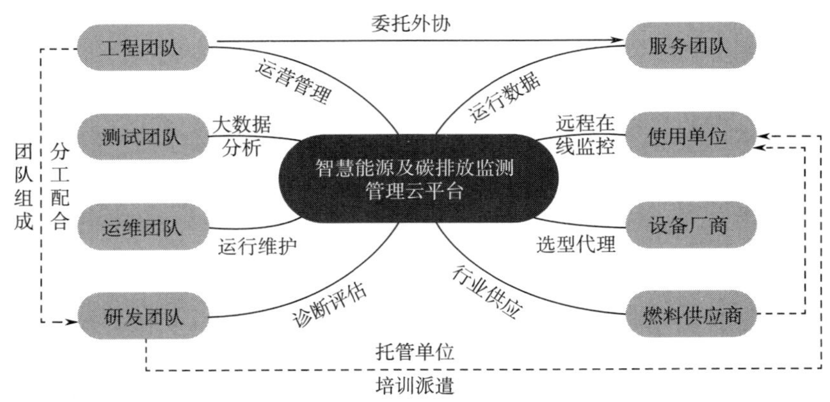

图 11-2 智慧能源及碳排放监测管理云平台系统规划图

智慧能源及碳排放监测管理云平台系统的具体架构设计由四大功能部分组成：用户应用层、中心管理层、信号采集层和监测对象，如图 11-3 所示。

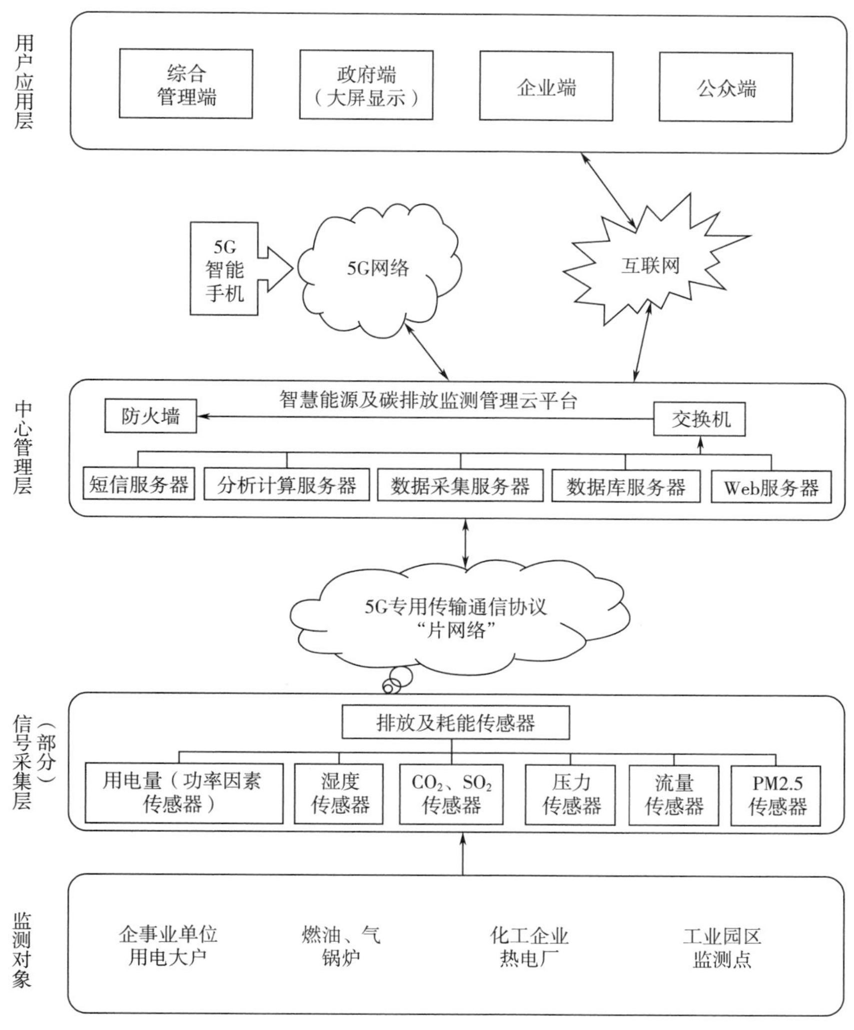

图 11-3　智慧能源及碳排放监测管理云平台系统设计方案

用户应用层可以为政府在线监测、企业咨询服务、单个用户需求及服务管理提供端到端解决方案，包含综合管理端、政府端、企业端和公众端。

中心管理层一般设置在中心机房和服务展示大厅，由数据库服务器、数据采集服务器、分析计算服务器、Web 服务器、防火墙、数据交换机、系统软件等部分组成。

信号采集层通过不同的传感器和通信节点完成，是服务前端的各类数据采集点，主要从节能减排方面监测用电量、气体排放、煤炭消耗等方面的数据。

监测对象根据政府相关部门的要求来确定，运用互联网、5G 网络“片切块”及短距离射频芯片解决数据信息传输方面的问题。该平台系统方案依托物联网、云计算等技术基础，以信息化智能系统实现能源消耗及温室气体排放的可视化、可量化和智能化分析，辅以能效及碳减排专家组的后台联网，便于企业和政府了解最新能耗和 CO_2 排放情况。

（2）福建省碳排放在线监测与应用公共平台。福建省计量院依托福建省政务外网网络，根据国家发改委发布的 24 个行业企业温室气体核算方法与报告指南，搭建福建省碳市场综合服务平台，如图 11–4 所示。其中的企业端将电力、水泥、陶瓷等行业重点排放单位列入监测范围，与温室气体排放相关的能源消耗、物料消耗、三废排放和产品产量等数据实时采集到监测平台，不仅为福建省碳排放权交易市场的推行工作提供有力的支持，而且为实现福建省控制温室气体排放、碳强度下降目标、分解落实各区市考核指标提供更为科学的数据支撑。

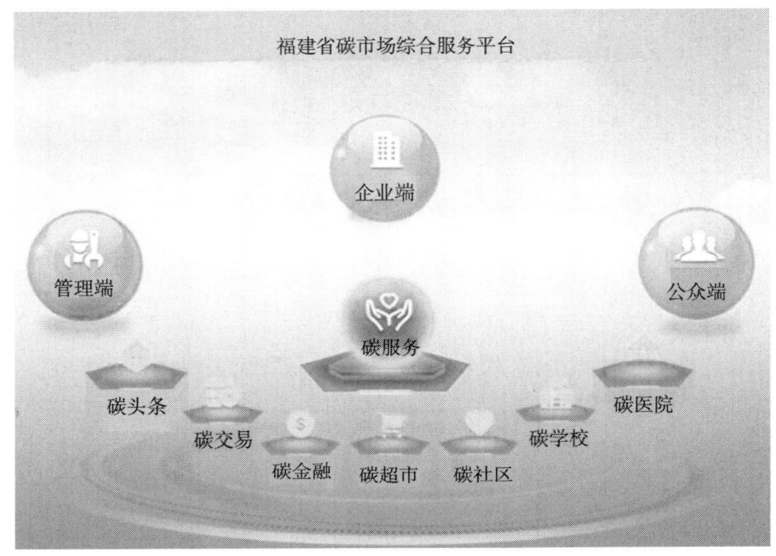

图 11–4　福建省碳市场综合服务平台

平台以准确、有效的计量器具为基础建设，结合计算机和网络通信技术，实时监测企事业单位的能源运行数据，形成各个行业的能源运行图，通过对重点用能单位煤炭、油、电、气等主要能源计量数据的科学采集、综合分析和有效应用，实现对重点耗能企业主要能源品种能耗数据（即能源消费总量）的监测，部分行业已实现单位产品能耗的数据监测。福建省碳排放在线监测与应用系统包括现场排放活动、现场计量设备、数据采集终端等（图 11–5）。

平台可根据国家统计局、国管局统计要求自动生成相应的能源统计报表，亦可根据国家发改委“合理控制能源消费总量”需求，对全省、各地区或重点用能单位的能耗使用情况进行超限自动报警。如此，不仅实现了物联网技术在能源计量工作中的实际应用，为政府的宏观调控、能源消费总量和碳排放总量的控制提供一手、真实、准确的计量数据，还实现了政府和企业对能源利用和碳排放数据的“可测量、可报告、可核查”目标，为各级政府和有关部门实施能源能耗统计与监测、制定城市能源规划、落实节能减排管理措施等提供权威、准确、统一的计量数据和技术保障，为企业、社

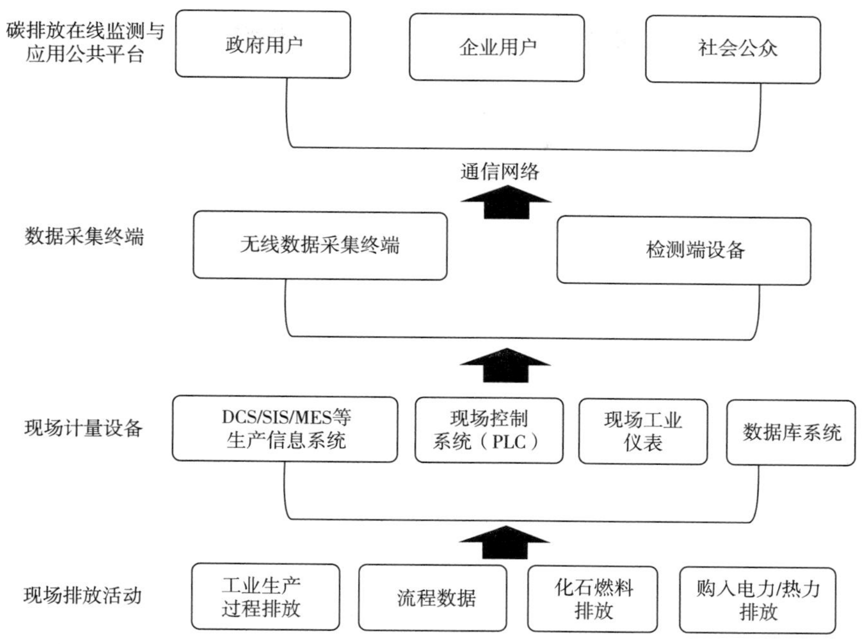

图 11-5　福建省碳排放在线监测与应用系统

注：DCS，集散控制系统；SIS，安全仪表系统；MES，软件和制造执行系统。

会和政府节能减排提供有力的技术支撑。

（3）智慧“能源+双碳”服务平台。

智慧“能源+双碳”服务平台为政府机构、企业、电网公司、能源服务商、第三方机构等市场主要客户群体，提供实现全方位碳监测与计量、多维度碳分析与评估、综合性碳资产管理、个性化碳账户与减排服务等功能，打造“能源+双碳”的一体化智慧管控大脑和资源中枢，助力数智双碳综合服务生态圈的构建。平台可以提供碳配额、区域碳监测分析、碳排放报告与核查、碳咨询、企业碳资产管理、企业碳减排、碳账户等数字化“能源+双碳”应用。

11.1.3.2　基于大数据对碳汇的监测

基于大数据对碳汇的监测主要通过物联网实现。物联网又称传感网（Internet of Things，IOT），是在计算机互联网基础上利用射频识别（RFID）技术、无线通信技术、红外感应器、全球定位系统、激光扫描器等信息传感设备，按约定的协议把任何物品与互联网连接起来，进行信息交换和通信，以实现智能化识别、定位、跟踪、监测和管理的一种网络。

（1）农田碳汇。利用物联网和有机碳模型的农田土壤有机碳因子采集与有机碳含量估算方法，可以为研究农田作物生长期土壤有机碳的变化打下基础，一方面有助于农作物增产增收，为制定和实施农田增汇措施提供参考；另一方面产生的固碳效应也能够缓解碳排放。

农田土壤有机碳含量估算系统主要包括四个功能模块：数据接收模块是系统的数据入口，主要完成数据转换和入库功能；基础数据管理模块主要实现对监测站、外源有机物信息、实时监测数据、土壤初始理化性质、外源有机物投入等信息的维护功能；土壤有机碳含量估算模块能够基于物联网采集的数据和统计数据，利用构建的 WM-SOC 模型，完成农田土壤有机碳含量的估算；结果分析模块实现对已入库数据的查询、浏览、统计分析、对比分析、制图等功能，如图 11-6 所示。

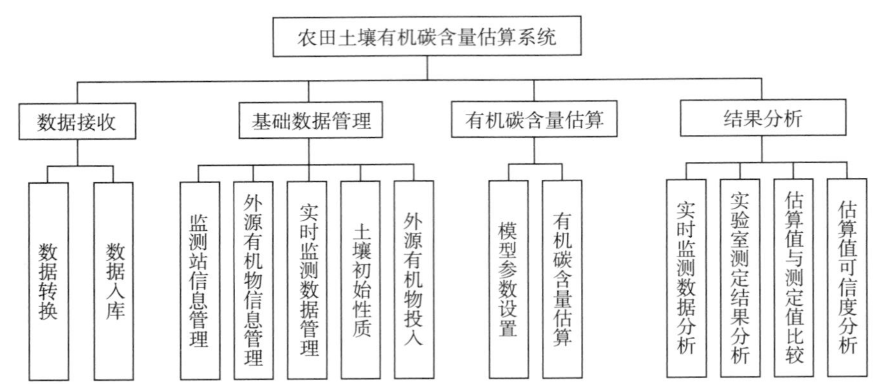

图 11-6　基于物联网的农田土壤有机碳含量估算系统

物联网技术应用于农田土壤有机碳影响因子的采集，解决了利用模型估算农田土壤有机碳含量缺少大量连续、实时数据的问题。基于物联网的农田土壤有机碳含量估算系统实现了土壤有机碳影响因子的接收、入库、统计分析以及土壤有机碳含量的自动估算，并以可视化的形式显示了土壤有机碳的动态变化。为农田土壤有机碳研究提供了一个数据管理、查询以及统计分析的平台，可为政府决策部门提供一种智能化、操作便利的决策辅助工具。

（2）森林碳汇。基于物联网的森林碳汇遥感测量方法，借助无线传感器网络技术，可以在森林局部区域布设高密度的传感器，以便获取翔实的地面碳汇信息，由其辅助遥感解译验证及其预处理，不仅省时省力，而且在近距离辅助遥感解译的基础上，远距离辅助遥感监测成为可能，大大提高了遥感碳汇测量的解译精度和范围。

系统由感知层、传输层、处理层组成。感知层是碳汇估算的基础，实现碳汇因子的全面感知，由碳汇因子传感器、GPS 及 RFID 等构成；传输层实现信息的可靠传输，将感知层采集的信息传输到处理层及信息显示终端；智能处理层由控制器、显示设备及操控终端等组成。

利用遥感与物联网技术获取的碳汇信息具有多角度、多尺度、多波段、多类型的特征，使碳汇信息呈现多样性，有效利用多个传感器资源（遥感影像面源信息、物联网点源信息）提供信息的互补性，可获得被探测目标更为全面的信息，为森林碳汇估算提供数据决策支持。

11.1.4　空天地立体监测网络

《科技支撑碳达峰碳中和实施方案（2022～2030 年）》第七部分管理决策支撑

技术体系指出，要提升单点碳排放监测和大气本底站监测能力，充分发挥碳卫星优势，构建空天地立体监测网络，开展动态实时全覆盖的CO_2排放智能监测和排放量反演。

2022 年 7 月 30 日，“空天地一体化”碳源碳汇综合监测管理治理平台“绿色大脑”在京发布，揭开“数字双碳”精准化新时代的序幕。“绿色大脑”集合了卫星遥感监测系统、飞艇遥感监测系统、无人机监测系统和地面综合能碳应用管理平台及相关数字化智能化治理系统，构建了城市上空“500km（卫星）—20km（飞艇）—100m（无人机）”城市外源空间大气温室气体和生态环境实时监测网络，同时将城市工业、能源、建筑、交通、农业及居民等碳排放主体全面接入地面综合能碳应用管理平台，城市管理者即可实现对各类碳排放主体的实时监测和管理。

“绿色大脑”所构建的覆盖各领域的“空天地一体化”碳源碳汇综合监测管理治理平台，可以实现碳排放及碳汇的核算、核查、核证、生态环境评估及修复核查，提供碳双控管理、能源分项计量、碳排放测算、碳减排测算、能耗预测、能效评估、优化控制、相关治理、故障预警等专业服务，有效解决碳排放数据的精准监测、管理、治理问题，为各级党委政府开展双碳领域的政策制订、实施、监督、考核提供坚实的数据支撑，为碳源碳汇交易主体摸清自身碳源底数、积极参与碳汇交易提供可信的数据来源，有望成为我国碳达峰、碳中和事业发展的重要一环，服务于国家“双碳”目标。

11.2 碳排放核算

实践案例

《IPCC 国家温室气体清单指南》

《联合国气候变化框架公约》要求所有缔约方采用缔约方大会议定的可比方法，定期编制并提交所有温室气体人为源排放量和吸收量国家清单。IPCC（联合国政府间气候变化专门委员会）的清单方法学指南，是世界各国编制国家清单的技术规范和参考标准。

IPCC 第 1 版清单指南是 1995 年的《IPCC 国家温室气体清单指南》，但很快被《IPCC 国家温室气体清单（1996 年修订版）》（简称《1996 年清单指南替代》）。《2006 年 IPCC 国家温室气体清单指南》（简称《2006 年清单指南》）在整合了《1996 年清单指南》《2000 年优良做法和不确定性管理指南》和《土地利用、土地利用变化和林业优良做法指南》的基础上，构架了更新、更完善但更复杂的方法学体系。

由于其复杂性和支撑数据较难获得，一直未得到发展中国家的使用。同时随着科研人员对温室气体排放认知能力的提升和科学研究的进展，更加精细化的排放因子和核算方法学逐渐被公开发表，清单指南需要充分纳入最新科学研究成果。

2019 年 5 月，IPCC 第四十九次（IPCC-49）全会通过了《2006 年 IPCC 国家温室

气体清单指南（2019年修订版）》（简称《2019年清单指南》）。《2019年清单指南》是在《2006年清单指南》上的重要进步，为世界各国建立国家温室气体清单和减排履约提供最新的方法和规则，其方法学体系对全球各国都具有深刻和显著的影响。

IPCC将浓度观测作为源清单核算的重要验证手段纳入《2019年清单指南》，并作为一般方法学报告的重要内容，未来该方式必将进一步发展。此外，世界气象组织（WMO）正在积极推进全球温室气体综合信息系统计划（IG3IS），该计划旨在结合全球大气观测结果和反演模式，评估全球和区域温室气体源汇及变化情况，为政策制定者提供减排评估。

问题导读

（1）《2019年清单指南》的核心内容及其对中国碳排放核算的潜在影响有哪些？

（2）目前碳排放核算的方法有哪些？

2022年8月，国家发展改革委、国家统计局、生态环境部印发《关于加快建立统一规范的碳排放统计核算体系实施方案》，方案指出碳排放统计核算是做好碳达峰、碳中和工作的重要基础，是制定政策、推动工作、开展考核、谈判履约的重要依据。要求建立全国及地方碳排放统计核算制度；完善行业企业碳排放核算机制；建立健全重点产品碳排放核算方法；完善国家温室气体清单编制机制。合理利用各级各类碳排放核算成果，稳妥有序做好国内碳排放现状分析、达峰形势预测等工作，为碳达峰碳中和政策制定、工作推进和监督考核等工作提供数据支撑。

11.2.1 全国及地方碳排放统计核算

（1）国家尺度。2019年IPCC正式通过了《2006年IPCC国家温室气体清单指南（2019年修订版）》（简称《2019年清单指南》），揭开了世界各国温室气体清单的新范式和新规则。

（2）省级尺度。编制温室气体清单是应对气候变化的一项基础性工作。通过清单可以识别出温室气体的主要排放源，了解各部门排放现状，预测未来减缓潜力，从而有助于制定应对措施。根据《联合国气候变化框架公约》要求，所有缔约方应按照IPCC国家温室气体清单指南编制各国的温室气体清单。我国于2004年向《联合国气候变化框架公约》缔约方大会提交了《中国气候变化初始国家信息通报》，报告了1994年我国温室气体清单，2008年我国启动了2005年国家温室气体清单的编制工作。2010年9月，国家发展改革委办公厅正式下发了《关于启动省级温室气体清单编制工作有关事项的通知》（发改办气候〔2010〕2350号），要求各地制订工作计划和编制方案，组织好温室气体清单编制工作。

为了进一步加强省级温室气体清单编制能力建设，在国家重点基础研究发展计划相关课题的支持下，国家发展改革委应对气候变化司组织国家发展改革委能源研究所、清华大学、中国科学院大气所、中国农科院环发所、中国林科院森环森保所、中国环科院气候中心等单位的专家编写了《省级温室气体清单编制指南（试行）》（以下简称《省级指南》），旨在加强省级清单编制的科学性、规范性和可操作性，为编制方法科学、数据透明、格式一致、结果可比的省级温室气体清单提供有益指导。目前，北京、上海、广东、深圳及重庆已印发省级温室气体排放核查指南。《省级指南》共包括七章内容，与《IPCC 国家温室气体清单指南》同样是按部门划分，分为能源活动、工业和生产过程、农业、土地利用变化和林业及废弃物处理。不同部门的清单编制指南分布在第一至第五章，为碳排放计量工作提供指南。除此之外，还包括不确定性方法以及质量保证和控制的内容。

11.2.2 行业企业碳排放核查

2022 年国家发展改革委、国家统计局、生态环境部印发《关于加快建立统一规范的碳排放统计核算体系实施方案》的通知，要求生态环境部、市场监管总局会同行业主管部门组织制修订电力、钢铁、有色、建材、石化、化工、建筑等重点行业的碳排放核算方法及相关国家标准，加快建立覆盖全面、算法科学的行业碳排放核算方法体系。目前，国家发展改革委已公布 24 个行业（主要涉及能源、工业、交通运输和建筑领域等）的企业指南，及发电、钢铁、民航、化工等 10 个重点行业的企业温室气体排放核算和报告要求的国家标准。根据《企业温室气体排放报告核查指南（试行）》，开展核查工作，其流程如图 11-7 所示。

（1）能源活动碳排放。我国是世界上最大的能源消费国和碳排放国，能源活动产生的碳排放仍以煤炭等化石燃料燃烧为主。结合《中国统计年鉴》和《中国能源统计年鉴 2019》的统计内容，确定能源消费碳排放的测算项目主要包括原煤炭、洗精煤炭、其他洗煤炭、型煤炭、焦炭、焦煤炭炉气、高煤炭炉气、其他煤炭气、其他焦化产品、原油、汽油、煤炭油、柴油、燃料油、液化石油气、炼厂干气、其他石油制品、天然气、热力和电力。

能源消费相关的碳排放参照《2019 年清单指南》和《省级指南》提供的方法进行估算，具体的计算为公式（11-1）：

$$C_1 = \sum_{i=1}^{n} (E_i \times NCV_i \times CEF_i \times COF_i) \tag{11-1}$$

式中：C_1为能源消费碳排放量，t CO_2-e（吨二氧化碳当量）；n 为能源种类数；E_i为能源 i 的消耗量；NCV_i为能源 i 的平均低位发热量；CEF_i为能源 i 的单位热值当量的碳排放因子；COF_i为能源 i 的碳氧化因子。各类参数的数值来源于《综合能耗计算通则》（GB/T 2589—2020）和《2019 年清单指南》。

（2）工业生产过程碳排放。工业生产过程碳排放是指工业生产过程中除燃烧之外的物理或化学反应过程的碳排放。工业生产过程中，水泥、石灰和玻璃等的生产是碳排放的重要来源。工业生产过程的碳排放估算非常复杂，难以进行全盘估算，综合考虑到数

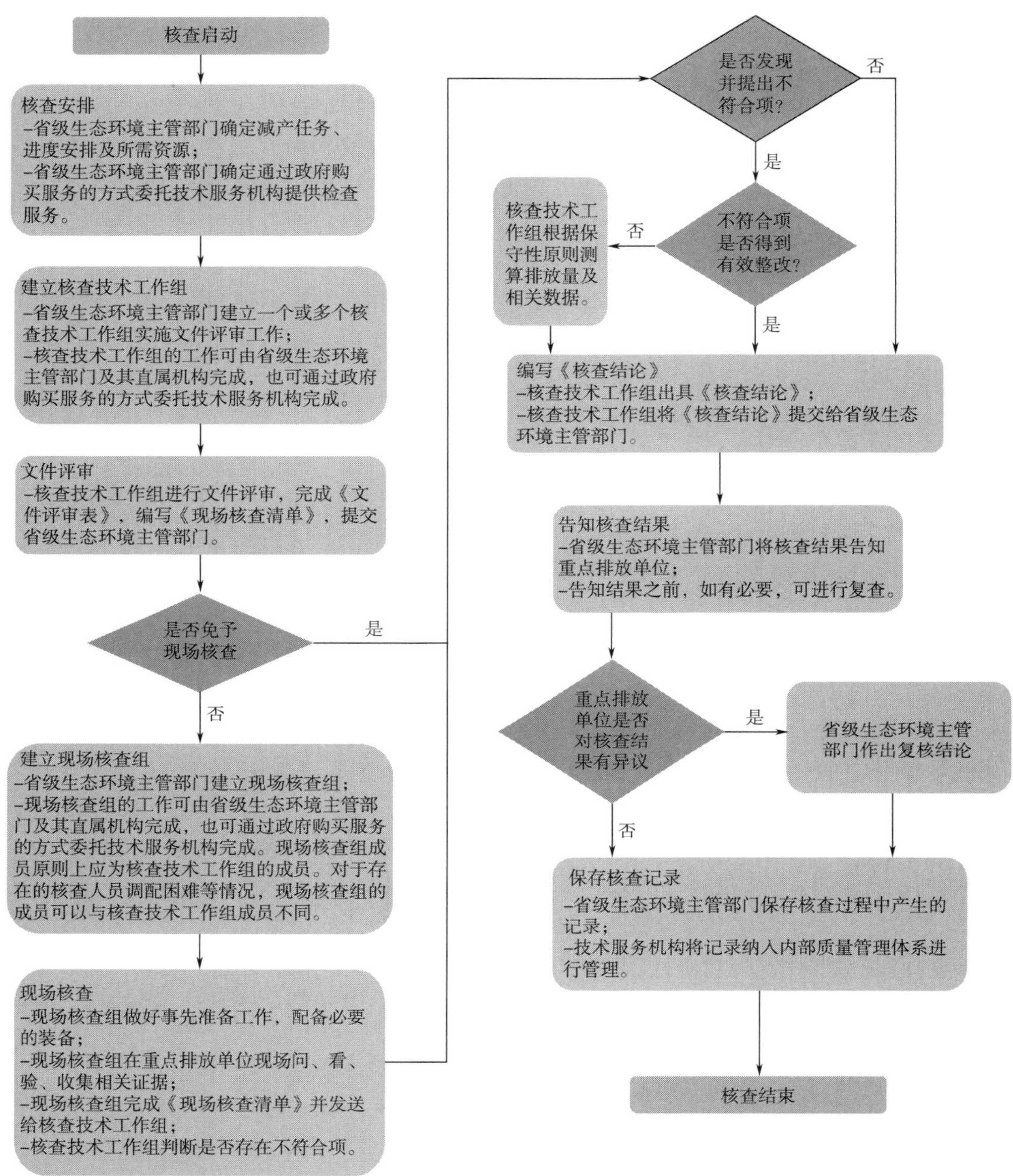

图 11–7　核查工作流程图

据获取的可靠性和可用的碳排放估算方法等因素，目前主要估算合成氨、水泥、玻璃、钢铁和铝等碳排放量较大的工业产品生产过程的碳排放。具体的计算见公式（11–2）：

$$C_2 = \sum_{i=0}^{n}(Q_i \times F_i) \tag{11-2}$$

式中：C_2为工业生产过程碳排放量，t CO_2-e；n 为工业产品种类数；Q_i为工业产品 i 的产量；F_i为工业产品 i 生产过程中的碳排放因子。

（3）交通运输领域碳排放。国家发展改革委委托国家应对气候变化战略研究和国际合作中心专家组编制了《中国陆上交通运输企业温室气体排放核算方法与报告指南（试行）》。核算的温室气体种类为 CO_2、CH_4 和 N_2O，排放源包括燃料燃烧产生的 CO_2、CH_4 和 N_2O 排放，运输车辆使用尿素等尾气净化剂产生的 CO_2 排放和企业净购入电力、热力隐含的 CO_2 排放。具体的计算见公式（11-3）或公式（11-4）。

$$E_{燃烧}=E_{燃烧-CO_2}+E_{燃烧-CH_4}+E_{燃烧-N_2O} \tag{11-3}$$

$$E_{燃烧CO_2} = \sum AD_i \times EF_i \tag{11-4}$$

式中：$E_{燃烧}$ 为温室气体排放量，t CO_2-e；$E_{燃烧-CO_2}$ 为 CO_2 排放量，t CO_2-e；$E_{燃烧-CH_4}$ 为 CH_4 排放量，t CO_2-e；$E_{燃烧-N_2O}$ 为 N_2O 排放量，t CO_2-e；AD_i 为第 i 种化石燃料的活动水平；EF_i 为第 i 种化石燃料的 CO_2 排放因子；i 为燃烧的化石燃料类型数。

（4）建筑领域碳排放。中国建筑设计研究院主编，与住房和城乡建设部科技发展促进中心、北京市科学技术委员会等一同编制完成了《CECS 347：2014 建筑碳排放计量标准》（简称《建筑计量标准》），于 2014 年 12 月 1 日开始施行，并在国家可持续发展实验区得到了应用和验证，为国家绿色建筑标识项目申报管理平台以及建设建筑样本数据库打下了坚实的基础。

《建筑计量标准》采用全生命周期碳足迹追踪的评价方法，从清单统计的角度和建筑信息模型的角度计算碳排放量，规定了根据材料生产、施工建造、运行维护、拆解和回收的全生命过程计算碳排放量的计算方法和指导，并提供相应的计算公式和统计表格、常用能源热值以及常用能源碳排放因子供核算方使用。《建筑计量标准》适用于我国新建、改建、扩建建筑以及既有建筑的全生命周期各阶段的碳排放计量（材料生产、施工及运行等过程），以 CO_2 当量表示最后的建筑碳足迹。该标准最大的特点是，它结合我国目前建筑业的先进技术——建筑信息模型（Building Information Modeling，BIM），提出基于 BIM 的建筑碳排放计量方法。

建筑物的全生命周期包含了前期策划、设计、建造、使用到拆除处置的整个过程，前期策划及建筑设计阶段消耗的资源较少，施工、运行维护、拆除处置属于三个不同的阶段，是对建筑实体进行不同的运作活动的过程，属于建筑物生命周期碳排量产生的主要阶段。

建筑物全生命周期碳排量计算方法按照碳排放与建筑活动对应的基本原理，采用碳排放系数法分阶段、分类别计算建筑物碳排量，归总得到建筑物全生命周期碳排量：

$$C_3 = \sum_{i=1}^{n} A_{Si} K_A \tag{11-5}$$

式中：C_3 为建筑领域碳排放量；S 代表生命周期阶段；A 代表产生碳排放的活动；K 为碳排放系数；i 为该阶段该类型碳排放的第 i 项。

碳排放贯穿于建筑物全生命周期的多项活动，BIM 体系核心模型所包含的建筑信息的通用性可以有效避免数据的重复输入，有助于建筑全生命周期碳排放计算。建筑物全生命周期碳排放度量平台由建筑信息模型构建、建筑信息模型分析和基于 BIM 的建筑物碳排量计算三部分组成。建立核心模型是基于 BIM 的碳排放度量的第一步。根据前期策划，可从 GIS 中导入场地信息，各专业通过核心建模软件对建筑进行虚拟建造，完成建筑物的设计工作。模型分析是度量平台设计的第二步，设计阶段模型完成后，将模型导入其他软件，转为特定系统的具有分析功能的模型，对建筑能耗、材料消耗量和施工机械设备等进行信息的计算和安排，从中可以得到建筑所需的建筑材料、施工机械设备用量以及使用期间的能耗等数据。在 BIM 体系中，碳排量的计算需要以模型信息为基础，使用已有软件分析得到相关数据。度量平台的核心构成是碳排量的计算，主要包括获取建筑活动数据、设置碳排放系数等，设定相关计算方法及输出度量结果。

11.2.3 重点产品碳排放核算

生命周期评估（Life Cycle Assessment，LCA）是一项自 20 世纪 60 年代即开始发展的重要环境管理工具。按标准 ISO 14040 的定义，LCA 是用于评估与某一产品（或服务）相关的环境因素和潜在影响的方法，它是通过编制某一系统相关投入与产出的存量记录，评估与这些投入、产出有关的潜在环境影响，根据生命周期评估研究的目标解释存量记录和环境影响的分析结果来进行的。

目前主流的 LCA 方法是一种基于清单分析、自下而上的过程生命周期评价（PLCA）。PLCA 由四个相互关联的部分组成，即目标定义和范围界定、清单分析、影响评价以及结果解释，如图 11-8 所示。完成一个生命周期评价项目不仅仅需要对产品各个

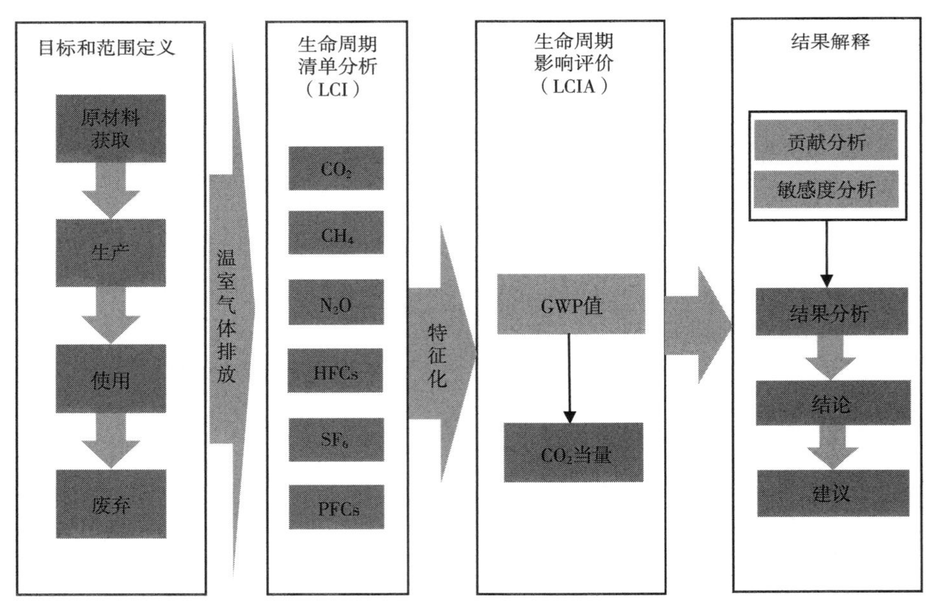

图 11-8　基于生命周期评价的碳足迹核算过程

注：（1）生命周期清单分析（Life Cycle Inventory，LCI）主要是收集产品在整个生命周期阶段的活动中，对资源、能源的使用情况，以及向环境排放的固体、液体和气体废弃物的详细数据，即为收集和分析产品在全生命周期阶段输入和输出的详细数据。

（2）生命周期影响评价（Life Cycle Inventory Assessment，LCIA）是对清单阶段所辨识出来的环境负荷进行定量和（或）定性的描述和评价。影响评价的计算步骤为：影响分类、特征化和数据标准化。

阶段的相关数据进行收集，其关键在于辨识出清单数据与具体环境影响之间的联系，最终得到一个分类化（Classification）、特征化（Characterization）、标准化（Normalization）以及量化（Valuation）的环境影响模型。标准化的 LCA 方法被广泛应用于清洁生产评估、产品设计和优化、政策制定等领域。

以混凝土为例，基于全生命周期碳排放计算修正模型，结合混凝土企业实际生产情况，测算出混凝土生产每一子项、每一过程的碳排放量。选取绿色生产水准较高的混凝土企业，将其各个环节的碳排放量、能源消耗平均值，作为碳排放量的行业基准值。通过插值计算的方法，建立混凝土行业的绿色星级评价体系。

借鉴标准 PAS52050 中的评价方法框架，设立从混凝土原材料生产至产品交付应用为止的计算边界，如图 11-9 所示。为与实际绿色混凝土制造全过程更相符合，该模型分析了原材料及混凝土生产、运输等环节的碳排放历程，提出了绿色混凝土碳排放的组成结构，引入了废弃物再生因子、绿化减排因子等。

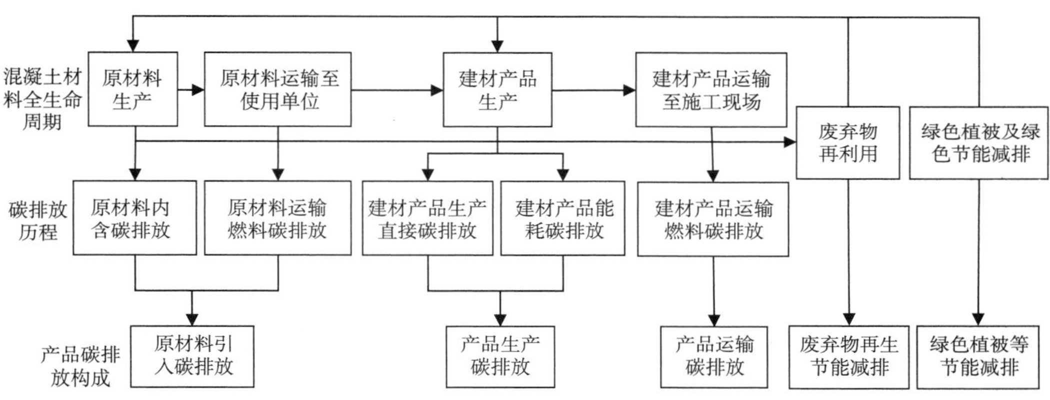

图 11-9　基于 LCA 的绿色混凝土碳排放计算边界

绿色混凝土碳排放由原材料引入碳排放、生产碳排放、运输碳排放、循环利用减排、绿色植被和绿色措施减排等五部分组成。

11.2.4　陆地碳汇核算

陆地碳汇主要包含森林生态系统碳汇、草原生态系统碳汇、湿地生态系统碳汇、农田生态系统碳汇和荒漠生态系统碳汇五部分。

（1）森林生态系统碳汇。2018 年，国家林业和草原局发布了《森林生态系统碳储量计量指南》，指出森林生态系统的碳库包含地上活体植物生物质、地下活体植物生物质、枯落物、枯死木以及土壤五部分，应分别对它们进行碳汇核算。

目前通用的森林碳汇量估算公式为：

$$C_f = V_f \times \delta \times \rho \times \gamma \tag{11-6}$$

式中：C_f为林木碳汇量；V_f为林木蓄积量；δ 为林木蓄积换算成生物量蓄积的系数，一般取 1.90；ρ 为将林木生物量蓄积转换成生物干重的系数，一般取 0.50；γ 为将生物干重转换成固碳量的系数，一般取 0.50。

（2）草原生态系统碳汇。目前草原生态系统碳汇未有官方的核算指南和标准。草原生态系统碳汇由凋落物碳储量、植物群落地上生物量碳储量、植物群落地下生物量有机碳储量和土壤碳储量四部分组成。草牧场防护林植被下总固碳量为 65.97 吨/万 m^2，草原天然植被为 14.65 吨/万 m^2。草原生态系统碳储量在土壤、根系和地上草本植物的比重分别为 76.92%、16.92%和 6.16%。

（3）湿地生态系统碳汇。湿地在上亿年的形成过程中，泥炭不断堆积，形成巨大的“碳库”。特别是湿地中的泥炭地，虽然只占据了陆地面积的 4%~6%，却蕴含了陆地碳储量的 12%~24%，是森林生态系统的两倍。湿地碳储量主要包括植被碳储量、土壤碳储量和存在于水体中的溶解性有机碳。湿地碳汇估算公式为：

$$WTOCS = 1000A_1 \times P \times M + 1000A_2 \times D \tag{11-7}$$

式中：$WTOCS$ 为湿地有机碳储量；A_1为湿地植被覆盖面积；A_2为湿地生态系统面积；P 为湿地单位面积平均生物量（干重）；M 为生物量（干重）的碳储量系数，一般取 0.45；D 为湿地平均土壤碳密度。

（4）农田生态系统碳汇。农田生态系统的碳汇功能受到土地利用方式、气候变化等多种因素的影响，根据国家统计局发布的农作物总播种面积（2013），若考虑农田作物固碳能力，年增加量设为 1.9~9.17 吨/万 m^2；若不考虑农田作物碳循环，估算出农田土壤的平均碳密度为 1.03~2.36 吨/万 m^2。我国农田土壤还处于碳汇功能的递增阶段，按 2013 年我国农作物种植面积估算的农田土壤碳汇潜力达 65.37 亿吨。

（5）荒漠生态系统碳汇。荒漠生态系统碳汇包含地上植被和地下有机碳储量。我国荒漠生态系统的总碳储量达 81402.36 万吨。荒漠生态系统总面积呈现缩小的趋势，其中荒漠化面积减少 125 亿 m^2，沙化土地面积减少 247 亿 m^2，减少的面积即为造林绿化的增加面积，取绿化后灌丛平均密度 10.88 吨/万 m^2，估算出 2004~2009 年因荒漠化的治理而增加的碳汇储量是 0.41 亿吨。

11.2.5 海洋碳汇核算

海洋碳汇是利用海洋活动及海洋生物吸收大气中的 CO_2，并将其固定在海洋中的过程、活动和机制。海洋不仅储存了地球上 93%的 CO_2，每年还可吸收约 30%的 CO_2，是陆地碳汇的 3 倍，对缓解全球气候变暖、支持生物多样性等起到了至关重要的作用。

2009 年，联合国环境规划署、粮农组织和教科文组织政府间海洋学委员会联合发布《蓝碳：健康海洋对碳的固定作用——快速反应评估报告》，确认了海洋在减缓全球气候变化和碳循环过程中至关重要的作用，首次提出了“蓝碳”的概念，并明确指出盐沼湿地、红树林和海草床三类海岸带是蓝碳的重要组成部分。滨海盐沼湿地是我国最主要的滨海湿地类型，我国蓝碳生态系统的碳年埋藏量为（0.349~0.835）$\times 10^6$吨，其中盐沼湿地约占 80%。红树林作为连接陆地和海洋的重要的滨海生态交错带，被认为是潜在的碳库，每年可以固碳高达 2.55 亿吨，全球红树林面积为 15.2×10^5 万 m^2，占陆地森林的 0.4%，我国红树林面积仅有 2.3×10^4 万 m^2。海草床碳埋藏量占海洋总碳埋藏的 10%~18%，沉积碳汇是海草床生态系统碳汇最为主要的组成部分。

盐沼湿地的蓝碳功能是光合碳吸收、碳沉积埋藏、碳输出等多过程相互作用和平衡的结果。其关键过程主要包括植被光合固碳、光合碳分配，即植物通过调节碳在不同部位的分配模式来满足自身生长与繁殖的需求或者应对周边环境变化。对于碳沉积埋藏，由于滨海盐沼湿地不断向下沉积，土壤碳库很难达到饱和，储存的碳可以在土壤中保存数千年。全球滨海湿地面积约为 $20.3\times10^4 km^2$，我国滨海湿地面积约占全球滨海湿地总面积的 1/4，远高于红树林和海草床，是我国蓝碳碳汇的主要贡献者。

潮汐作用下盐沼湿地固碳的关键过程，包括盐沼植物的光合作用及光合产物分配、碳沉积埋藏、土壤碳矿化分解、溶解有机碳（DOC）、颗粒有机碳（POC）、溶解无机碳（DIC）流失等。

11.3 碳中和模型与应用

实践案例

“零碳”教科书，北京冬奥会全面实现碳中和！

2022 年 2 月 4 日，万众瞩目，灯光辉映下，北京冬奥会成功开幕。中国，这个文明古国再次用实力折服整个世界，这样一场世界瞩目的体育赛事，竟然成了最成功的碳中和试验场之一。2022 年 1 月 28 日，北京冬奥组委在北京正式发布《北京冬奥会低碳管理报告（赛前）》。《报告》系统展示了北京冬奥会碳管理相关工作情况，重点介绍北京冬奥会碳中和方法学、温室气体排放基准线、实际筹备阶段过程排放量、低碳管理工作措施成效、林业碳汇工程建设、企业赞助核证碳减排量等。经过综合测算，北京 2022 年冬奥会全面实现了碳中和，那么这是如何做到的呢?

中国政府全面落实绿色办奥举措，充分改造利用鸟巢、水立方、五棵松等原有奥运场馆，新增场地从设计源头减少对环境影响，国家速滑馆“冰丝带”成为世界上第一座采用 CO_2 跨临界直冷系统制冰的大道速滑馆，碳排放趋近于零；冬奥会全部场馆达到绿色建筑标准，常规能源 100%使用绿电。冬奥会节能与清洁能源车辆占全部赛时保障车辆的 84.9%，为历届冬奥会最高。在开幕式上以“不点火”代替“点燃”、以“微火”取代熊熊大火，充分体现低碳环保，这是绿色奥运的新起点。通过使用大量光伏和风能发电、地方捐赠林业碳汇、企业赞助核证碳减排量等方式，圆满兑现北京冬奥会实现碳中和的承诺，北京冬奥会成为迄今为止第一个“碳中和”的冬奥会。

问题导读

（1）“净零碳”的概念是什么？
（2）如何实现“净零碳”？

“净零碳”又被称为“碳中和”，指的是通过节能减排、产业调整、植树造林等形式对人类生活产生的CO_2等温室气体进行抵消，最终达到“净零排放”的目的。开展净零碳导向下的情景分析可以为2060年碳中和目标的实现提供决策支撑。2022年2月28日，联合国政府间气候变化专门委员会基于多家模型组的研究结果发布了报告《气候变化2022：影响、适应和脆弱性》。能源政策评价模型对于提高我国在制定能源和环境政策方面的能力具有非常重要的意义，常用于能源和环境政策评价的模型一般可分为自上而下的能源经济模型和自下而上的能源技术模型，同时各大研究机构也基于这两种模型搭建了不同的混合模型。

11.3.1 “自上而下”模型——能源经济模型

能源经济模型一般也被称为“自上而下”模型，以经济学模型为出发点，以能源价格、经济弹性为主要的经济指数，集中表现为能源消费与生产的关系，用于在宏观经济的总体构架下考察经济、能源、环境部门之间的联系，分析不同政策情景下能源消费及环境排放的变化，从而研究能够实现能源、经济、环境协调发展的政策方法和途径。根据经济理论的不同，能源经济模型可以大致分为三类，分别是投入产出模型、宏观计量经济学模型和一般均衡模型。

（1）投入产出模型。该模型通过预设碳排放控制目标，倒逼能源与经济转型，从而识别未来的能源转型与减排路径。传统的投入产出模型经过适当的扩展就可用于能源和环境政策分析，并主要用来分析能源和环境政策产业效果。

（2）宏观计量经济学模型。该模型通过经济变量间在过去的统计关系来预测经济行为，并突出了与政策相关的短期动态机制。均衡机制的实现是通过数量的调整而非价格，并利用时间序列数据通过计量经济技术估计模型参数。

（3）一般均衡模型。可计算的一般均衡（Computable General Equilibrium，CGE）模型，简称为CGE模型，经过30多年的发展，已在世界上得到了广泛的应用，并逐渐发展成为应用经济学的一个分支。该模型通过在消费者对商品和服务的需求同生产者的供给间达成平衡的过程中，以消费者和生产者分别寻求福利或利润最大化为假设基础，对市场均衡价格进行模拟，适合于作长期比较静态分析。

以2060年达到碳中和情景为例，2060年我国将通过人工CCUS和碳移除技术分别捕集约14亿吨和9亿吨CO_2。其中煤炭电CCS、BECCS和气电CCS机组分别捕集约7亿吨、7亿吨和1.5亿吨CO_2，钢铁CCS捕集量约为2.9亿吨CO_2，化工CCS捕集近2亿吨CO_2，水泥CCS捕集近1亿吨CO_2。碳捕集DACCS技术将在2060年开始规模化应用，为2060年达到碳中和捕集剩余的1.7亿吨CO_2排放，如图11-10所示。

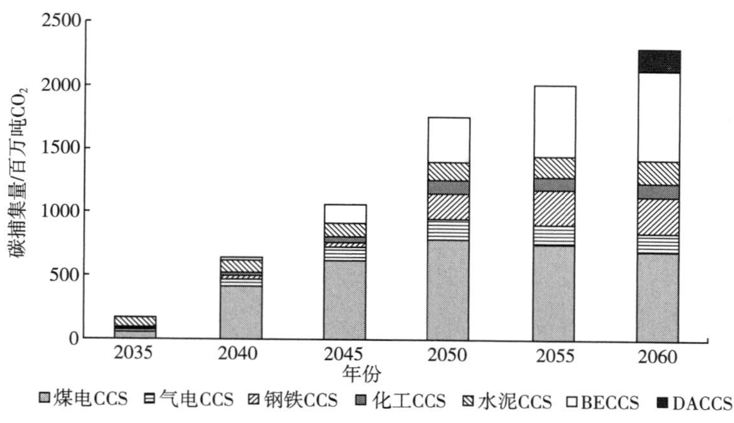

图 11-10　2060 年碳中和情景下人工 CCUS 和碳移除量

11. 3. 2　“自下而上”模型——能源技术模型

能源技术模型一般也被称为“自下而上”模型，以反映能源消费和生产的人类活动所使用的技术过程为基础，对能源消费和生产方式等进行预测，以此来评价不同政策对能源技术选择及环境排放的影响，从中寻找能够实现能源、经济、环境协调发展的政策及技术方法和手段。能源技术模型大致也可以分为三类，分别是综合能源系统仿真模型、部门预测模型和动态能源优化模型。

（1）综合能源系统仿真模型。该模型包含了对能源供应和需求技术的详细表述，供应和技术的发展通过外生的情景假设驱动，这类假设也经常与技术最佳模型和计量经济预测有关。该模型比较适合于中短期研究。

（2）部门预测模型。为研究单个时间段或者动态与反馈随着时间引起不同程度的变化，该模型利用大量相对简单的技术来预测能源供应和需求，主要指能源系统的技术特征及有关财政或直接成本的数据。

（3）动态能源优化模型。动态能源优化模型也称部分均衡模型，该模型在能源供给与需求技术的详细信息的基础上，以能源系统的总成本最小化为目标来计算能源市场的局部均衡。代表性的模型包括 MARKAL 模型、AIM/Enduse 技术模型、EFOM 模型、MESSAGE 模型等。

11. 3. 3　“自下而上”和“自上而下”相结合——混合模型

混合模型采用了“自下而上”和“自上而下”相结合的研究方法，既有“自下而上”对各部门能源消费和 CO_2 排放部门模型的情景分析和技术评价，又有“自上而下”宏观模型的计算和政策模拟，以多个模型产出软连接方式，实现各部门分析与宏观模型间的协调衔接。

目前，在我国应用比较多的混合模型有 IMED 模型（Integrated Model of Energy, Environment and Economy for Sustainable Development，北京大学）、IPAC 模型（Integrated

Policy Assessment Model for China，国家发展和改革委员会能源研究所），GCAM-China 模型（Global Change Analysis Model-China，清华大学）。

清华大学气候变化与可持续发展研究院于 2020 年发布了《中国长期低碳发展目标与转型路径研究》，综合报告了研究院采用混合模型分别按政策情景、强化政策情景、2℃温控目标情景（简称“2℃情景”）及 1.5℃温控目标情景（简称“1.5℃情景”）四种情景展开研究和分析。

以电力供应为例，近期来看，政策情景下电力供应成本总体呈下降趋势，强化政策情景下电力供应成本在较长的一段时间内都比较平稳并略有上升，2℃情景和 1.5℃情景下电力供应成本都呈现出先上升后下降的趋势；远期来看，政策情景、强化政策情景、2℃情景和 1.5℃情景下电力供应成本仍然是下降的；从 2050 年的电力供应成本构成来看，因固定投资成本、运行维护成本和电力传输成本都更高，2℃情景和 1.5℃情景下的电力供应成本显著高于政策情景和强化政策情景，如图 11-11 和图 11-12 所示。

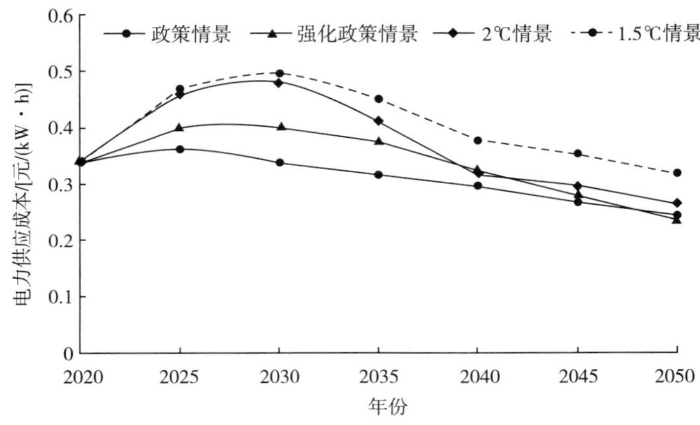

图 11-11　不同情景下电力供应成本变化趋势

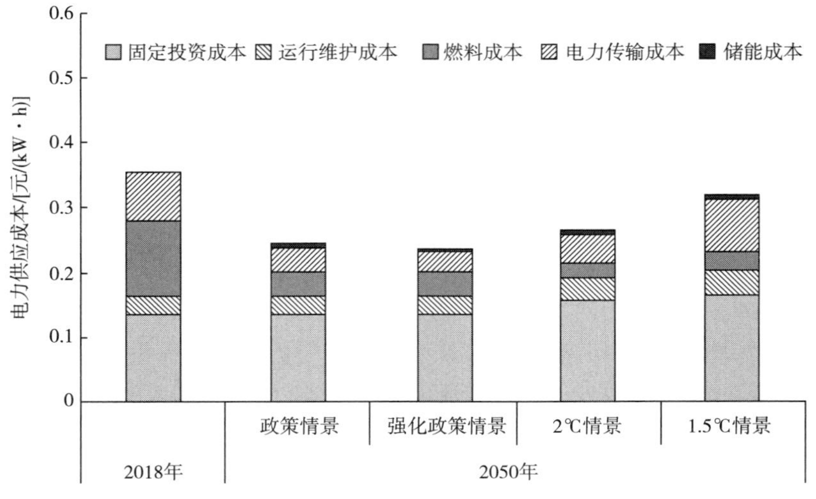

图 11-12　不同情景下 2050 年电力供应成本构成

11.4 可再生能源发电学习曲线

实践案例

什么是最安全和最清洁的能源?

当今世界的能源供应既不安全，也不可持续。我们可以做些什么来改变这种状况，并在解决现状这一双重问题方面取得进展?

未来的发展基于我们对现状的了解。目前化石燃料（煤炭、石油和天然气）占世界能源生产的 79%，对人类健康有非常大的负面影响。图 11-13 左边的条形图显示了因化石燃料燃烧导致空气污染造成的死亡人数，右边的条形图对应燃料燃烧的温室气体排放量。

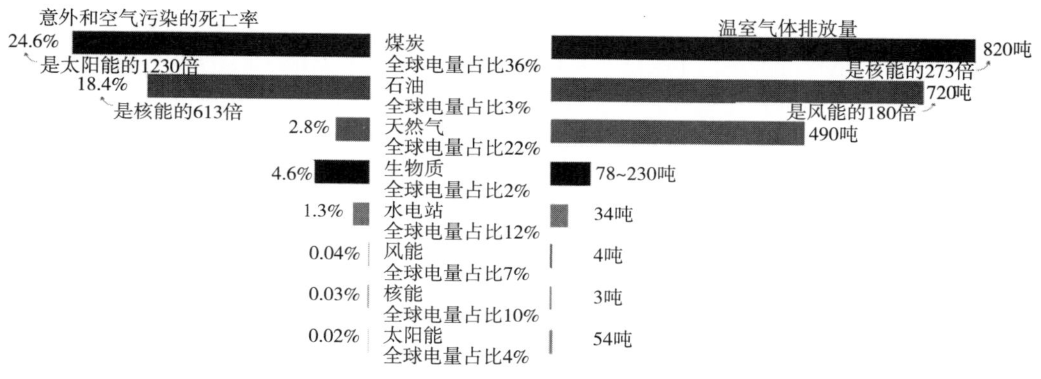

图 11-13 什么是最安全和最清洁的能源

化石燃料燃烧排放的温室气体占全球 CO_2 排放量的 87%，其危及子孙后代的生命和生计以及生物圈。世界各国每年有 360 万人死于燃烧化石燃料造成的空气污染，是所有谋杀、战争死亡和恐怖袭击死亡人数总和的 6 倍。电力能源只是能源利用的形式之一，因此向低碳能源的过渡比向低碳电力的过渡更重要。可再生能源和核能数量级比化石燃料更安全、更清洁。

为什么世界还要依赖化石燃料呢?

因为，过去它们比其他所有能源更便宜! 所以，如果我们希望世界使用更安全、更清洁的替代能源，我们就必须确保这些替代能源比化石燃料更便宜!

问题导读

（1）如何降低能源成本?

（2）可再生能源非常易得，为什么世界还要依赖化石燃料呢?

（3）可再生能源发电的学习曲线对人类利用新能源有什么指导意义?

学习曲线（Learning Curve）是一种动态的生产函数，是1925年美国康奈尔大学T. P Wright博士在总结飞机制造经验时首次发现的。每当飞机的累计产量增加一倍，累计平均单位工时就下降20%，随后在其他行业研究得出了不同的行业数值。学习曲线基于两种因素协同效应，熟能生巧和规模效应。熟能生巧：连续进行有固定模式的重复工作，实现熟练操作，最终使完成单位任务量的工时缩短。规模效应：一次生产的产品越多，分摊到每件产品上的准备时间和转换时间越少，单位生产效率越高。

以2010~2019年的可再生能源发电为例，学习曲线适用于太阳能光伏发电的电价，太阳能装机容量每翻一番，太阳能发电价格就会下降36%，而太阳能组件的价格则下降了20%。风力发电也遵循学习曲线。陆地上风电行业的学习率达到23%，产能每增加一倍，价格就会下降近四分之一。海洋上风电的学习率为10%，但电价仍然较高，仅比核能便宜25%。燃煤电厂效率大幅提高的空间很小，且所有化石燃料的电价不仅取决于技术，而是在很大程度上取决于燃料本身的成本，因此煤炭发电没有遵从学习曲线。

核能既是一种低碳电力来源，也是最安全的电力来源之一。但因核电监管力度加强、核电站建设缩减等原因，自2009年以来核电价格持续上涨，这与可再生能源形成鲜明对比。但目前，可再生能源项目占用土地面积较大、供电存在间歇性，因此未来低碳世界的能源结构可能包括所有低碳能源、可再生能源和核电。

【课程习题】

1. 选择题

（1）温室气体在线监测系统被直接安装在发电机组（　　）烟道处。

A. 尾部　　B. 前端

C. 上端　　D. 下端

（2）我国发射的首颗碳卫星是（　　）。

A. GOSAT　　B. OCO-2

C. GOSAT-2　　D. TanSat

（3）能源经济模型可以大致分为三类，以下选项中，（　　）不是能源经济模型。

A. 投入产出模型　　B. 宏观计量经济学模型

C. 部门预测模型　　D. 一般均衡模型

2. 判断题

（1）目前主流的生命周期评价方法是一种基于清单分析、自下而上的过程生命周期评价。（　　）

（2）过程生命周期评价由四个相互关联的部分组成，即目标定义和范围界定、清单分析、影响评价以及结果解释。（　　）

3. 填空题

（1）碳汇（Carbon Sink），是指通过植树造林、植被恢复等措施，吸收大气中的二氧化碳，从而减少温室气体在大气中浓度的过程、活动或机制，主要包含（　　）和（　　）。